U0249433

"十二五"职业教育国家规划教材

经全国职业教育教材审定委员会审定

全国高职高专教育土建类专业教学指导委员会规划推荐教材

工程造价控制（第三版）

（工程造价与工程管理类专业适用）

张凌云　主编

袁建新
　　　　主审
乐嘉栋

中国建筑工业出版社

图书在版编目（CIP）数据

工程造价控制/张凌云主编 . —3 版 . —北京：中国建筑工业
出版社，2014.3（2022.12重印）
"十二五"职业教育国家规划教材．经全国职业教育教材审
定委员会审定．全国高职高专教育土建类专业教学指导委员会
规划推荐教材
（工程造价与工程管理类专业适用）
ISBN 978-7-112-16412-7

Ⅰ.①工… Ⅱ.①张… Ⅲ.①工程造价控制-高等学校-教材
Ⅳ.①TU723.3

中国版本图书馆 CIP 数据核字(2014)第 028228 号

　　"工程造价控制"是全国高等职业教育工程造价专业的核心课程之一，它是项目建设全过程工程造价管理的重要内容。本书从决策阶段工程造价控制开始，通过投资估算，确定建设项目的预期投资额，进行投资方案的比选和项目财务评价；设计阶段是工程造价控制的重点，主要通过综合评价法、静态、动态评价法、价值工程进行设计方案比选和优化，审查设计概算和施工图预算；交易阶段通过招投标方式确定招标控制价、投标报价，控制项目中标价；施工阶段通过工程变更、索赔调整合同价，计算工程价款，进行投资偏差分析来进行工程造价控制；竣工阶段工程造价的控制，采用编制竣工工程价款结算和竣工决算报表，确定新增资产价值。

　　本书共分 5 章，简明扼要地将项目建设全过程工程造价控制的原理与方法进行了阐述，内容通俗易懂，强调理论与实践相结合，书中配合一定量的实例，注重工程造价控制方法的运用，并在每一章中都附有教学目标、教学要求、本章小结和习题，供学员复习、巩固。

　　本书可作为全国高职类工程造价和建筑经济管理等相关专业的教学用书，也可作为本科类相关专业的教学参考书，并可作为工程造价管理人员的自学参考书。

　　为更好地支持相应课程的教学，我们向采用本书作为教材的教师提供教学课件，有需要者可与出版社联系，邮箱：jckj@cabp.com.cn，电话：01058337285，建工书院：http：//edu.cabplink.com。

＊　＊　＊

责任编辑：张　晶　王　跃
责任设计：张　虹
责任校对：张　颖　赵　颖

"十二五"职业教育国家规划教材
经全国职业教育教材审定委员会审定
全国高职高专教育土建类专业教学指导委员会规划推荐教材

工程造价控制（第三版）
（工程造价与工程管理类专业适用）
张凌云　主编
袁建新
乐嘉栋　主审
＊
中国建筑工业出版社出版、发行（北京西郊百万庄）
各地新华书店、建筑书店经销
北京红光制版公司制版
北京建筑工业印刷厂印刷
＊
开本：787×1092 毫米　1/16　印张：15¾　字数：388 千字
2015 年 1 月第三版　2022 年 12 月第二十六次印刷
定价：**30.00** 元（赠教师课件）
ISBN 978-7-112-16412-7
（25121）

修订版教材编审委员会名单

主　任：李　辉

副主任：黄兆康　夏清东

秘　书：袁建新

委　员：（按姓氏笔画排序）

王艳萍　田恒久　刘　阳　刘金海　刘建军

李永光　李英俊　李洪军　杨　旗　张小林

张秀萍　陈润生　胡六星　郭起剑

教材编审委员会名单

主　任：吴　泽

副主任：陈锡宝　范文昭　张怡朋

秘　书：袁建新

委　员：（按姓氏笔画排序）

马纯杰　王武齐　田恒久　任　宏　刘　玲

刘德甫　汤万龙　杨太生　何　辉　宋岩丽

张小平　张凌云　但　霞　迟晓明　陈东佐

项建国　秦永高　耿震岗　贾福根　高　远

蒋国秀　景星蓉

修 订 版 序 言

　　住房城乡建设部高职高专教育土建类专业教学指导委员会工程管理类专业分委员会（以下简称工程管理类分指委），是受教育部、住房城乡建设部委托聘任和管理的专家机构。其主要工作职责是在教育部、住房城乡建设部、全国高职高专教育土建类专业教学指导委员会的领导下，按照培养高端技能型人才的要求，研究和开发高职高专工程管理类专业的人才培养方案，制定工程管理类的工程造价专业、建筑经济管理专业、建筑工程管理专业的教育教学标准，持续开发"工学结合"及理论与实践紧密结合的特色教材。

　　高职高专工程管理类的工程造价、建筑经济管理、建筑工程管理等专业教材自2001年开发以来，经过"专业评估"、"示范性建设"、"骨干院校建设"等标志性的专业建设历程和普通高等教育"十一五"国家级规划教材、教育部普通高等教育精品教材的建设经历，已经形成了有特色的教材体系。

　　通过完成住房城乡建设部课题"工程管理类学生学习效果评价系统"和"工程造价工作内容转换为学习内容研究"任务，为该系列"工学结合"教材的编写提供了方法和理论依据。使工程管理类专业的教材在培养高素质人才的过程中更加具有针对性和实用性。形成了"教材的理论知识新颖、实践训练科学、理论与实践结合完美"的特色。

　　本轮教材的编写体现了"工程管理类专业教学基本要求"的内容，根据2013年版的《建设工程工程量清单计价规范》内容改写了与清单计价和合同管理等方面的内容。根据"计标［2013］44号"的要求，改写了建筑安装工程费用项目组成的内容。总之，本轮教材的编写，继承了管理类分指委一贯坚持的"给学生最新的理论知识、指导学生按最新的方法完成实践任务"的指导思想，让该系列教材为我国的高职工程管理类专业的人才培养贡献我们的智慧和力量。

住房城乡建设部高职高专教育土建类专业教学指导委员会

工程管理类专业分委员会

2013 年 5 月

第 二 版 序 言

高职高专教育土建类专业教学指导委员会（以下简称教指委）是在原"高等学校土建学科教学指导委员会高等职业教育专业委员会"基础上重新组建的，在教育部、住房城乡建设部的领导下承担对全国土建类高等职业教育进行"研究、咨询、指导、服务"责任的专家机构。

2004 年以来教指委精心组织全国土建类高职院校的骨干教师编写了工程造价、建筑工程管理、建筑经济管理、房地产经营与估价、物业管理、城市管理与监察等专业的主干课程教材。这些教材较好地体现了高等职业教育"实用型""能力型"的特色，以其权威性、科学性、先进性、实践性等特点，受到了全国同行和读者的欢迎，被全国高职高专院校相关专业广泛采用。

上述教材中有《建筑经济》、《建筑工程预算》《建筑工程项目管理》等 11 本被评为普通高等教育"十一五"国家级规划教材，另外还有 3G 本教材被评为普通高等教育土建学科专业"十一五"规划教材。

教材建设如何适应教学改革和课程建设发展的需要，一直是我们不断探索的课题。如何将教材编出具有工学结合特色，及时反映行业新规范、新方法、新工艺的内容，也是我们一贯追求的工作目标。我们相信，这套由中国建筑工业出版社陆续修订出版，反映较新办学理念的规划教材，将会获得更加广泛的使用，进而在推动土建类高等职业教育培养模式和教学模式改革的进程中、在办好国家示范高职学院的工作中，作出应有的贡献。

高职高专教育土建类专业教学指导委员会
2008 年 3 月

第 一 版 序 言

全国高职高专教育土建类专业教学指导委员会工程管理类专业指导分委员会（原名高等学校土建学科教学指导委员会高等职业教育专业委员会管理类专业指导小组）是住房城乡建设部受教育部委托，由住房城乡建设部聘任和管理的专家机构。其主要工作任务是，研究如何适应建设事业发展的需要设置高等职业教育专业，明确建设类高等职业教育人才的培养标准和规格，构建理论与实践紧密结合的教学内容体系，构筑"校企合作、产学结合"的人才培养模式，为我国建设事业的健康发展提供智力支持。

在住房城乡建设部人事教育司和全国高职高专教育土建类专业教学指导委员会的领导下，2002 年以来，全国高职高专教育土建类专业教学指导委员会工程管理类专业指导分委员会的工作取得了多项成果，编制了工程管理类高职高专教育指导性专业目录；在重点专业的专业定位、人才培养方案、教学内容体系、主干课程内容等方面取得了共识；制定了"工程造价"、"建筑工程管理"、"建筑经济管理"、"物业管理"等专业的教育标准、人才培养方案、主干课程教学大纲；制定了教材编审原则；启动了建设类高等职业教育建筑管理类专业人才培养模式的研究工作。

全国高职高专教育土建类专业教学指导委员会工程管理类专业指导分委员会指导的专业有工程造价、建筑工程管理、建筑经济管理、房地产经营与估价、物业管理及物业设施管理等 6 个专业。为了满足上述专业的教学需要，我们在调查研究的基础上制定了这些专业的教育标准和培养方案，根据培养方案认真组织了教学与实践经验较丰富的教授和专家编制了主干课程的教学大纲，然后根据教学大纲编审了本套教材。

本套教材是在高等职业教育有关改革精神指导下，以社会需求为导向，以培养实用为主、技能为本的应用型人才为出发点，根据目前各专业毕业生的岗位走向、生源状况等实际情况，由理论知识扎实、实践能力强的双师型教师和专家编写的。因此，本套教材体现了高等职业教育适应性、实用性强的特点，具有内容新、通俗易懂、紧密结合工程实践和工程管理实际、符合高职学生学习规律的特色。我们希望通过这套教材的使用，进一步提高教学质量，更好地为社会培养具有解决工作中实际问题的有用人才打下基础。也为今后推出更多更好的具有高职教育特色的教材探索一条新的路子，使我国的高职教育办得更加规范和有效。

全国高职高专教育土建类专业教学指导委员会

工程管理类专业指导分委员会

2004 年 5 月

第 三 版 前 言

本书是在《工程造价控制》第二版（2010 年 8 月）的基础上重新修订的。修订时遵循了高等学校土建学科教学指导委员会高等职业教育专业委员会管理类专业指导小组对本书的修订要求，听取了本书第二版使用院校所提的修改意见，吸取了本学科国内外的新成就和我国有关的新标准、新规范，认真进行了修改补充，特别是在内容更新上作了较多的改动，使本书更适合当前教学的要求。

本书是全国高等职业教育工程造价专业系列核心教材之一。为了适应工程造价专业的教学需要，特别是适应高职学员注重操作性、技能性的特点，本书在修编过程中注意了科学性、实用性、简明性和可读性的原则，注重理论与实践相结合，有助于培养学员具有工程造价控制的能力，使学员在今后从事工程造价管理时，将学过的工程造价控制方法用于实际工作，为学员高职毕业后取得全国造价员资格以及若干年后报考全国注册造价师打好基础。

本书从建设项目决策阶段、设计阶段、交易阶段、施工阶段、竣工阶段对工程造价的控制原理和方法进行了全面介绍。其特点通俗易懂，简明扼要，书中配合部分实例，阐明工程造价控制的方法，并在每一章中都附有教学目标、教学要求、本章小结和习题，供学员复习、巩固。

本书可作为全国高职类工程造价和建筑经济管理等相关专业的教学用书，也可作为本科类相关专业的教学参考书，并可作为工程造价管理人员的自学参考书。

本书由张凌云担任主编（上海城市管理职业技术学院副教授），袁媛担任副主编（上海城市管理职业技术学院讲师），袁建新担任主审（四川建筑职业技术学院教授），乐嘉栋担任主审（上海鑫元工程投资咨询有限公司总经理、教授级高工），张凌云负责全书的整体设计。

本书共分五章，张凌云编写绪论、第一章、第二章（第一、二、三节）、第五章，袁媛编写第二章（第四节）、第三章，乐嘉栋编写第四章。

本书在修编过程中，得到高等学校土建学科教学指导委员会高等职业教育专业委员会管理类专业指导小组的大力支持，以及上海城市管理职业技术学院领导的支持，中国建筑工业出版社编辑部有关同志也进行了细致的组织和编辑工作，在此表示感谢。我们在修编过程中作了许多努力，结合实际工作，参阅了大量的资料并多次进行修改，但由于我们水平有限，书中难免有不妥和错误之处，望广大读者提出宝贵意见。

2014 年 8 月

第 二 版 前 言

本书是在《工程造价控制》第一版（2004年7月）的基础上重新修订的。修订时遵循了高等学校土建学科教学指导委员会高等职业教育专业委员会管理类专业指导小组对本书的修订要求，听取了本书第一版使用院校所提的修改意见，吸取了本学科国内外的新成就和我国的有关新标准、新规范，认真进行了修改补充，特别是在内容更新上作了较多的改动，使本书更适合当前教学的要求。

本书是全国高等职业教育工程造价专业系列主干教材之一。为了适应工程造价专业的教学需要，特别是适应高职学员注重操作性、技能性的特点，本书在修编过程中以科学性、实用性、简明性和可读性为原则，注重理论与实践相结合，培养学员具有工程造价控制的能力，使学员在今后从事工程造价管理时，能够将学过的工程造价控制方法用于实际工作，为学员高职毕业后取得全国造价员资格以及若干年后报考全国注册造价师打好基础。

工程造价控制是随着现代管理科学的发展而发展起来的一门课程，它与本专业其他学科都有密切的联系，如建筑经济、建筑工程项目管理、建设项目评估、合同管理、财务与会计基础等课程。但工程造价控制是以建设项目全过程工程造价管理为主线的，对建设前期、工程设计、工程实施、工程竣工等各个阶段的工程造价实行层层控制，是工程造价全过程管理的主要表现形式和核心内容，也是提高项目投资效益的关键所在。

本书的主要内容包括：从决策阶段工程造价控制开始，通过投资估算，确定建设项目的预期投资额，进行投资方案的比选和项目财务评价；设计阶段是工程造价控制的重点，主要通过综合评价法、静态、动态评价法、价值工程进行设计方案比选和优化，审查设计概算和施工图预算；项目实施阶段通过招标投标方式控制中标价和投标价，通过工程变更、索赔、投资偏差分析等进行工程造价控制；竣工阶段工程造价的控制，采用编制竣工工程价款结算和竣工决算报表，确定新增资产价值。本书的特点是通俗易懂、简明扼要，书中配合部分实例，阐明工程造价控制的方法，并对重点内容提出一定量的思考题和计算题，供学员复习、巩固。

本书可作为全国高职类工程造价和建筑经济管理等相关专业的教学用书，可作为本科类相关专业的教学参考书，也可作为工程造价管理人员的自学参考书。

本书由张凌云担任主编（上海城市管理职业技术学院），袁建新担任主审（四川建筑职业技术学院），叶义仁担任副主编（上海东方投资监理有限公司），张凌云、叶义仁共同负责全书的整体设计。

本书共分五章，张凌云编写绪论、第一章、第二章（第一、二、三节）、第五章（合编），叶义仁编写第二章（第四节）、第四章，袁建新编写第三章，景星蓉（重庆大学城市学院）合编第五章。

本书在修编过程中，得到高等学校土建学科教学指导委员会高等职业教育专业委员会管理类专业指导小组的大力支持，以及上海城市管理职业技术学院领导的支持，中国建筑工业出版社编辑部有关同志也进行了细致的组织和编辑工作，在此表示感谢。我们在修编过程中作了许多努力，结合实际工作，参阅了大量的资料并多次进行修改，但由于水平有限，书中难免有不妥和错误之处，望广大读者提出宝贵意见。

2010 年 6 月

第 一 版 前 言

本书是全国高等职业教育工程造价专业系列主干教材之一。为了适应工程造价专业的教学需要，特别是适应高职学员注重操作性、技能性的特点，本书在编写过程中注意了科学性、实用性、简明性和可读性的原则，注重理论与实践相结合，有助于培养学员具有工程造价控制的能力，使学员在今后从事工程造价管理时，将学过的工程造价控制方法用于实际工作，为学员高职毕业后取得工程造价员资格以及若干年后报考全国注册造价师打好基础。

工程造价控制是随着现代管理科学的发展而发展起来的一门课程，它与本专业其他学科都有密切的联系，如建筑经济、建筑工程项目管理、建设项目评估、合同管理、财务与会计基础等课程，但工程造价控制是以建设项目全过程工程造价管理为主线，对建设前期、工程设计、工程实施、工程竣工各个阶段的工程造价实行层层控制，是工程造价全过程管理的主要表现形式和核心内容，也是提高项目投资效益的关键所在。本书从决策阶段工程造价控制开始，通过投资估算，确定建设项目的预期投资额，进行投资方案的比选和项目财务评价。设计阶段是工程造价控制的重点，主要通过综合评价法、静态、动态评价法、价值工程进行设计方案比选和优化，审查设计概算和施工图预算。项目实施阶段通过招投标方式控制中标价和投标价，通过工程变更、索赔、投资偏差分析等进行工程造价控制。竣工阶段工程造价的控制，采用编制竣工工程价款结算和竣工决算报表，确定新增资产价值。本书的特点通俗易懂，简明扼要，书中配合部分实例，阐明工程造价控制的方法，并对重点内容提出一定量的思考题和计算题，供学员复习、巩固。

本书可作为全国高职类工程造价和建筑经济管理等相关专业的教学用书，也可作为本科类相关专业的教学参考书和工程造价管理人员的自学参考书。

本书由张凌云担任主编（上海城市管理职业技术学院），袁建新担任主审（四川建筑职业技术学院），叶义仁担任副主编（上海城市管理职业技术学院），张凌云、叶义仁共同负责全书的整体设计。

本书共分五章，张凌云编写绪论、第一章、第二章（第一、二、三节）、第五章（合编），叶义仁编写第二章（第四、五节）、第四章，袁建新编写第三章，景星蓉（重庆大学城市学院）合编第五章。

本书在编写过程中，得到高等学校土建学科教学指导委员会高等职业教育专业委员会管理类专业指导小组的大力支持，以及上海城市管理职业技术学院领导的支持，中国建筑工业出版社编辑部有关同志也进行了细致的组织和编辑工作，在此表示感谢。我们在编写过程中作了许多努力，结合实际工作，参阅了大量的资料并多次进行修改，但由于我们水平有限，书中难免有不妥之处，望广大读者提出宝贵意见。

2004 年 5 月

目　录

0　绪论 ·· 1

0.1　工程造价控制的基本原理 ··· 1

0.2　工程造价控制的基本方法 ··· 2

1　建设项目决策阶段工程造价控制 ····································· 5

1.1　建设项目决策阶段与工程造价的关系 ····························· 5

1.2　建设项目可行性研究 ·· 7

1.3　建设项目投资估算 ·· 11

1.4　建设项目财务评价 ·· 22

1.5　建设项目投资方案的比较和选择 ·································· 42

本章小结 ·· 48

习题 ··· 49

2　建设项目设计阶段工程造价控制 ···································· 56

2.1　建设项目设计阶段与工程造价的关系 ···························· 56

2.2　设计方案的优选 ·· 64

2.3　设计方案的优化 ·· 72

2.4　设计概算和施工图预算的编制和审查 ···························· 84

本章小结 ··· 103

习题 ·· 104

3　建设项目交易阶段工程造价控制 ··································· 110

3.1　建设项目招标投标概述 ·· 110

3.2　建设项目招标控制价的确定 ······································· 119

3.3　建设项目投标报价的确定 ··· 121

3.4　建设项目投标报价控制方法 ······································· 126

3.5　建设项目中标价控制方法 ··· 135

本章小结 ··· 139

习题 ·· 140

4　建设项目施工阶段工程造价控制 ··································· 145

4.1　施工阶段工程造价控制概述 ······································· 145

4.2 工程变更与合同价款调整 ·································· 152

4.3 工程索赔 ·· 163

4.4 施工过程工程价款支付与核算 ·························· 180

4.5 施工阶段造价使用计划的编制和应用 ················ 188

本章小结 ··· 202

习题 ·· 203

5 建设项目竣工阶段工程造价控制 ····························· 209

5.1 建设项目竣工阶段与工程造价的关系 ················ 209

5.2 竣工结算 ··· 210

5.3 竣工决算 ··· 213

5.4 竣工资料移交和保修费用处理 ·························· 221

本章小结 ··· 223

习题 ·· 224

附表一 复利终值系数表 ··· 228

附表二 复利现值系数表 ··· 230

附表三 年金终值系数表 ··· 232

附表四 年金现值系数表 ··· 234

参考文献 ·· 236

0 绪   论

工程造价是指建设项目的建设成本，即完成一个建设项目所需费用的总和，包括设备及工器具购置费、建筑安装工程费、工程建设其他费、预备费和建设期贷款利息等。工程造价控制就是以建设项目为对象，对建设前期、工程设计、工程交易、工程施工、工程竣工各个阶段的工程造价实行层层控制，是工程造价全过程管理的主要表现形式和核心内容，也是提高项目投资效益的关键所在。工程造价控制是随着现代管理科学的发展而发展起来的一门课程，它与财务管理、建筑工程项目管理、建设工程招标投标、合同管理、建设工程预算、工程量清单计价等课程都有密切的联系。

我国建设工程造价控制的发展也有一个漫长而曲直的过程，从中华人民共和国成立以来，已有 60 多年，这期间经历了 12 个五年计划。在"六五"计划以前，由于建设项目不多，工程造价控制上的不足之处还未充分暴露出来，但从"七五"计划以后，特别是在我国市场经济改革初期，工程造价管理与控制的问题逐渐暴露出来，这就使得广大的工程造价人员在实践中努力探索、研究，寻求解决问题的方法和措施，到"十五"计划后期，广大造价人员已树立了建设项目全过程造价管理与控制的理念，但还有不完善的地方，有待于在理论和实践中不断地完善和发展。

0.1 工程造价控制的基本原理

建设项目是指在一个总体设计或初步设计范围中，由一个或几个有联系的工程项目所组成，经济上实行统一核算、行政上有独立的组织形式，实行统一管理的建设工程总体。建设项目可以有一个或几个工程项目所组成。工程造价控制是对建设项目全过程的造价控制和对工程造价的动态控制。

建设项目从可行性研究开始经初步设计、扩大初步设计、施工图设计、承发包、施工、调试、竣工投产、决算、后评估等的整个过程称为项目建设全过程。工程造价控制是对项目建设全过程造价的控制，即从项目可行性研究开始一直到项目竣工决算、后评估为止的工程造价的控制。其项目建设全过程控制的程序如图 0-1 所示。

在通常情况下，对项目建设全过程进行工程造价控制，可从下列六个环节入手：一是项目可行性研究报告阶段的投资估算；二是初步设计阶段的设计概算；三是施工图阶段的施工图预算；四是项目交易阶段的合同价确定；五是项目施工阶段的工程结算；六是竣工验收阶段的竣工结算与决算。这六个环节贯穿于工程项目建设的整个过程中，都围绕追求工程项目造价控制目标，以达到所建的工程项目以最少的投入获得最佳的经济效益和社会效益。建设项目投资估算、设计概算、施工图预算、合同价、工程结算及工程完工验收后竣工结算与决算的"六算"编制，是工程项目建设过程中控制工程造价必不可少的工作程序。它们在各个阶段投入控制范围和内容虽有所不同，但之间紧密相连，具有一定的连续

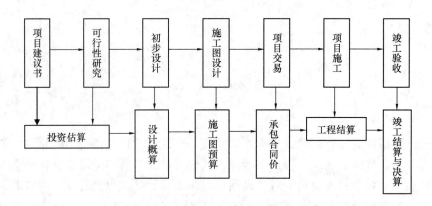

图 0-1　项目建设全过程造价控制示意图

性，既不能相互脱离，又不能相互取代，前者控制后者，后者补充前者，并且以设计阶段工程造价控制为重点，在优化设计方案的基础上采用一定的措施把工程造价控制在核定的造价限额以内。

工程造价控制的总目标是将项目最终的造价控制在投资估算的限额以内，并能对即将发生的偏差及时或提前作出预测，还应在费用失控前就采取措施加以纠正，以便达到计划总目标的实现，这种方法称为主动控制。

其次，工程造价控制是动态的。一方面，工程造价具有动态性。任何一个工程从决策阶段开始直至竣工验收为止，都有一个较长的建设周期，在预计工期内，有许多不确定性因素都处于动态变化之中，会影响建设项目的实际工程造价。另一方面，在工程项目建设中，项目的造价控制紧紧围绕着三大目标：投资控制、质量控制、进度控制。这种目标控制是动态的，并且贯穿于项目实施的始终。在这一动态控制过程中，应着重做好以下几项工作：

1. 合理确定计划目标值，即各阶段的造价。在工程造价控制过程中，是以计划目标值为比较对象，确定的计划目标值必须准确、合理，符合实际要求，切忌粗制滥造，有损工程造价控制的实施。

2. 及时收集实际数据，即各工作阶段具体的造价数值。在工程造价各阶段制定一整套造价资料收集的方法和渠道，及时进行造价数据的统计工作，取得所需要的造价资料，如果没有实际造价数据，就根本谈不上工程造价控制。

3. 实际值与目标值比较，以判断是否存在偏差。这种比较方法可以在建设项目前期阶段就设计出各阶段的工程造价控制体系，以保证各阶段造价控制的效率和有效性。

4. 采取措施确保项目目标的实现。如实际值与计划值有发生偏差的趋向或已发生偏差，找出问题所在，采取一定的措施加以纠偏，如确实造成不能挽回的局面，应从中吸取教训，保证以后工作顺利开展。

0.2　工程造价控制的基本方法

在对工程造价进行全程控制的过程中，从各个环节着手采取措施，合理使用资源，管好造价，保证建设工程在合理确定预期造价的基础上，实际造价能控制在预期造价允许的误差范围内。要有效地控制工程造价，应该从技术、经济、组织、合同、统计、信息管理等多方面采取措施。工程造价全过程控制的主要方法有：

1. 项目可行性研究

项目可行性研究是在项目投资决策阶段，对拟建项目所进行的全面的技术经济分析论证。这一工作包括市场调查与分析、方案比较、投资估算与资金筹措、财务评价、风险分析等，以便论证技术上的先进性和适用性、经济上的盈利性和建设上的可能性和可行性，从而为投资决策提供全面、系统、客观的依据。项目可行性研究为筹集资金、初步设计、项目组织实施、签订合同协议和项目后评估提供了依据。

2. 技术与经济分析

技术与经济分析方法贯穿于项目建设全过程工程造价控制中，是控制工程造价最有效的手段之一。技术经济分析是研究实现先进技术与经济效果最佳结合的理论与方法，通过技术比较、经济分析和效果评价，正确处理技术先进与经济合理两者之间的对立统一关系，力求在技术先进条件下的经济合理，在经济合理基础上的技术先进，把控制工程造价观念渗透到各项设计和施工技术措施中。技术经济分析方法是决策阶段的方案选择、设计方案比选、施工方案选择、投标方案选择中常用的方法。

3. 价值工程

价值工程是提高产品功能，降低产品成本的一种有效技术。价值工程是以最低寿命周期成本来可靠地实现使用者所需的功能，以获得最佳的综合效益。价值工程是从产品的功能和成本的关系上考虑问题，以功能分析为核心，使其成本与所需的功能相匹配；从价值工程对于产品成本的控制范围来说，不同于传统意义上的成本控制，而是全寿命周期成本控制；从价值工程对产品成本的节约深度来看，通过功能分析，改进产品结构，从而大幅度地降低成本。价值工程分析主要运用于设计方案的选择和优化，也可用于施工组织设计方案的选择与优化。

4. 网络计划技术

网络计划技术既是编制计划的方法，又是一种科学的管理方法。网络计划技术是应用网络图形来表示一项计划中各项工作的开展顺序及其相互之间的关系；通过对网络图进行时间参数的计算，找出计划中的关键工作和关键路线，确定项目计划工期；通过不断改进网络计划，找出最优方案，以求在计划执行过程中对计划进行有效的控制与监督，保证合理地使用人力、物力和财力，以最小的消耗取得最大的经济效果。在工程造价控制中，网络计划技术通常用于施工组织设计方案的优化、工期索赔的确定、编制资金使用计划等方面。

5. 限额设计

限额设计是工程建设领域控制投资支出，有效使用建设资金的重要措施。所谓限额设计是按照批准的可行性研究报告及投资估算来控制初步设计，按照批准的设计概算来控制施工图设计。限额设计是在实事求是、精心设计并保证设计科学性的前提下，运用投资分解和工程量控制等方法，实现对投资限额的控制与管理，同时也实现了对设计规模、设计标准、工程量与各项技术经济指标等各个方面的控制，因此，优化设计方案是限额设计的关键，在满足设计功能要求的前提下，选出投资省、效益好的优秀设计方案。

6. 招投标

招投标作为我国建筑业管理体制改革的突破口和建筑产品交易方式的改革，是在政府的强制执行下建立起来的。招投标是以工程设计、施工或以工程所需的物资、设备、建筑材料等为对象，在招标人和若干个投标人之间进行的招标投标活动，实质上是一种市场竞争行为。对建设项目进行全过程的招投标，切实执行招标投标法中规定的内容和程序，是工程质量能够得到保证的关键。通过对建设项目进行招投标，可以择优选择设计、施工、监理等承建单位以及材料、设备的供应商，相应地这些单位也可以凭自己的经济实力、服务质量和企业信誉自由竞争；通过公开的集中竞标，让众多的投标人进行竞争，使招标人能在满足项目基本要求的情况下，以最低或较低的价格获得最优的工程项目和服务，从而能够合理地使用投资、节约资金，维护投资人的利益。总之，采取工程招投标这一经济手段来择优选定承包商，不仅有利于确保工程质量和缩短工期，更有利于降低工程造价，是造价控制的一个重要手段。

7. 合同管理

合同管理的目的，就是保证承包商全面地、有秩序地完成合同规定的责任和义务，它是承包工程项目管理的核心和灵魂。合同管理必须是全过程的、系统性的、动态性的。合同管理贯穿于工程实施的全过程，就是由洽谈、草拟、签订、合同生效，直至合同失效为止，我们不仅要重视签订前的管理，更要重视签订后的管理。系统性就是凡涉及合同条款内容的各部门都要一起来管理。动态性就是注重履约全过程的情况变化，特别要掌握对我方不利的变化，及时对合同进行修改、变更、补充或中止和终止。在合同履行过程中，要求合同经办人员对所经办合同的履行进程，随时收集信息，注意反馈，及时调控。因此，加强工程建设项目实施过程中的合同管理，对于确保工程建设项目造价总目标的实现，进行工程造价控制意义重大。

运用工程造价控制的基本方法，对建设项目的工程造价按建设程序实行层层控制，保证建设工程造价不突破批准的投资限额，即按照批准的可行性研究报告和投资估算控制初步设计和总概算；按照批准的初步设计和总概算控制施工图设计和施工图预算；在施工图预算的基础上控制承包合同价；严格控制工程变更，做好工程结算工作，使竣工结算和决算价控制在投资限额以内，实行项目建设全过程的有效控制。

1 建设项目决策阶段工程造价控制

教学目标

- 了解建设项目决策阶段的工作内容。
- 了解建设项目决策阶段与工程造价的关系。
- 了解建设项目可行性研究的概念和作用。
- 熟悉建设项目可行性研究的步骤和内容。
- 掌握建设项目投资估算组成和估算方法。
- 熟悉建设项目财务评价的概念和内容。
- 熟悉建设项目财务评价的方法。
- 熟悉投资方案的比较和选择方法。

教学要求

能力要求	知识要点	权重
知道决策阶段的工作内容	决策阶段的工作内容、决策阶段与造价的关系	0.05
知道可行性研究的内容	可行性研究的概念、步骤和内容	0.15
编制投资估算	总投资的组成、投资估算编制方法	0.25
编制建设项目财务评价	财务评价的概念、内容;财务评价报表的编制与评价;不确定分析的内容和方法	0.35
投资方案的选择	投资方案比较和选择方法	0.20

建设项目决策阶段是项目建设的初始阶段,做好建设项目决策阶段工作对建设项目造价控制起着重要的作用。建设项目决策阶段的工作包括项目建议书的编制和审查、项目可行性研究报告的编制和审查、投资项目估算和审查、项目财务评价、投资方案的选择等内容。

1.1 建设项目决策阶段与工程造价的关系

1.1.1 建设项目决策阶段的工作内容

建设项目决策是指根据预期的投资目标,拟订若干个有价值的投资方案,并用科学的方法对这些方案进行分析、比较和选择,从而确定最佳的投资方案。建设项目决策的程序是通过调查研究、收集资料的基础上提出预期的目标;根据国家的发展规划、各地区经济发展计划和企业现有的经济条件,拟定若干个有价值的方案;用科学的方法对拟定的方案进行分析、论证和比较,选择最佳的投资方案;最后,确定投资方案的实施计划,提出合理化的建议。

从项目建设全过程造价控制的角度来看,决策阶段是工程造价控制的首要环节和最重要的方面，其工作内容包括投资意向、机会研究（项目建议书）、初步可行性研究、可行性研究、决策审批。前一项工作是后一项工作的基础和依据，后一项工作是前一项工作的具体化和落实，而且前后工作之间相互依赖、相互补充。首先，决策阶段工作质量是工程造价控制的关键，关系到项目建设的成败，也关系到建设项目投资效果的好坏；其次，决策阶段的投资方案比较和选择，需要对投资方案进行识别、分析、选择、决断、构思、运筹，所以该项工作具有高度创造性、智力化和综合性；最后，项目决策还是一项综合性的工作，工作内容涉及项目技术、经济、社会和管理等各个方面，需要工作人员具有理论思维、技术、经济、实际经验等方面的综合素质。

1.1.2 建设项目决策阶段与工程造价的关系

1.1.2.1 建设项目决策阶段的工作质量是控制工程造价的重点

建设项目决策质量的好坏，意味着对项目建设是否作出科学的决断，是否优选出最佳的投资方案。任何一项决策的失误都会造成投资方案的失败，会直接带来不必要的资金投入和人力、物力和财力的浪费，甚至造成不可弥补的损失，该阶段的工作质量对总投资的影响高达 70% 左右，对投资效益的影响高达 80% 左右，相比之下，该阶段的费用较少，一般只占总投资的百分之几或千分之几。所以，要控制工程造价，必须在决策阶段实事求是地进行市场分析；加强工程地质、水文地质以及征地、水源、供电、运输、环保等工程项目外部条件的工作力度；对各项贷款的条件应进行认真细致的分析比较，才能保证项目决策的工作质量。

1.1.2.2 建设项目决策阶段的工作内容是决定工程造价的基础

建设项目决策阶段的各项技术经济决策，对该项目的工程造价有重大的影响。如建设标准水平的确定，应采用中等适用的标准，建筑方面应采用适用、经济、安全、朴实的原则；建设地点的选择，应选择靠近原料、燃料提供地和产品消费地的原则和工业项目适当聚集的原则，尽量降低长途运输费用，缩短流动资金周转时间；生产工艺方案的确定，采用先进适用、经济合理的标准；设备的选用，尽量选用国产设备；投资方案的选择，在技术性能保证的前提下，采用费用最小法进行方案的选择，在该阶段所有的决策内容都直接关系到工程造价的高低。所以，项目决策阶段的工作内容是决定工程造价的基础，直接影响着决策阶段以后的各个建设阶段工程造价的控制是否科学、合理的问题。

1.1.2.3 建设项目投资额的多少也影响项目最终决策

决策阶段的投资额的多少，对投资方案的选择极其重要，如果某投资方案技术先进，但投资额太高，投资者没有能力解决经济上的问题，也只能放弃该项目；同时在建设项目可行性研究报告审批阶段，也是根据项目投资额的大小，由不同的主管部门审批的，投资额越高，决策难度越大。所以，建设项目投资额的多少，对项目决策会产生影响。

1.1.2.4 建设项目决策的深度影响投资估算的精确度，也影响工程造价的控制效果

建设项目决策阶段主要经过投资机会研究（项目建议书）、初步可行性研究、详细可行性研究阶段，各阶段的投资估算的精确度不同，即投资机会研究（项目建议书）阶段的投资估算误差率大致在 ±30% 左右，初步可行性研究阶段的投资误差率大致在 ±20% 左右，详细可行性研究阶段的投资估算误差率大致在 ±10% 左右。另外，建设项目各阶段包括项目建议书、可行性研究、初步设计、施工图设计、建设准备、建设实施、竣工验收，相应的造价表现为投资估算、总概算、施工图预算、承包合同价、工程结算、竣工结算、

竣工决算，前者造价控制后者造价，也就是建设项目以投资估算额作为工程造价控制的目标值。所以，只有采用科学的估算方法，可靠的数据资料，考虑建设过程中风险因素，合理地计算投资额，才能保证其他各阶段的造价被控制在合理的范围内，保证项目总目标的实现。

1.2 建设项目可行性研究

建设项目的开发和建设是一项综合性经济活动，建设周期长，投资额大，涉及面广。要想使建设项目达到预期的经济效果，项目决策阶段必须进行可行性研究工作，才能使投资者在项目前期对未来项目的经济状况、风险程度有所了解，并且合理地筹措资金，使整个项目的决策建立在科学的基础上而不是经验或感觉的基础上。

1.2.1 建设项目可行性研究的概述

1.2.1.1 建设项目可行性研究概念

建设项目可行性研究是指在项目决策前，通过对项目有关的社会、经济和技术等各方面条件和情况进行调查、研究、分析，对各种可能的建设方案和技术方案进行分析、比较和论证，并对项目建成后的经济、社会、环境效益进行预测和评价，由此考察项目技术上的先进性和适用性、经济上的盈利性和合理性、建设的可能性和可行性。

1.2.1.2 建设项目可行性研究的作用

建设项目可行性研究的主要作用是作为项目投资决策的科学依据，防止和减少决策失误造成的浪费，提高投资效益。具体作用如下：

1. 作为科学投资决策的依据

项目的开发和建设，需要投入大量的人力、物力和财力，受到社会、技术、经济等各种因素的影响，不能只凭感觉或经验就能确定，而是要在投资决策前，对项目进行深入细致的可行性研究，从社会、技术、经济等方面对项目进行分析、评价，从而积极主动地采取有效措施，避免因不确定因素造成的损失，提高项目的投资效益，实现项目投资决策的科学性。

2. 作为筹措项目建设资金的依据

项目建设需要大量的资金，投资者在使用自有资金的基础上，还需向银行等商业金融机构贷款，这些金融机构都把可行性研究报告作为项目申请贷款的先决条件，并且对项目可行性研究报告进行全面、细致地分析和评估，最后才能确定是否给予项目贷款。

3. 作为编制设计文件的依据

在现行规定中，虽然可行性研究是与项目设计文件的编制分别进行的，但项目的设计要严格按批准的可行性研究报告的内容进行，不得随意改变可行性研究报告中已确定的规模、地址、建筑设计方案、建设速度及投资额等控制性指标。

4. 作为拟建项目与有关协作单位签订合同或协议的依据

有些建设项目可能需要引进设备和技术，在与外商签订购买协议时要以批准的可行性研究报告作为依据。另外，在建设项目实施过程中要与供水、供电、供气、通信等单位签订有关协议或合同，这时也以批准的可行性研究报告作为依据。

5. 作为地方政府、环保部门和规划部门审批项目的依据建设项目在申请建设执照时，需要地方政府、环保部门和规划部门对建设项目是否符合环保要求、是否符合地方城市规划要求等方面进行审查，这些审查都是以可行性研究报告中的内容作为依据。

6. 作为项目实施的依据

经过项目可行性研究论证以后，确定项目实施计划和资金落实情况，才能保证项目顺利实施。

1.2.1.3 建设项目可行性研究阶段

可行性研究从粗到细分析过程，按国际惯例可分为三个阶段：

1. 机会研究

机会研究是指在一地区或部门内，以市场调查和市场预测为基础，进行粗略和系统的估算，来提出项目，选择最佳投资机会。它是对项目投资方向提出的原则设想。在机会研究以后，如果发现某项目可能获利时，就需要提出项目建议。在我国项目建议一般采用项目建议书的形式。该项目建议书一经批准，就可列入项目计划。

2. 初步可行性研究

如果对项目在技术上和经济上作出较为系统的、明确的、详细的论证是较费时间和财力的工作，所以，在下决心进行详细可行性研究以前，通常进行初步可行性研究，使项目设想较为详细并对该设想作出初步估计。

倘若项目建议书所提供的资料、数据足可对项目进行详细研究，则项目建议书后可直接进行详细可行性研究。

3. 详细可行性研究

详细可行性研究就是我们平时说的可行性研究，是项目技术经济论证的关键环节。详细可行性研究必须为项目提供政治、经济、社会等各方面的详尽情况，计算和分析项目在技术上、财务上、经济上的可行性后作出投资与否决策的关键步骤。

1.2.2 建设项目可行性研究的步骤和内容

1.2.2.1 建设项目可行性研究的依据

对一个拟建项目进行可行性研究，必须在国家有关的规划、政策、法规的指导下完成，同时，还要有相关的技术资料。项目可行性研究工作的主要依据有：

1. 国家有关的发展规划、方针和技术经济政策

按照国家有关经济发展的规划、经济建设的方针和政策及地区和部门发展规划，进行市场调查和研究，确定投资方向和规模，提出需要进行可行性研究的项目建议书。

2. 项目建议书和委托单位的要求

项目建议书是做好各项准备工作和进行可行性研究的重要依据，只有经国家计划部门同意，并列入建设前期工作计划后，就能开展可行性研究工作。建设单位在委托可行性研究任务时，应向承担可行性研究工作的单位，提供有关市场调查资料、资金来源及工作范围等情况。

项目建议书批准以后，才能进行可行性研究工作。

3. 有关的基础资料

进行可行性研究工作时，需要建设单位提供项目所在地、工程技术方案以及进行技术经济分析所需的自然、地理、水文、地质、社会、经济等有关基础数据资料。

4.有关工程技术经济方面的规范、标准、定额等，以及国家正式颁布的经济法规和规定。

5.国家和有关部门颁布的关于项目评价的基本参数和指标

在进行项目可行性研究中需要使用项目评价的基本参数和指标，这些参数可由国家统一颁布执行，也可由主管部门根据部门、行业的特点，编制有关项目的技术经济参数，根据实际情况进行测算后，自行拟定，并报国家有关部门备案。

在进行可行性研究时，以国家发展改革委和建设部联合颁布的《建设项目经济评价方法与参数》（第三版）为依据。

1.2.2.2　建设项目可行性研究的步骤

建设项目可行性研究，一般由业主委托有资质的咨询公司进行可行性研究，编制可行性研究报告，其工作步骤一般有以下几个方面：

1.接受委托

在建设项目建议书批准以后，业主可委托有资质的咨询公司进行可行性研究，双方签订合同协议，明确规定工作范围、研究深度、进度安排、费用支付方式、违约责任等有关协议内容。接受委托单位应组织编制人员，明确委托者的目的和要求，研究的工作内容，制定研究计划。

2.调查研究

在项目建议书的基础上，收集有关基本参数、计算指标、规范、标准，明确调查研究的内容。调查研究主要从市场调查和资源调查两方面进行。

3.方案选择和优化

根据项目建议书的要求，在市场调查和资源调查过程中收集到的资料和数据的基础上，建立若干可供选择的投资方案，会同委托单位一起进行反复论证、比较，评选出合理的投资方案，确定建设项目规模、建筑类型、生产工艺、设备选型等技术经济指标。

4.经济分析和评价

根据调查的资料和有关规定，选择与本项目有关的经济评价基础数据和参数，对所选的最佳投资方案进行详细的财务预测、财务分析、国民经济评价和社会效益评价。

5.编写可行性研究报告

根据上述分析与评价，编写可行性研究报告，提出结论性建议、措施供委托单位作为决策依据。

1.2.2.3　建设项目可行性研究的内容

建设项目可行性研究报告是项目决策阶段最关键的一个环节，是主管部门进行审批的主要依据。它的任务是对拟建项目在技术上、经济上进行全面的分析与论证，向决策者推荐最优的建设方案，可行性研究报告一经批准，就是对项目进行了最终决策。一般工业项目可行性研究报告的内容如下：

1.总论

项目背景，包括项目名称，项目的承办单位，承担可行性研究的单位，项目拟建地区和地点，项目提出的背景，投资的必要性和经济意义，研究工作的依据和范围；项目概况，包括拟建地点、建设规模与目标、主要建设条件、项目投入总资金及效益情况、主要技术经济指标。

2. 产品的市场分析和拟建规模

主要内容包括产品需求量调查，产品价格分析，预测未来发展趋势，预测销售价格、需求量，制定拟建项目生产规模，制定产品方案。

3. 资源、原材料、燃料及公用设施情况

主要内容包括资源评述，原材料、主要辅助材料需用量及供应，燃料动力及其公用设施的供应，材料试验情况。

4. 建设条件和厂址选择

建设地区选择主要包括拟建厂区的地理位置、地形、地貌基本情况，水源、水文地质条件，气象条件，供水、供电、运输、排水、电信、供热等情况，施工条件，市政建设及生活设施，社会经济条件等。

厂址选择主要包括厂址多方案比较，厂址推荐方案。

5. 项目设计方案

主要内容包括生产技术方法，总平面布置和运输方案，主要建筑物、构筑物的建筑特征与结构设计，特殊基础工程的设计，建筑材料，土建工程造价估算，给排水、动力、公用工程设计方案，地震设防，生活福利设施设计方案等。

6. 环境保护与劳动安全

分析建设地区的环境现状，分析主要污染源和污染物，项目拟采用的环境保护标准，治理环境的方案，环境监测制度的建议，环境保护投资估算，环境影响评价结论，劳动保护与安全卫生。

7. 企业组织、劳动定员和人员培训

主要内容包括企业组织形式，企业工作制度，劳动定员，年总工资和职工年平均工资估算，人员培训及费用估算。

8. 项目施工计划和进度安排

明确项目实施的各阶段，编制项目实施进度表，项目实施费用等内容。

9. 投资估算与资金筹措

项目总投资估算包括建设投资估算、建设期利息估算和流动资金估算；资金筹措包括资金来源和项目筹资方案；投资使用计划包括投资使用计划和借款偿还计划。

10. 项目经济评价

主要内容包括财务评价基础数据测算，项目财务评价，国民经济评价，不确定性分析，社会效益和社会影响分析等。

11. 项目结论与建议

根据项目综合评价，提出项目可行或不可行的理由，并提出存在的问题及改进建议。包括项目建议书、项目立项批文、厂址选择报告、资源勘探报告、贷款意见书、环境影响报告、引进技术项目的考察报告、利用外资的各类协议文件等附件。包括厂址地形或位置图、总平面布置方案图、建筑方案设计图、工艺流程图、主要车间布置方案简图等附图。

对于一般工业项目可行性研究报告，从 11 个方面进行编写，这 11 个方面可简单概括为三部分，第一部分市场研究，包括市场调查和预测，是可行性研究的前提和基础，解决拟建项目存在的"必要性"。第二部分技术研究，包括技术方案和建设条件，是可行性研究的技术基础，解决拟建项目技术上的"可行性"。第三部分效益研究，经济效益分析与评价，是可行性研究的核心，解决拟建项目经济上的"合理性"。

1.3 建设项目投资估算

1.3.1 建设项目投资估算的特点和内容

1.3.1.1 建设项目投资估算的特点

在投资决策阶段，由于条件限制，考虑因素不够成熟，不可预见的因素非常大，投资估算的难度较大，所以在估算中有以下特点：

1. 项目设计方案较粗略，技术条件内容较粗浅，假设因素较多；

2. 项目技术条件的伸缩性大，估算工作难度大，需要留有一定的活口；

3. 采用的静态投资估算方法，简单粗糙，需要较强的技术经济分析的经验；

4. 估算工作涉及面较广、政策性强，对估算人员业务素质要求较高。

1.3.1.2 建设项目总投资估算的内容

建设项目总投资估算包括建设投资、建设期利息和流动资金估算。总投资估算的内容用图 1-1 表示。

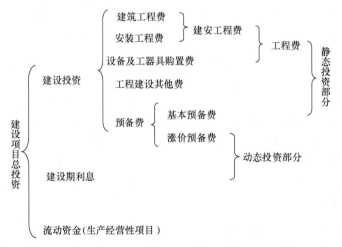

图 1-1 建设项目总投资

1.3.2 建设投资估算

1.3.2.1 建设投资的构成及估算

1. 建筑工程费估算

建筑工程费是指各种房屋和构筑物的建筑工程；各种管道和照明、通信、电气线路的敷设工程；设备基础，矿井开拓，油、气钻井工程，水利工程，环保、防洪等特殊工程的投资。建筑工程费估算一般采用以下方法：

（1）单位建筑工程投资估算法，是以单位建筑工程投资乘以建筑工程总量计算。如房屋建筑以单位建筑面积投资乘以相应的房屋建筑面积来计算建筑工程费。

（2）单位实物工程量投资估算法，是以单位实物工程量的投资乘以实物工程总量计算。如在建筑工程中每立方米土石方工程的投资乘以该工程总的土石方量来计算土石方的建筑工程费。

(3) 概算指标投资估算法，是根据有关专门机构发布的概算指标，如每平方米土建工程费乘以该建筑物的总建筑面积来计算。

2. 安装工程费估算

安装工程费是指各种设备、机械、仪器等安装费、检测费，以及有关设备附件及管线装设或敷设工程等费用。安装工程费通常按行业或专门机构发布的安装工程定额、取费标准和指标估算。

3. 设备及工器具购置费估算

设备及工器具购置费用是指各种机械设备、电气仪器设备，以及房屋和构筑物的采暖通风、卫生、照明等建筑设备的购置费用和新建或扩建项目初步设计规定的，保证初期正常生产必须购置的没有达到固定资产标准的设备、仪器、工卡模具、器具、生产家具和备品备件等的购置费用。设备购置费应按项目主要设备表及价格、费用资料估算。工器具购置费一般按设备费的一定比例计取。

国内设备购置费＝设备出厂价＋运杂费

设备运杂费包括运输费、装卸费和仓库保管费，可按设备出厂价的一定百分比计算。

进口设备购置费＝进口设备货价＋进口设备从属费用＋国内运杂费

其中：进口设备货价＝进口设备离岸价＋国外运费＋国外运输保险费

进口设备从属费用＝进口关税＋进口环节增值税＋外贸手续费＋银行财务费＋海关监督手续费

4. 工程建设其他费用估算

工程建设其他费用包括建设管理费、可行性研究费、研究试验费、勘察设计费、环境影响评价费、劳动安全卫生评价费、场地准备及临时设施费、引进技术和引进设备其他费、施工队伍调遣费、工程保险费、联合试运转费、特殊设备安全监督检验费、市政公用设施建设及绿化费、建设用地费、专利及专有技术使用费、生产准备及开办费等。工程建设其他费用应按各项费用科目的费率或取费标准估算。

5. 预备费用估算

预备费用包括基本预备费和涨价预备费。

(1) 基本预备费是指在初步设计及概算内难以预料的工程费用，又称为工程建设不可预见费。主要有设计变更及施工过程中可能增加的费用。基本预备费是按建筑工程费、安装工程费、设备及工器具购置费和工程建设其他费用之和为计算基础，乘以基本预备费率。计算公式为：

基本预备费＝(工程费＋工程建设其他费) ×基本预备费率

基本预备费率的取值一般为 3%～10%。若项目前期不确定因素较少以及缴纳工程保险费的建设项目基本预备费率的取值可适当小一些。

工程费、工程建设其他费和基本预备费之和构成了建设投资静态部分。

(2) 涨价预备费是指建设项目在建设期间内由于价格等变化引起工程价格变化的预测预留费用，又称为价格变动不可预见费。主要是在建设期内可能发生材料、设备、人工等价格上涨而增加的费用。

涨价预备费的估算方法，一般根据国家规定的投资综合价格指数，以估算年份价格水平的投资额为基数，采用复利方法计算。计算公式为：

$$PF = \Sigma I_t \left[(1+f)^m (1+f)^{0.5} (1+f)^{t-1} - 1 \right]$$

式中　PF——涨价预备费；

　　　I_t——第 t 年静态投资计划额；

　　　f——年均投资价格上涨率；

　　　m——建设前期年限（从编制估算到开工建设年数）；

　　　t——建设期年份数。

【例 1-1】　某新建项目静态投资额为 8000 万元，按本项目进度计划，项目建设期为 3 年，3 年的投资计划比例分别为 20%、50%、30%，预测建设期内年平均价格变动率为 3%，建设前期年限为 1 年，估算该项目建设期的涨价预备费。

【解】　第一年静态投资计划额：

$I_1 = 8000 \times 20\% = 1600$（万元）

$PF_1 = I_1 \left[(1+f)^1 (1+f)^{0.5} (1+f)^0 - 1 \right] = 1600 \times \left[(1+3\%)^1 (1+3\%)^{0.5} - 1 \right]$
$\qquad = 72.54$（万元）

第二年静态投资计划额：

$$I_2 = 8000 \times 50\% = 4000（万元）$$

$$PF_2 = I_2 \left[(1+f)^1 (1+f)^{0.5} (1+f)^1 - 1 \right] = 4000 \times \left[(1+3\%)^1 \right.$$
$$(1+3\%)^{0.5} (1+3\%)^1 - 1 \right] = 306.78（万元）$$

第三年静态投资计划额：

$$I_3 = 8000 \times 30\% = 2400（万元）$$

$$PF_3 = I_3 \left[(1+f)^1 (1+f)^{0.5} (1+f)^2 - 1 \right] = 2400 \times \left[(1+3\%)^1 \right.$$
$$(1+3\%)^{0.5} (1+3\%)^2 - 1 \right] = 261.59（万元）$$

建设期的涨价预备费：

$$PF = 72.54 + 306.78 + 261.59 = 640.91（万元）$$

1.3.2.2　静态建设投资估算方法

1. 生产能力指数法

根据已建成的性质相类似的工程或装置的实际投资额和生产能力，按拟建项目的生产能力进行推算。

$$C_2 = C_1 \left(\frac{Q_2}{Q_1} \right)^n f$$

式中　C_1——已建类似项目或装置的投资额；

　　　C_2——拟建类似项目或装置的投资额；

　　　Q_1——已建类似项目或装置的生产能力；

　　　Q_2——拟建类似项目或装置的生产能力；

　　　f——为不同时期、不同地点的定额、单价、费用变更等的综合调整系数；

　　　n——生产能力指数。

生产能力指数法通常用于估算拟建成套生产工艺设备的投资额，其生产能力的取值在 $0 \leqslant n \leqslant 1$ 之间，当生产规模扩大不超过 9 倍，仅变化设备的尺寸时，n 取值为 0.6~0.7，当设备尺寸变化不大，仅扩大规模时，n 取值为 0.8~1，试验性生产工厂和高温、高压的生产性工厂，n 取值为 0.3~0.5。以上这些系数不能用于规模扩大在 50 倍以上的工厂。

成套生产工艺设备的投资额一般是工业项目的主要部分投资额，估算出成套生产工艺设备的投资额以后，可用其他投资估算方法估算出整个工业项目静态建设投资。

【例 1-2】 2012 年某地动工兴建一个年产 15 亿粒药品的医药厂，已知 2008 年该地生产同样产品的某医药厂，其年产量为 6 亿粒，当时购置的生产工艺设备为 4000 万元，其生产能力指数为 0.7。根据统计资料，该地区近几年总体物价上涨率为 8%，估算年产 15 亿粒药品的生产工艺设备购置费。

【解】

$$C_2 = C_1 \left(\frac{Q_2}{Q_1}\right)^n f$$

$$= 4000 \times \left(\frac{150000}{60000}\right)^{0.7} \times 1.08 = 8204.30 \ (万元)$$

答：年产 15 亿粒药品的生产工艺设备购置估算额为 8204.30 万元。

2. 比例估算法

根据拟建项目的主要设备费和已建成同类项目建筑安装工程费和其他工程费用等占主要设备费的百分数，再加上拟建项目其他费用，估算拟建项目投资额。

$$C = E(1 + f_1 P_1 + f_2 P_2 + f_3 P_3 + \cdots\cdots) + I$$

式中　　　　　C——拟建项目投资额；

　　　　　　　E——拟建项目主要设备费；

P_1、P_2、P_3……——已建成类似项目中建筑、安装、其他工程费等占主要设备费的百分数；

f_1、f_2、f_3、……——由于时间引起的定额、价格、费用标准等变化的综合调整系数；

　　　　　　　I——拟建项目其他费用。

【例 1-3】 某套进口设备，估计设备购置费为 5027 万美元，结算汇率 1 美元=6.84 元人民币。根据以往资料，与设备配套的建筑工程、安装工程和其他工程费占设备费用的百分比分别为 43%、15%、10%。建筑工程、安装工程和其他工程费的综合调价系数分别为 1.2、1.1、1.05。该项目其他费用估计为 820 万元。试估计该项目投资额。

【解】

$$C = E(1 + f_1 P_1 + f_2 P_2 + f_3 P_3 + \cdots\cdots) + I$$

$$= 5027 \times 6.84 \times (1 + 1.2 \times 43\% + 1.1 \times 15\% + 1.05 \times 10\%) + 820$$

$$= 62231.04(万元)$$

答：该项目投资额为 62231.04 万元。

3. 系数估算法

（1）朗格系数法。以主要设备费为基础，乘以适当系数，估算拟建项目投资额。

$$C = E(1 + \Sigma K_i)K_c$$

式中　C——总投资额；

　　　E——主要设备费；

　　　K_i——管线、仪表、建筑物等费用的估算系数；

　　　K_c——管理费、合同费、应急费等直接费在内的总估算系数。

$$(1 + \Sigma K_i)K_c = K_L;$$

式中 K_L——朗格系数。

【例1-4】 某工业项目采用流体加工系统，其主要设备投资费为4500万元，该流体加工系统的估算系数如表1-1所示。

某流体加工系统的估算系数 表1-1

项　目	估算系数	项　目	估算系数	项　目	估算系数
主设备安装人工费	0.15	建筑物	0.07	油漆粉刷	0.08
保温费	0.2	构架	0.05	日常管理、合同费和利息	0.3
管线费	0.7	防火	0.08	工程费	0.13
基础	0.1	电气	0.12	不可预见费	0.13

估算该工业项目静态建设投资额。

【解】

$C = E(1 + \Sigma K_i)K_c$

$= 4500 \times (1+0.15+0.2+0.7+0.1+0.07+0.05+0.08+0.12+0.08)$

$\qquad \times (1+0.3+0.13+0.13)$

$= 4500 \times 2.55 \times 1.56$

$= 17901$（万元）

答：该工业项目静态建设投资额为17901万元。

（2）设备与厂房系数法。如已知设备费和厂房投资额，可根据各专业投资系数，估算总投资额。

（3）主要车间系数法。已知主要车间的投资额，可根据已建成的同类项目辅助设施等占主要车间的系数，估算项目总投资额。

以上三种估算方法，计算简单、速度快，但对估算人员要求较高，必须掌握类似工程的资料，并要求拟建工程与类似工程条件基本相同。这三种方法都适用于工业项目静态投资估算。

4. 指标估算法

根据类似工程投资估算指标乘以面积，求出相应的土建工程、给排水工程、照明工程、采暖工程、变配电工程等各单位工程的投资，然后计算出项目静态投资额。

这种方法大多用于房屋、建筑物的投资估算，要求积累各种不同结构的房屋、建筑物的投资估算指标，并且明确拟建项目的结构和主要技术参数，这样才能保证投资估算的精确度。

【例1-5】 已知年产1250吨某种紧俏产品的工业项目，主要设备投资额为2050万元，其他附属项目投资占主要设备投资比例以及由于建造时间、地点、使用定额等方面的因素，引起拟建项目的综合调价系数见表1-2。工程建设其他费用占工程费和工程建设其他费之和的20%。

问题：1. 若拟建2000吨生产同类产品的项目，则生产能力指数为1。试估算该项目静态建设投资（除基本预备费外）。

2. 若拟建项目的基本预备费为5%，建设期1年，建设期年平均投资价格上涨率3%，项目建设前期年限为1年，试确定拟建项目建设投资，并编制该项目建设投资估算表。

附属项目投资占设备投资比例及综合调价系数表   表 1-2

序号	工程名称	占设备投资比例	综合调价系数	序号	工程名称	占设备投资比例	综合调价系数
一	生产项目			6	电气照明工程	10%	1.1
1	土建工程	30%	1.1	7	自动化仪表	9%	1
2	设备安装工程	10%	1.2	8	主要设备购置	E	1.2
3	工艺管道工程	4%	1.05	二	附属工程	10%	1.1
4	给水排水工程	8%	1.1	三	总体工程	10%	1.3
5	暖通工程	9%	1.1				

问题 1：

【解】（1）应用生产能力指数法，计算拟建项目主要设备投资额 E

$$E = 2050 \times \left(\frac{2000}{1250}\right)^1 \times 1.2 = 3936（万元）$$

（2）应用比例估算法，估算拟建项目静态建设投资额（除基本预备费外）C

$$C = 3936(1 + 30\% \times 1.1 + 10\% \times 1.2 + 4\% \times 1.05 + 8\% \times 1.1 + 9\% \times 1.1$$
$$+ 10\% \times 1.1 + 9\% \times 1 + 10\% \times 1.1 + 10\% \times 1.3) + 20\% \times C$$

$$C = \frac{3936 \times 2.119}{(1 - 20\%)} = \frac{8340.38}{0.8} = 10425.48（万元）$$

问题 2：

【解】根据所求出的项目静态建设投资额（除基本预备费外），计算拟建项目的工程费、工程建设其他费和预备费，并编制建设投资估算表（表 1-3）。

1. 计算工程费

土建工程投资 $= 3936 \times 30\% \times 1.1 = 1298.88（万元）$

设备安装工程投资 $= 3936 \times 10\% \times 1.2 = 472.32（万元）$

工艺管道工程投资 $= 3936 \times 4\% \times 1.05 = 165.31（万元）$

给水排水工程投资 $= 3936 \times 8\% \times 1.1 = 346.37（万元）$

暖通工程投资 $= 3936 \times 9\% \times 1.1 = 389.66（万元）$

电气照明工程投资 $= 3936 \times 10\% \times 1.1 = 432.96（万元）$

附属工程投资 $= 3936 \times 10\% \times 1.1 = 432.96（万元）$

总体工程投资 $= 3936 \times 10\% \times 1.3 = 511.68（万元）$

自动化仪表投资 $= 3936 \times 9\% \times 1 = 354.24（万元）$

主要设备投资 $= 3936（万元）$

工程费合计：8340.38（万元）

2. 计算工程建设其他投资

工程建设其他投资 $= 10425.48 \times 20\% = 2085.10（万元）$

3. 计算基本预备费

基本预备费＝(工程费＋工程建设其他费)×5%

$\qquad$ ＝(8340.38＋2085.10)×5%

$\qquad$ ＝521.27(万元)

4. 计算静态投资额

静态投资额＝8340.38＋2085.10＋521.27＝10946.75 (万元)

5. 计算涨价预备费

涨价预备费＝10946.75× [(1＋3%)^1 (1＋3%)$^{0.5}$－1]

$\qquad$ ＝496.28 (万元)

6. 计算拟建项目建设投资

拟建项目建设投资＝静态投资额＋涨价预备费

$\qquad$ ＝10946.75＋496.28

$\qquad$ ＝11443.03 (万元)

拟建项目建设投资估算表 表 1-3

序号	工程或费用名称	建筑工程	安装工程	设备购置	其他投资	合计	比例（%）
1	工程费用	2243.52	1806.62	4290.24		8340.38	72.89
1.1	建筑工程费	2243.52				2243.52	
1.1.1	土建工程费	1298.88				1298.88	
1.1.2	附属工程费	432.96				432.96	
1.1.3	总体工程费	511.68				511.68	
1.2	安装工程费		1806.62			1806.62	
1.2.1	设备安装工程费		472.32			472.32	
1.2.2	工艺管道工程费		165.31			165.31	
1.2.3	给水排水工程费		346.37			346.37	
1.2.4	暖通工程费		389.66			389.66	
1.2.5	电气照明工程费		432.96			432.96	
1.3	设备购置费			4290.24		4290.24	
1.3.1	主要设备费			3936		3936	
1.3.2	自动化仪表费			354.24		354.24	
2	工程建设其他费用				2085.1	2085.1	18.22
3	预备费				1017.55	1017.55	8.89
3.1	基本预备费				521.27	521.27	
3.2	涨价预备费				496.28	496.28	
4	建设投资合计	2243.52	1806.62	4290.24	3102.65	11443.03	100

1.3.3 建设期利息估算

建设期利息是指建设单位为项目融资而向银行贷款，在项目建设期内应偿还的贷款利息。估算建设期利息，需要根据项目进度计划，提出建设投资分年计划，列出各年投资额，并明确其中的外汇和人民币。

为简化计算，建设期贷款一般按贷款计划分年均衡发放，建设期利息的计算可按当年贷款在年中支用考虑，即当年贷款按半年计息，上年贷款按全年计息。每年应计利息的近似计算公式如下：

$$每年应计利息 = (年初贷款本息累计 + 本年贷款额 \div 2) \times 年利率$$

注意：计息周期小于一年时，上述公式中的年利率应为有效利率，则有效年利率的计算公式如下：

$$有效年利率 = \left(1 + \frac{r}{m}\right)^m - 1$$

式中　r——名义年利率；

　　　m——每年计息次数。

【例 1-6】　某新建项目，建设期为 3 年，在 3 年建设期中，第一年贷款额为 300 万元，第二年贷款额为 600 万元，第三年贷款额为 400 万元，贷款年利率为 6%。计算 3 年建设期利息。

【解】　第一年建设期利息 = (年初贷款本息累计 + 本年贷款额 ÷ 2) × 年利率
　　　　　　　　　　　　 = (300 ÷ 2) × 6% = 9(万元)

第二年建设期利息 = (年初贷款本息累计 + 本年贷款额 ÷ 2) × 年利率
　　　　　　　　 = (300 + 9 + 600 ÷ 2) × 6% = 36.54(万元)

第三年建设期利息 = (年初贷款本息累计 + 本年贷款额 ÷ 2) × 年利率
　　　　　　　　 = (300 + 9 + 600 + 36.54 + 400 ÷ 2) × 6% = 68.72(万元)

建设期利息 = 9 + 36.54 + 68.73 = 114.26(万元)

【例 1-7】　某新建项目建设投资 11196.96 万元，其中自有资金为 5000 万元，其余为银行贷款，贷款年利率为 6%。根据本项目进度计划，项目建设期为 3 年，3 年的投资计划比例分别为 20%、50%、30%，先使用自有资金，然后再向银行贷款。计算 3 年建设期利息。

【解】　第一年投资计划额 = 11196.96 × 20% = 2239.39（万元）

第一年不需要贷款。

第二年投资计划额 = 11196.96 × 50% = 5598.48（万元）

第二年贷款额 = 2239.39 + 5598.48 − 5000 = 2837.87（万元）

第二年建设期利息 = (年初贷款本息累计 + 本年贷款额 ÷ 2) × 年利率
　　　　　　　　 = (2837.87 ÷ 2) × 6%
　　　　　　　　 = 85.14（万元）

第三年投资计划额 = 11196.96 × 30% = 3359.09（万元）

第三年贷款额 = 3359.09（万元）

第三年建设期利息 = (年初贷款本息累计 + 本年贷款额 ÷ 2) × 年利率
　　　　　　　　 = (2837.87 + 85.14 + 3359.09 ÷ 2) × 6%
　　　　　　　　 = 276.15（万元）

建设期利息 = 85.14 + 276.15 = 361.29（万元）

1.3.4　流动资金估算

流动资金是指供生产和经营过程中周转使用的资金。它用于购买原材料、燃料等形成生产储备，然后投入生产，经过加工，制成产品，收回货币。流动资金，从货币形态开始，经过购买材料，支付工资和其他费用的企业经营活动，到已完工程验收，收回货币为流动资金的一个周转过程。流动资金估算方法一般分为扩大指标估算法和分项详细估算法。

1.3.4.1 扩大指标估算法

扩大指标估算法是一种简化的流动资金估算方法，一般以类似项目的销售收入、经营成本、总成本和建设投资等作为基数，乘以流动资金占销售收入、经营成本、总成本和建设投资等的比率来确定。这种方法计算简便，但准确度不高，适用于项目建议书阶段的流动资金估算。计算流动资金的公式为：

$$年流动资金额＝年费用基数×各类流动资金比率$$
$$年流动资金额＝年产量×单位产品产量占用流动资金额$$

1.3.4.2 分项详细估算法

分项详细估算法是国际上通行的流动资金估算法，是对流动资金构成的各项流动资产和流动负债分别进行估算，其估算公式为：

$$流动资金＝流动资产－流动负债$$
$$流动资产＝应收账款＋预付账款＋存货＋现金$$
$$流动负债＝应付账款＋预收账款$$
$$流动资金本年增加额＝本年流动资金－上年流动资金$$

流动资金的估算，首先分别计算应收账款、预付账款、存货、现金、应付账款、预收账款的周转次数，然后分别计算应收账款、预付账款、存货、现金、应付账款、预收账款流动资金占用额。

1. 周转次数的计算

周转次数是指流动资金在一年内循环的次数。

$$年周转次数＝360÷最低周转天数$$

应收账款、预付账款、存货、现金、应付账款、预收账款的最低周转天数，参照类似企业的平均周转天数并结合项目特点确定，或按部门（行业）规定计算。

2. 应收账款估算

应收账款是指企业已对外销售商品、提供劳务尚未收回的资金。

$$应收账款＝\frac{年经营成本}{应收账款年周转次数}$$

3. 预付账款估算

预付账款是指企业为购买各类材料、半成品或服务所预先支付的款项。

$$预付账款＝\frac{外购商品或服务年费用金额}{预付账款年周转次数}$$

4. 存货估算

存货是指企业为销售或耗用而储备的各种货物，主要有原材料、辅助材料、燃料、低值易耗品、修理用备件、包装物、在产品、自制半产品和产成品等。为简化计算，只考虑以下几个内容。

$$存货＝外购原材料、燃料＋其他材料＋在产品＋产成品$$

$$（1）外购原材料、燃料＝\frac{年外购原材料、燃料费用}{按种类分项年周转次数}$$

（2）其他材料 $=\dfrac{年其他材料费用}{其他材料年周转次数}$

（3）在产品 $=\dfrac{年外购原材料、燃料＋年工资福利费＋年修理费＋年其他制造费}{在产品年周转次数}$

（4）产成品 $=\dfrac{年经营成本－年营业费用}{产成品年周转次数}$

5. 现金估算

现金是指企业生产运营活动中停留于货币形态的那一部分资金。

$$现金 =\dfrac{年工资福利费＋年其他费用}{现金年周转次数}$$

6. 应付账款估算

应付账款是指企业已购进原材料、燃料等尚未支付的资金。

$$应付账款 =\dfrac{年外购原材料、燃料费用}{应付账款年周转次数}$$

7. 预收账款估算

预收账款是指企业对外销售商品、提供劳务所预先收入的款项。

$$预收账款 =\dfrac{预收的营业收入年金额}{预收账款周转次数}$$

【例 1-8】 某拟建项目第四年开始投产，投产后的年营业收入第四年为 5450 万元，第五年为 7550 万元，第六年及以后各年分别为 7432 万元，年营业费用第四年为 1850 万元，第五年为 3250 万元，第六年及以后各年分别为 3430 万元，总成本费用估算如表 1-4 所示。各项流动资产和流动负债的周转天数如表 1-5 所示。试估算达产期各年流动资金，并编制流动资金估算表（表 1-6）。

总成本费用估算表（单位：万元） 表 1-4

序 号	年 份 \\ 项 目	投产期 4	投产期 5	达产期 6	达产期 7	……
1	外购原材料	2055	3475	4125	4125	
2	进口零部件	1087	1208	725	725	
3	外购燃料	13	25	27	27	
4	工资及福利费	213	228	228	228	
5	修理费	15	15	69	69	
6	其他费用	324	441	507	507	
6.1	其中:其他制造费	194	256	304	304	
7	经营成本(1+2+3+4+5+6)	3707	5392	5681	5681	
8	折旧费	224	224	224	224	
9	摊销费	70	70	70	70	
10	利息支出	234	196	151	130	
11	总成本费用(7+8+9+10)	4235	5882	6126	6105	

流动资金的最低周转天数（单位：天）　　　　　　表 1-5

序号	项　目	最低周转天数	序号	项　　目	最低周转天数
1	应收账款	40	3.4	在产品	20
2	预付账款	30	3.5	产成品	10
3	存货	—	4	现金	15
3.1	原材料	50	5	应付账款	40
3.2	进口零部件	90	6	预收账款	30
3.3	燃料	60			

【解】应收账款年周转次数＝360÷40＝9（次）

预付账款年周转次数＝360÷30＝12（次）

原材料年周转次数＝360÷50＝7.2（次）

进口零部件年周转次数＝360÷90＝4（次）

燃料年周转次数＝360÷60＝6（次）

在产品年周转次数＝360÷20＝18（次）

产成品年周转次数＝360÷10＝36（次）

现金年周转次数＝360÷15＝24（次）

应付账款年周转次数＝360÷40＝9（次）

预收账款年周转次数＝360÷30＝12（次）

$$应收账款＝\frac{年经营成本}{应收账款年周转次数}＝\frac{5681}{9}＝631.22（万元）$$

$$预付账款＝\frac{年外购原材料＋进口零部件＋外购燃料}{预付账款年周转次数}＝\frac{4125＋725＋27}{12}＝406.42（万元）$$

$$外购原材料＝\frac{年外购原材料}{外购原材料年周转次数}＝\frac{4125}{7.2}＝572.92（万元）$$

$$外购进口零部件＝\frac{年外购进口零部件}{外购进口零部件年周转次数}＝\frac{725}{4}＝181.25（万元）$$

$$外购燃料＝\frac{年外购燃料}{外购燃料年周转次数}＝\frac{27}{6}＝4.5（万元）$$

$$在产品＝\frac{年外购原材料＋年进口零部件＋年外购燃料＋年工资福利费＋年修理费＋年其他制造费}{在产品年周转次数}$$

$$＝\frac{4125＋725＋27＋228＋69＋304}{18}＝304.33（万元）$$

$$产成品＝\frac{年经营成本－年营业费用}{产成品年周转次数}＝\frac{5681－3430}{36}＝62.53（万元）$$

存货＝外购原材料＋外购进口零部件＋外购燃料＋在产品＋产成品

　　　＝572.92＋181.25＋4.5＋304.33＋62.53＝1125.53（万元）

$$现金＝\frac{年工资福利费＋年其他费用}{现金年周转次数}＝\frac{228＋507}{24}＝30.63（万元）$$

$$应付账款＝\frac{年外购原材料＋年进口零部件＋年外购燃料}{应付账款年周转次数}$$

$$=\frac{4125+725+27}{9}=541.89（万元）$$

$$预收账款=\frac{预收的营业收入年金额}{预收账款周转次数}=\frac{7432}{12}=619.33（万元）$$

流动资产＝应收账款＋预付账款＋存货＋现金

$$=631.22+406.42+1125.53+30.63=2193.8（万元）$$

流动负债＝应付账款＋预收账款＝541.89＋619.33＝1161.22（万元）

流动资金＝流动资产－流动负债

$$=2193.8-1161.22=1032.58（万元）$$

流动资金估算表（单位：万元）　　　　　　　表 1-6

序号	年份 项目	投产期		达产期		
		4	5	6	7	……
1	流动资产	1506.89	2184.79	2193.8	2193.8	
1.1	应收账款	411.89	599.11	631.22	631.22	
1.2	预付账款	262.92	392.33	406.42	406.42	
1.3	存货	809.64	1165.47	1125.53	1125.53	
1.3.1	原材料	285.42	482.64	572.92	572.92	
1.3.2	进口零部件	271.75	302	181.25	181.25	
1.3.3	燃料	2.17	4.17	4.5	4.5	
1.3.4	在产品	198.72	289.28	304.33	304.33	
1.3.5	产成品	51.58	59.50	62.53	62.53	
1.4	现金	22.38	27.88	30.63	30.63	
2	流动负债	804.73	1152.28	1161.22	1161.22	
2.1	应付账款	350.56	523.11	541.89	541.89	
2.2	预收账款	454.17	629.17	619.33	619.33	
3	流动资金(1-2)	702.16	1032.51	1032.58	1032.58	
4	流动资金本年增加额	702.16	330.35	0.07	0	

1.4　建设项目财务评价

1.4.1　建设项目财务评价的概念和程序

1.4.1.1　建设项目财务评价的概念

财务评价是在国家现行财税制度和市场价格体系下，分析预测项目的财务效益与费用，计算财务评价指标，考察拟建项目的盈利能力、清偿能力，据以判断建设项目的财务可行性。其作用主要是用以衡量项目财务盈利能力，用于筹措资金，为协调企业利益和国家利益提供依据。

财务评价是建设项目可行性研究的核心，它是通过若干个建设方案比较，选出技术上先进，经济上合理的方案，并对拟建项目进行全面的技术、经济、社会等方面的评价，提出综合评价意见，其评价结论是决定项目取舍的重要决策依据。

1.4.1.2 建设项目财务评价的程序

1. 收集、整理和计算有关财务基础数据资料

根据项目市场调查和分析的结果，以及现行价格体系和财税制度进行财务数据分析，确定项目计算期，估算出项目的投资额、销售收入、总成本、利润及税金等一系列财务基础数据，并将得到的财务基础数据，编制成财务数据估算表。

2. 编制财务评价报表

根据财务数据估算表，分别编制现金流量表、利润与利润分配表、资产负债表和借款偿还计划表等财务评价报表。

3. 财务评价指标的计算与评价

根据财务评价报表，计算财务净现值、财务内部收益率、投资回收期、总投资收益率、资本金净利润率、借款偿还期、利息备付率和偿债备付率等财务评价指标，并分别与对应的项目评价参数进行比较，对各项财务状况作出评价并得出结论。

4. 进行不确定性分析

通过盈亏平衡分析、敏感性分析及概率分析等不确定性分析方法，分析项目可能面临的风险及项目在不确定情况下的抗风险能力，得出项目在不确定情况下的财务评价结论和建议。

1.4.2 建设项目财务数据测算

建设项目财务数据的测算，是在项目可行性研究的基础上，按照项目经济评价的要求，调查、收集和测算一系列的财务数据，如总投资、总成本、销售收入、税金和利润，并编制各种财务基础数据估算表。各种财务基础数据估算表之间的关系如图 1-2 所示。

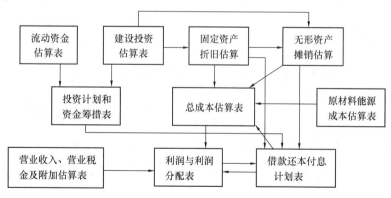

图 1-2　财务基础数据估算表

1.4.2.1 总成本费用估算

工业企业总成本费用是指生产和销售过程中所消耗的活劳动和物化劳动的货币表现。

1. 总成本费用构成

按其生产要素来分（图 1-3）：

可变成本是指产品成本中随产品产量发生变动的费用。固定成本是在一定生产规模中不随产品产量发生变动的费用。经营成本是项目评价所特有的概念，用于项目财务评价的

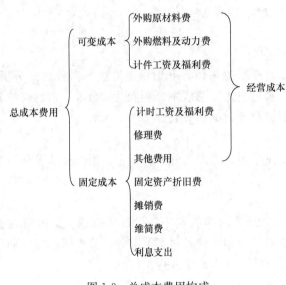

图 1-3　总成本费用构成

现金流量分析，它是总成本费用扣除固定资产折旧费、无形资产摊销费、维简费、利息支出后的成本费用。

2. 总成本费用估算

（1）外购原材料、燃料、动力费

外购原材料、燃料、动力费是指构成产品实体的原材料及有助于产品形成的材料，直接用于生产的燃料及动力费用。

外购原材料、燃料、动力费＝∑（某种材料、燃料、动力消耗量×某种原材料、燃料、动力单价）

（2）工资总额

工资总额＝企业定员人数×年平均工资

（3）职工福利费

职工福利费＝工资总额×规定的比例

企业按工资总额的 14% 估算。

（4）固定资产折旧费

固定资产折旧，是固定资产在使用过程中，由于逐渐磨损而转移到生产成本中去的价值。

固定资产折旧费是产品成本的组成部分，也是偿还投资贷款的资金来源。

固定资产折旧的计算可采用直线折旧法和加速折旧法，在项目可行性研究中，一般采用直线折旧法。

$$年折旧额＝\frac{固定资产原值－残值}{折旧年限}$$

$$＝\frac{（建设投资＋建设期利息）×固定资产形成率－残值}{折旧年限}$$

$$＝\frac{（建设投资＋建设期利息）×固定资产形成率×（1－残值率）}{折旧年限}$$

其中：固定资产形成率是指在建设投资中能够形成固定资产的百分比。

固定资产净值＝固定资产原值－累计折旧额

（5）修理费

修理费＝年折旧费×一定的百分比

该百分比可参照同类项目的经验数据加以确定。

（6）摊销费

摊销费是指无形资产等的一次性投入费用在有效使用期限内平均分摊。摊销费一般采用直线法计算，不留残值。

（7）维简费

维简费是采掘、采伐企业按生产产品数量提取的固定资产更新和技术改造资金，即维持简单再生产的资金，简称"维简费"。这类采掘、采伐企业不计固定资产折旧费。

（8）利息支出

利息支出的估算包括长期借款利息、流动资金借款利息和短期借款利息三部分。

1）长期借款利息的估算

长期借款利息是指对建设期间借款余额应在生产期支付的利息，项目评价中可以选择等额还本利息照付方式或等额还本付息方式来计算长期借款利息。

① 等额还本利息照付方式

建设期：

$$年初借款余额＝上一年初借款余额＋上年借款额＋上年应计利息$$

$$本年应计利息＝（年初借款本息累计＋本年借款额÷2）×年利率$$

还款期：

$$年初借款余额＝上一年初借款余额－上一年应还本金$$

$$本年应计利息＝年初借款余额×年利率$$

$$还款各年应还本金＝\frac{还款期第一年年初借款余额}{等额还款年限}$$

$$本年应还利息＝还款期本年应计利息$$

【例1-9】 某建设项目建设期为2年，第1年贷款额1000万元，第2年贷款额1200万元，均不含建设期利息。还款方式为在生产期前5年，按照等额还本利息照付方式进行偿还。建设投资贷款利率为5%（按年计息）。编制借款偿还计划表（表1-7）。

借款偿还计划表（单位：万元）　　　　　　　　　　　　　　　　表1-7

项目　　　　　　　年份	1	2	3	4	5	6	7
1. 年初借款余额	0	1025	2306.25	1845	1383.75	922.5	461.25
2. 本年借款额	1000	1200	0	0	0	0	0
3. 本年应计利息	25	81.25	115.31	92.25	69.19	46.13	23.06
4. 本年还本付息	0	0	576.56	553.5	530.44	507.38	484.31
4.1. 本年应还本金	0	0	461.25	461.25	461.25	461.25	461.25
4.2. 本年应还利息	0	0	115.31	92.25	69.19	46.13	23.06
5. 年末借款余额	1025	2306.25	1845	1383.75	922.5	461.25	0

② 等额还本付息方式

年初借款余额、本年应计利息、本年应还利息的计算与第一种方法一样。

$$还款各年还本付息 = P(A/P, i, n)$$

式中　P——还款期第一年年初借款余额；

　　　n——等额还款年限。

$$本年应还本金＝本年还本付息－本年应还利息$$

上例中，还款方式改成按照等额还本付息方式进行偿还，其他条件不变，编制借款偿还计划表（表1-8）。

$$A = P \frac{i(1+i)^n}{(1+i)^n - 1} = 2306.25 \times \frac{5\%(1+5\%)^5}{(1+5\%)^5 - 1} = 532.65(万元)$$

借款偿还计划表（单位：万元）　　　　　　　　　　表 1-8

项目 ＼ 年份	1	2	3	4	5	6	7
1. 年初借款余额	0	1025	2306.25	1888.91	1450.71	990.6	507.48
2. 本年借款额	1000	1200	0	0	0	0	0
3. 本年应计利息	25	81.25	115.31	94.45	72.54	49.53	25.37
4. 本年还本付息	0	0	532.65	532.65	532.65	532.65	532.65
4.1. 本年应还本金	0	0	417.34	438.2	460.11	483.12	507.28
4.2. 本年应还利息	0	0	115.31	94.45	72.54	49.53	25.37
5. 年末借款余额	1025	2306.25	1888.91	1450.71	990.6	507.48	0

根据国家现行财税制度规定，偿还建设投资借款本金的资金来源主要是项目投产后所取得的净利润和摊入成本费用中的折旧费和摊销费。

本年应还本金＝本年折旧费＋本年摊销费＋本年维简费＋本年未分配利润

2）流动资金借款利息估算

本年流动资金借款利息＝本年流动资金借款余额×年利率

在项目可行性研究中，流动资金借款利息当年计息当年还清，流动资金借款本金在计算期末归还。

3）短期借款利息估算

短期借款利息的计算同流动资金借款利息，短期借款的偿还按照随借随还的原则处理，即当年借款尽可能于下年偿还。

（9）其他费用

包括制造费用、管理费用、销售费用中的办公费、差旅费、运输费、工会经费、职工教育经费、土地使用费、技术转让费、咨询费、业务招待费、坏账损失费，在成本费用中列支的税金，如房产税、土地使用税、车船使用税、印花税等，租赁费、广告费、销售服务费等。

通过上述估算可编制总成本费用估算表（表 1-4）。

1.4.2.2　营业收入、营业税金及附加、利润估算

1. 营业收入估算

营业收入是指销售产品或者提供服务所获得的收入。

年营业收入＝年销售量×销售单价＋服务收入

年销售量应根据对国内外市场需求与供应预测的分析结果，结合项目的生产能力加以确定。销售单价是指项目产品的出厂价格。出厂价格主要根据市场上同类产品的售价以及该项目产品市场价格的发展趋势确定。

2. 营业税金及附加费估算

按照现行税法规定，增值税作为价外税不包括在营业税金及附加中，产出物的价格不含有增值税中的销项税，投入物的价格中也不含有增值税中的进项税，所以增值税不在营业税金及附加中单独反映。

（1）消费税

消费税是对在我国境内生产、委托加工和进口烟、酒、化妆品、贵重首饰、汽油、小汽车、摩托车等11种消费品的单位和个人按差别税率或税额征收的一种税。

$$应纳消费税额＝销售收入×适用税率$$
$$＝销售数量×单位税率$$

消费税税率从 $3\%\sim45\%$ 不等。

（2）营业税

营业税是对在我国境内从事交通运输业、建筑业、邮电通信业、文化体育业、金融保险业、娱乐业、服务业、转让无形资产和销售不动产的单位和个人征收的一种税。

$$营业税＝销售收入×营业税税率$$

营业税税率在 $3\%\sim20\%$ 的范围内。

（3）资源税

资源税是对从事原油、天然气、煤炭、其他非金属矿原矿、黑色金属矿原矿、有色金属矿原矿和盐的开采或生产而进行销售或自用的单位和个人所征收的一种税。

$$应纳资源税额＝销售数量×单位税率$$

（4）城市维护建设税

城市维护建设税是为城市建设和维护筹集资金，而向有销售收入的单位和个人征收的一种税。

$$城市维护建设税＝（营业税、增值税、消费税）实际缴纳额×适用税率$$

城市建设维护税税率按所在地实行 7%、5%、1% 的差别税率。

（5）教育费附加和地方教育附加

教育费附加和地方教育附加是为了加快地方教育事业的发展，扩大地方教育经费的资金来源，而向有销售收入的单位和个人征收的一种税。

$$教育费附加＝（营业税、增值税、消费税）实际缴纳额×费率$$
$$地方教育附加＝（营业税、增值税、消费税）实际缴纳额×费率$$

教育费附加费率为 3%，地方教育附加费率为 2%。

3. 利润总额及其利润分配估算

（1）利润总额估算

对利润总额估算，是财务数据测算的中心目标。利润总额是企业在一定时期内生产经营的最终成果，集中反映企业生产的经济效益。

$$利润总额＝销售利润＋其他销售利润＋营业外收入－营业外支出$$

在财务数据测算时，一般只测算产品的销售利润，不考虑其他销售利润和营业外收支。

$$年利润总额＝年营业收入－年营业税金及附加－年总成本费用$$

（2）净利润及其分配估算

净利润是利润总额扣除企业所得税后的余额，可供分配利润为净利润加上期初未分配利润，可供分配利润可在企业、投资者、职工之间分配。

1）企业所得税。企业所得税是对我国境内企业生产、经营所得和其他所得征收的一种税。

企业所得税＝应纳所得额×税率

其中：应纳所得额＝收入总额－准予扣除项目金额

准予扣除项目金额是指与纳税取得收入有关的成本、费用、税金和损失。如企业发生年度亏损的，可以用下一纳税年度的所得弥补；下一纳税年度的所得不足弥补的，可以逐年延续弥补，但延续弥补最长不得超过 5 年。

企业所得税税率一般为 25％。

2）可供分配利润的分配顺序。如企业在 5 年内用纳税年度所得不足弥补亏损，可用净利润弥补，弥补后的可供分配利润的顺序：

① 提取法定盈余公积金。按净利润的 10％提取法定盈余公积金，随后应付优先股股利，然后提取任意盈余公积金，按可供分配利润的一定比例（由董事会决定）提取。

② 应付优先股股利。按投资比例分取红利，具体由董事会决定。

③ 提取任意盈余公积金。经股东大会决议，可从净利润中提取任意盈余公积金。

④ 应付普通股股利。经股东大会决议，可按股东持有的股份比例分配红利。

⑤ 未分配利润。未分配利润是向投资者分配完利润后剩余的利润，可留待以后年度进行分配。企业如发生亏损，可以按规定由以后年度利润进行弥补。

1.4.3 建设项目财务评价报表的编制

建设项目财务评价报表是进行建设项目动态和静态计算、分析和评价的必要的报表。按照国家发展改革委与建设部联合发布的《建设项目经济评价方法与参数》（第三版）的内容，财务评价报表包括现金流量表、利润与利润分配表、财务计划现金流量表、资产负债表和借款还本付息计划表。

1.4.3.1 现金流量表

现金流量表是根据项目在计算期内各年的现金流入和现金流出，计算各年净现金流量的财务报表。通过现金流量表可以计算动态和静态的评价指标，全面反映项目本身的财务盈利能力。现金流量表主要由"现金流入"、"现金流出"、"净现金流量"等组成。根据融资前和融资后，现金流量表分为项目投资现金流量表、项目资本金现金流量表和投资各方现金流量表。

1. 项目投资现金流量表（表 1-9）

项目投资现金流量表是从项目投资总获利能力角度，考察项目方案设计的合理性。根据需要，可从所得税前和所得税后两个角度进行考察，选择计算所得税前和所得税后财务内部收益率、财务净现值和投资回收期等指标，评价融资前项目投资的盈利能力。

【例 1-10】 若某大厦的立体车库由某单位建造并由其经营。立体车库建设期 1 年，第 2 年开始经营。建设投资 600 万元，流动资金投资 100 万元，第 2 年年末一次性投入，全部为自有资金投资。从第 2 年开始，营业收入假定各年 200 万元，营业税金及附加 11 万元，经营成本 25 万元，所得税率为 25％。平均固定资产折旧年限为 10 年，残值率 5％。计算期 11 年。

要求编制融资前项目投资现金流量表（表 1-9）（保留整数位）。

【解】 回收固定资产余值＝600×5％＝30（万元）

$$年折旧费 = \frac{600-30}{10} = 57(万元)$$

第2～11年各年利润总额＝200－25－57－11＝107（万元）

第2～11年各年调整所得税＝107×25％＝26.75（万元）

项目投资现金流量表（单位：万元）　　　　　　　　　　　　　表1-9

序号	年份＼项目	计算期										
		1	2	3	4	5	6	7	8	9	10	11
1	现金流入		200	200	200	200	200	200	200	200	200	330
1.1	营业收入		200	200	200	200	200	200	200	200	200	200
1.2	回收固定资产余值											30
1.3	回收流动资金											100
2	现金流出	600	136	36	36	36	36	36	36	36	36	36
2.1	建设投资	600										
2.2	流动资金		100									
2.3	经营成本		25	25	25	25	25	25	25	25	25	25
2.4	营业税金及附加		11	11	11	11	11	11	11	11	11	11
3	所得税前净现金流量	－600	64	164	164	164	164	164	164	164	164	294
4	累计所得税前净现金流量	－600	－536	－372	－208	－44	120	284	448	612	776	1070
5	调整所得税		27	27	27	27	27	27	27	27	27	27
6	所得税后净现金流量	－600	37	137	137	137	137	137	137	137	137	267
7	累计所得税后净现金流量	－600	－563	－426	－289	－152	－15	122	259	396	533	800

2. 项目资本金现金流量表（表1-16）

项目资本金现金流量表是从项目权益投资者整体的角度，考察项目给项目权益投资者带来的收益水平。通过计算资本金财务内部收益率反映项目融资后从投资者整体权益角度考察项目投资的盈利能力。

3. 投资各方现金流量表（表1-10）

投资各方现金流量表（单位：万元）　　　　　　　　　　　　表1-10

序号	年份＼项目	计算期						合计
		1	2	3	4	5	…	n
1	现金流入							
1.1	实分利润							
1.2	资产处置收益分配							
1.3	租赁费收入							
1.4	技术转让收入							
1.5	其他现金流入							
2	现金流出							
2.1	实缴资本							
2.2	租赁资产支出							
2.3	其他现金流出							
3	净现金流量（1－2）							

投资各方现金流量表主要考察投资各方的投资收益水平，投资各方通过计算投资各方财务内部收益率，分析项目融资后投资各方投入资本的盈利能力。

1.4.3.2　利润与利润分配表（表 1-15）

利润与利润分配表是反映项目计算期内各年营业收入、总成本费用、利润总额等情况，以及所得税后利润的分配，用于计算总投资收益率、项目资本金净利润率等指标，反映融资后项目投资的盈利能力。

在表 1-15 利润与利润分配表中，还清贷款前未分配利润的提取方式为：

（1）当（净利润＋折旧费＋摊销费）＜该年应还本金时，则不进行利润分配，不足部分需要短期借款。

（2）当（净利润＋折旧费＋摊销费）＞该年应还本金时，则未分配利润为该年应还本金减折旧费和摊销费。

1.4.3.3　财务计划现金流量表（表 1-17）

财务计划现金流量表是反映项目计算期各年的投资、融资及经营活动的现金流入和现金流出，用于计算累计盈余资金，分析项目的财务生存能力。

1.4.3.4　资产负债表（表 1-11）

资产负债表是用于综合反映项目计算期内各年年末资产、负债和所有者权益的增减变化及对应关系，计算资产负债率指标，反映融资后项目投资的偿债能力。

1.4.3.5　借款还本付息计划表（表 1-14）

借款还本付息计划表是反映项目计算期内各年借款本金偿还和利息支付情况，用于计算偿债备付率和利息备付率指标，反映融资后项目投资的偿债能力。

资产负债表（单位：万元）　　　　　　　　　　　　　　　　表 1-11

序号	项目	计算期					
		1	2	3	4	…	n
1	资产						
1.1	流动资产总额						
1.1.1	货币资金						
1.1.2	应收账款						
1.1.3	预付账款						
1.1.4	存货						
1.1.5	其他						
1.2	在建工程						
1.3	固定资产净值						
1.4	无形及其他资产净值						
2	负债及所有者权益（2.4＋2.5）						
2.1	流动负债总额						
2.1.1	短期借款						
2.1.2	应付账款						
2.1.3	预收账款						

序号	项 目	计算期					
		1	2	3	4	…	n
2.1.4	其他						
2.2	建设投资借款						
2.3	流动资金借款						
2.4	负债小计（2.1+2.2+2.3）						
2.5	所有者权益						
2.5.1	资本金						
2.5.2	资本公积						
2.5.3	累计盈余公积金						
2.5.4	累计未分配利润						
计算指标：资产负债率（%）							

【例 1-11】 某工业项目计算期 15 年，建设期 3 年，第 4 年投产，第 5 年开始达到生产能力。

(1) 建设投资（不含建设期利息）8000 万元，全部形成固定资产，流动资金 2000 万元。建设投资贷款的年利率为 6%，建设期间只计息不还款，第 4 年投产后开始还贷，每年付清利息并分 10 年等额偿还建设期利息资本化后的全部借款本金。投资计划与资金筹措表如表 1-12 所示。

某工业项目投资计划与资金筹措表（单位：万元） 表 1-12

项目 ＼ 年份	1	2	3	4
建设投资	2500	3500	2000	
其中：自有资金	1500	1500	1000	
贷款（不含贷款利息）	1000	2000	1000	
流动资金				2000
其中：自有资金				2000
贷款				0

(2) 固定资产平均折旧年限为 15 年，残值率 5%。计算期末回收固定资产余值和回收流动资金。

(3) 营业收入、营业税金及附加和经营成本的预测值如表 1-13 所示，其他支出忽略不计。

某工业项目营业收入、营业税金及附加和经营成本预测表（单位：万元） 表 1-13

项目 ＼ 年份	4	5	6	…	15
营业收入	5600	8000	8000	…	8000
营业税金及附加	320	480	480	…	480
经营成本	3500	5000	5000	…	5000

(4) 可供分配利润包括法定盈余公积金、应付利润和未分配利润。法定盈余公积金按净利润的 10% 计算。还清贷款后未分配利润按可供分配的利润扣除法定盈余公积金后的 10% 计算。各年所得税税率为 25%。表内数值四舍五入取整。

要求：① 编制借款还本付息计划表（表 1-14）。

② 编制利润与利润分配表（表 1-15）。

③ 编制项目资本金现金流量表（表 1-16）。

④ 编制财务计划现金流量表（表 1-17）。

【解】 第 1 年建设期利息 =（年初贷款本息累计 + 本年贷款额 ÷ 2）× 年利率

$$= （0 + 1000 ÷ 2）× 6\% = 30（万元）$$

第 2 年建设期利息 =（1000 + 30 + 2000 ÷ 2）× 6% = 121.8（万元）

第 3 年建设期利息 =（1000 + 30 + 2000 + 121.8 + 1000 ÷ 2）× 6%

$$= 219.11（万元）$$

3 年建设期总利息 = 30 + 121.8 + 219.11 = 370.91（万元）

$$年折旧额 = \frac{固定资产原值（含建设期利息）×（1 - 残值率）}{折旧年限}$$

$$= \frac{（8000 + 370.91）×（1 - 5\%）}{15} = 530.16（万元）$$

回收固定资产余值 = 固定资产原值（含建设期利息）- 累计折旧

$$= 8000 + 370.91 - 530.16 × 12$$

$$= 2008.99（万元）$$

第 4 年净利润 + 年折旧费 = 741 + 530.16 = 1271.16（万元）> 应还本金（437 万元）

用折旧费 530.16 万元可归还当年应还本金 437（万元），第 4 年的净利润可全部用于分配。

第 4 年法定盈余公积金 = 741 × 10% = 74.1（万元）

第 4 年未分配利润 = 0

第 4 年应付利润 = 741 - 74.1 - 0 = 666.9（万元）

第 14 年法定盈余公积金 = 1493 × 10% = 149.3（万元）

第 14 年未分配利润 =（1493 - 149.3）× 10% = 134.37（万元）

第 14 年应付利润 = 1493 - 149.3 - 134.37 = 1209.33（万元）

借款还本付息计划表（单位：万元）　　　　　　　　　　　　表 1-14

序号	年份＼项目	计 算 期												
		1	2	3	4	5	6	7	8	9	10	11	12	13
1	年初借款余额	0	1030	3152	4371	3934	3497	3060	2623	2186	1748	1311	874	437
2	本年借款	1000	2000	1000										
3	本年应计利息	30	122	219	262	236	210	184	157	131	105	79	53	26
4	本年还本付息				699	673	647	621	594	568	542	516	490	463
4.1	本年应还本金				437	437	437	437	437	437	437	437	437	437
4.2	本年应还利息				262	236	210	184	157	131	105	79	53	26
5	年末借款余额	1030	3152	4371	3934	3497	3060	2623	2186	1748	1311	874	437	0

利润与利润分配表（单位：万元）　　　　　　　　　　　　　　　　　表 1-15

序号	年份项目	计算期														合计
		1	2	3	4	5	6	7	8	9	10	11	12	13	14	15	
1	营业收入				5600	8000	8000	8000	8000	8000	8000	8000	8000	8000	8000	8000	93600
2	营业税金及附加				320	480	480	480	480	480	480	480	480	480	480	480	5600
3	总成本费用				4292	5766	5740	5714	5687	5661	5635	5609	5583	5556	5530	5530	66303
4	利润总额(1－2－3)				988	1754	1780	1806	1833	1859	1885	1911	1937	1964	1990	1990	21697
5	弥补以前年度亏损				0	0	0	0	0	0	0	0	0	0	0	0	0
6	应纳税所得额(4－5)				988	1754	1780	1806	1833	1859	1885	1911	1937	1964	1990	1990	21697
7	所得税				247	439	445	452	458	465	471	478	484	491	498	498	5424
8	净利润				741	1316	1335	1355	1375	1394	1414	1433	1453	1473	1493	1493	16273
9	期初未分配利润				0	0	0	0	0	0	0	0	0	0	134	134
10	可供分配利润(8+9)				741	1316	1335	1355	1375	1394	1414	1433	1453	1473	1493	1627	16407
11	法定盈余公积金				74	132	134	136	138	139	141	143	145	147	149	149	1627
12	应付利润(10－11－13)				667	1184	1202	1219	1237	1255	1272	1290	1307	1326	1209	1330	14498
13	未分配利润				0	0	0	0	0	0	0	0	0	0	134	148	282
14	息税前利润				1250	1990	1990	1990	1990	1990	1990	1990	1990	1990	1990	1990	23140

项目资本金现金流量表（单位：万元）　　　　　　　　　　　　　　　表 1-16

序号	年份项目	计算期													
		1	2	3	4	5	6	7	8	9	10	11	12	13	14	15
1	现金流入				5600	8000	8000	8000	8000	8000	8000	8000	8000	8000	8000	12009
1.1	营业收入				5600	8000	8000	8000	8000	8000	8000	8000	8000	8000	8000	8000
1.2	回收固定资产余值															2009
1.3	回收流动资金															2000
2	现金流出	1500	1500	1000	6766	6592	6572	6553	6532	6513	6493	6474	6454	6434	5978	5978
2.1	项目资本金	1500	1500	1000	2000											
2.2	借款本金偿还				437	437	437	437	437	437	437	437	437	437	0	0
2.3	借款利息支出				262	236	210	184	157	131	105	79	53	26	0	0
2.4	经营成本				3500	5000	5000	5000	5000	5000	5000	5000	5000	5000	5000	5000
2.5	营业税金及附加				320	480	480	480	480	480	480	480	480	480	480	480
2.6	所得税				247	439	445	452	458	465	471	478	484	491	498	498
3	净现金流量(1－2)	−1500	−1500	−1000	−1166	1408	1428	1447	1468	1487	1507	1526	1546	1566	2022	6031

财务计划现金流量表（单位：万元）　　　　表 1-17

序号	项 目	计 算 期														
		1	2	3	4	5	6	7	8	9	10	11	12	13	14	15
1	经营活动净现金流量				1533	2081	2075	2068	2062	2055	2049	2042	2036	2029	2022	2022
1.1	现金流入				5600	8000	8000	8000	8000	8000	8000	8000	8000	8000	8000	8000
1.1.1	营业收入				5600	8000	8000	8000	8000	8000	8000	8000	8000	8000	8000	8000
1.2	现金流出				4067	5919	5925	5932	5938	5945	5951	5958	5964	5971	5978	5978
1.2.1	经营成本				3500	5000	5000	5000	5000	5000	5000	5000	5000	5000	5000	5000
1.2.2	营业税金及附加				320	480	480	480	480	480	480	480	480	480	480	480
1.2.3	所得税				247	439	445	452	458	465	471	478	484	491	498	498
2	投资活动净现金流量	−2500	−3500	−2000	−2000	0	0	0	0	0	0	0	0	0	0	0
2.1	现金流入				0	0	0	0	0	0	0	0	0	0	0	0
2.2	现金流出	2500	3500	2000	2000											
2.2.1	建设投资	2500	3500	2000												
2.2.2	流动资金				2000												
3	筹资活动净现金流量	2500	3500	2000	634	−1857	−1849	−1840	−1831	−1823	−1814	−1806	−1797	−1789	−1209	−1330
3.1	现金流入	2500	3500	2000	2000											
3.1.1	项目资本金投入	1500	1500	1000	2000											
3.1.2	建设投资借款	1000	2000	1000												
3.1.3	流动资金借款				0												
3.2	现金流出				1366	1857	1849	1840	1831	1823	1814	1806	1797	1789	1209	1330
3.2.1	各种利息支出				262	236	210	184	157	131	105	79	53	26	0	0
3.2.2	偿还债务本金				437	437	437	437	437	437	437	437	437	437	0	0
3.2.3	应付利润				667	1184	1202	1219	1237	1255	1272	1290	1307	1326	1209	1330
4	净现金流量(1+2+3)	0	0	0	167	224	226	228	231	232	235	236	239	240	813	692
5	累计盈余资金	0	0	0	167	391	617	845	1076	1308	1543	1779	2018	2258	3071	3763

1.4.4 建设项目财务评价指标计算与评价

1.4.4.1 财务评价指标与财务评价报表之间的关系

建设项目财务评价指标是衡量建设项目财务经济效果的尺度。通常，根据不同的评价深度要求和可获得资料的多少，以及项目本身所处条件的不同，可选用不同的指标，这些指标有主有次，可以从不同侧面反映项目的经济效果。

根据财务评价指标和财务评价报表，可以看出它们之间存在着一定的对应关系（表 1-18）。

财务评价指标与财务评价报表之间的关系　　　　　　　　　表 1-18

财务分析	财务评价报表	财务评价指标	
		静态指标	动态指标
盈利能力分析	项目投资 现金流量表	投资回收期	财务净现值 财务内部收益率
	项目资本金 现金流量表	—	财务内部收益率
	投资各方 现金流量表	—	投资各方财务内部收益率
	利润与利润分配表	总投资收益率 项目资本金净利润率	—
财务生存能力分析	财务计划现金流量表	—	—
清偿能力分析	借款还本付息计划表	利息备付率 偿债备付率	—
	资产负债表	资产负债率	—

1.4.4.2　财务评价指标计算与评价

财务盈利能力分析主要考察项目的盈利水平，其主要评价指标为财务净现值、财务内部收益率、投资回收期、总投资收益率、项目资本金净利润率等，可根据项目的特点及财务分析的目的、要求等选用。

1. 财务盈利能力评价指标计算与评价

（1）财务净现值（FNPV）。财务净现值是反映项目在计算期内获利能力的动态评价指标，是按行业基准收益率或设定的收益率，将各年的净现金流量折现到建设起点（建设期初）的现值之和。其表达式为：

$$FNPV = \Sigma(CI - CO)_t(1 + i_c)^{-t}$$

式中　　　CI——现金流入量；

　　　　　CO——现金流出量；

（$CI - CO$）$_t$——第 t 年的净现金流量；

　　　　　t——计算期；

　　　　　i_c——基准收益率或设定的收益率。

财务净现值可通过现金流量表求得。当 $FNPV \geqslant 0$ 时，表明项目获利能力达到或超过基准收益率或设定的收益率要求的获利水平，即该项目是可以接受的。

（2）财务内部收益率（FIRR）。财务内部收益率是反映项目获利能力常用的重要的动态评价指标。它是指项目在计算期内各年净现金流量现值累计等于零时的折现率。其表达式为：

$$\Sigma(CI - CO)_t(1 + FIRR)^{-t} = 0$$

财务内部收益率可通过财务现金流量表中的净现金流量计算，用试差法求得。当 $FIRR \geqslant i_c$ 时，表明项目获利能力超过或等于基准收益率或设定的收益率的获利水平，即该项目是可以接受的。

财务内部收益率计算，一般是采用一种称为线性插值试算法的近似方法进行计算，近似公式为：

$$FIRR = i_1 + (i_2 - i_1) \times \frac{\mid FNPV_1 \mid}{\mid FNPV_1 \mid + \mid FNPV_2 \mid}$$

（3）静态投资回收期（P_t）。静态投资回收期是在不考虑资金时间价值的情况下，反映项目财务投资回收能力的主要指标。它是指通过项目的净收益来回收总投资所需要的时间。其表达式为：

$$\Sigma(CI - CO)_t = 0$$

静态投资回收期可用财务现金流量表累计净现金流量计算求得，计算公式为：

P_t＝累计净现金流量开始出现正值年份数－1＋上年累计净现金流量绝对值

÷当年净现金流量

将求出的投资回收期（P_t）与行业基准投资回收期（P_c）比较，当$P_t \leqslant P_c$时，应认为项目在财务上是可接受的。

【例 1-12】　若例 1-10 的项目基准收益率为 10％，基准投资回收期为 7 年。根据项目投资现金流量表，计算所得税前财务净现值、财务内部收益率和静态投资回收期，并判断该项目的可行性。

【解】　$FNPV(10\%) = -600(P/F, 10\%, 1) + 64(P/F, 10\%, 2) + 164(P/A, 10\%, 8)$
　　　　　$(P/F, 10\%, 2) + 294(P/F, 10\%, 11) = 333.56(万元)$

$FNPV(FIRR) = -600(P/F, FIRR, 1) + 64(P/F, FIRR, 2) +$
　　　　　$164(P/A, FIRR, 8)(P/F, FIRR, 2) + 294(P/F, FIRR, 11) = 0$

当 $i = 20\%$ 时，

$FNPV(20\%) = -600(P/F, 20\%, 1) + 64(P/F, 20\%, 2) + 164(P/A, 20\%, 8)$
　　　　　$(P/F, 20\%, 2) + 294(P/F, 20\%, 11) = 21.02 万元$

当 $i = 22\%$ 时，

$FNPV(22\%) = -600(P/F, 22\%, 1) + 64(P/F, 22\%, 2) + 164(P/A, 22\%, 8)$
　　　　　$(P/F, 22\%, 2) + 294(P/F, 22\%, 11) = -17.02(万元)$

$$FIRR = 20\% + \frac{21.02}{21.02 + 17.02}(22\% - 20\%) = 21.11\%$$

$$P_t = 6 - 1 + \frac{\mid 44 \mid}{164} = 5.27(年)$$

∵　$FNPV(10\%) = 333.56(万元) > 0$

$FIRR = 21.11\% > i_c(10\%)$

$P_t = 5.27 年 < P_c(7 年)$

∴　根据所得税前财务净现值、财务内部收益率和静态投资回收期可知，该项目可行。

（4）总投资收益率。总投资收益率是表示总投资的盈利水平，是指项目达到设计能力后正常年份的年息税前利润或运营期内年平均息税前利润与项目总投资的比率。其计算公式为：

$$总投资收益率 = \frac{年息税前利润或年平均息税前利润}{总投资} \times 100\%$$

$$年息税前利润 = 利润总额 + 计入总成本的利息支出$$

$$总投资 = 建设投资 + 建设期利息 + 流动资金$$

在财务评价中，总投资收益率高于同行业的收益率参考值，表明用总投资收益率表示的盈利能力满足要求。

（5）项目资本金净利润率。项目资本金净利润率表示项目资本金的盈利能力，是指项目达到设计生产能力后正常年份的年净利润或运营期内年平均净利润与项目资本金的比率。其计算公式为：

$$项目资本金净利润率 = \frac{年净利润或年平均净利润}{项目资本金} \times 100\%$$

在财务评价中，项目资本金净利润率高于同行业的净利润率参考值，表明用项目资本金净利润率表示的盈利能力满足要求。

【例 1-13】 根据例 1-11，计算该工业项目总投资收益率和项目资本金净利润率。

【解】

$$总投资收益率 = \frac{年息税前利润}{总投资} \times 100\%$$

$$= \frac{1990}{8000 + 370.91 + 2000} \times 100\%$$

$$= 19.19\%$$

$$项目资本金净利润率 = \frac{年平均净利润}{项目资本金} \times 100\%$$

$$= \frac{16273 \div 12}{6000} \times 100\% = 22.60\%$$

2. 财务清偿能力指标计算与评价

清偿能力分析主要考察计算期内各年财务状况及偿还能力。反映项目清偿能力的主要评价指标有利息备付率、偿债备付率、资产负债率等。

（1）利息备付率。利息备付率是指项目在借款偿还期内，各年可用于支付利息的息税前利润与当期应付利息费用的比值。它从付息资金来源的充裕性角度反映项目偿付债务利息的保障程度。其计算公式为：

$$利息备付率 = \frac{息税前利润}{当期应付利息费用}$$

利息备付率应分年计算，利息备付率高，表明利息偿付的保障程度高。

利息备付率＞1，并结合债权人的要求确定。

（2）偿债备付率。偿债备付率是指项目在借款偿还期内，各年可用于还本付息资金与当期应还本付息金额的比值。其计算公式为：

$$偿债备付率 = \frac{可用于还本付息资金}{当期应还本付息金额}$$

可用于还本付息的资金，包括可用于还款的折旧和摊销，在成本中列支的利息费用，可用于还款的利润等；当期应还本付息金额，包括当期应还款本金及计入成本的利息。

偿债备付率应分年计算，偿债备付率高，表明可用于还本付息的资金保障程度高。

偿债备付率＞1，并结合债权人的要求确定。

【例 1-14】 根据例 1-11，分别计算第 4 年的利息备付率和偿债备付率，并分析该项目的债务清偿能力。

【解】 利息备付率 $= \dfrac{\text{息税前利润}}{\text{当期应付利息费用}}$

$$= \frac{1250}{262} = 4.77$$

偿债备付率 $= \dfrac{\text{可用于还本付息资金}}{\text{当期应还本付息金额}}$

$$= \frac{530.16 + 262 + 0}{437 + 262} = 1.13$$

注：可用于还本付息资金为当期折旧费、当期摊销费、当期利息支出和当期未分配利润之和。

∵利息备付率＝4.77＞1

偿债备付率＝1.13＞1

∴该项目第 4 年具有付息能力和偿付债务的能力。

（3）资产负债率。资产负债率是指各期末负债总额与资产总额的比率。其计算公式为：

$$\text{资产负债率} = \frac{\text{期末负债总额}}{\text{期末资产总额}} \times 100\%$$

适度的资产负债率，表明企业经营安全、稳健，具有较强的筹资能力，也表明企业和债权人的风险较小。

1.4.5 建设项目不确定性分析

财务评价所采用的数据，大部分来自估算和预测，有一定程度的不确定性。为了分析不确定性因素对项目经济评价指标的影响，需进行不确定性分析，以估计项目可能承担的风险，确定项目在经济上的可靠性。不确定性分析包括盈亏平衡分析、敏感性分析和概率分析，通常情况下，建设项目可行性研究中一般进行盈亏平衡分析和敏感性分析。

1.4.5.1 盈亏平衡分析

盈亏平衡分析是通过项目盈亏平衡点（BEP）分析项目成本与收益的平衡关系的一种方法，它可用于考察项目适应市场变化的能力，从而进一步考察项目抗风险的能力。

盈亏平衡点又称为保本点，是指产品销售收入等于产品总成本费用，即产品不亏不盈的临界状态。盈亏平衡点越低，表明项目适应市场变化的能力越大，抗风险能力越强。在这里只简单介绍线性盈亏平衡分析。

线性盈亏平衡分析只在下述前提条件下才能适用：

（1）单价与销售量无关；

（2）可变成本与产量成正比，固定成本与产量无关；

（3）产品不积压。

盈亏平衡分析就是要找出盈亏平衡点。确定线性盈亏平衡点的方法有图解法和代数法。

1. 图解法

图解法是将销售收入、固定成本、可变成本随产量（销售量）变化的关系画出盈亏平衡图，在图上找出盈亏平衡点。

盈亏平衡图是以产量（销售量）为横坐标，以销售收入和产品总成本费用（包括固定成本和可变成本）为纵坐标绘制的销售收入曲线和总成本费用曲线。两条曲线的交点即为盈亏平衡点。与盈亏平衡点对应的横坐标，即为以产量（销售量）表示的盈亏平衡点。在盈亏平衡点的右方为盈利区，在盈亏

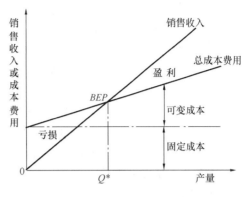

图 1-4 线性盈亏平衡分析图

平衡点的左方为亏损区。随着销售收入或总成本费用的变化，盈亏平衡点将随之上下移动（如图 1-4 所示）。

2. 代数法

代数法是将销售收入的函数和总成本费用的函数，用数学方法求出盈亏平衡点。

年销售收入＝（单位产品售价－单位产品销售税金及附加）×年产量

年总成本费用＝年固定成本＋单位可变成本×年产量

因为，年销售收入＝年总成本费用

（单位产品售价－单位产品销售税金及附加）×年产量＝年固定成本＋单位可变成本×年产量

所以，以产量表示的盈亏平衡点计算公式为：

$$BEP(产量) = \frac{年固定成本}{单位产品售价 - 单位产品销售税金及附加 - 单位产品可变成本}$$

以单位售价表示的盈亏平衡点的计算公式为：

$$BEP(单位售价) = \frac{年固定成本 + 单位产品可变成本 \times 年产量}{年产量 \times (1 - 销售税金及附加税率)}$$

以生产能力利用率表示的盈亏平衡点的计算公式为：

$$BEP(生产能力利用率) = \frac{BEP(产量)}{设计生产能力的产量} \times 100\%$$

【例 1-15】 某房地产开发公司拟开发一普通住宅，建成后，每平方米售价为 15000 元。已知住宅项目总建筑面积为 2000 平方米，营业税金及附加税率为 5.5%，预计每平方米建筑面积的可变成本 6000 元，假定开发期间的固定成本为 800 万元，计算盈亏平衡点时的销售量和单位售价，并计算该项目预期利润。

【解】

$$BEP(销售量) = \frac{固定成本}{单位售价 - 单位营业税金及附加 - 单位可变成本}$$

$$= \frac{8000000}{15000(1 - 5.5\%) - 6000}$$

$$= 978.59(\text{m}^2)$$

$$BEP(\text{单位售价}) = \frac{\text{固定成本} + \text{单位可变成本} \times \text{销售量}}{\text{销售量} \times (1 - \text{营业税金及附加税率})}$$

$$= \frac{8000000 + 6000 \times 2000}{2000 \times (1 - 5.5\%)}$$

$$= 10582.01(\text{元})$$

$$\text{预期利润} = \text{单位售价} \times \text{销售量} \times (1 - \text{营业税金及附加税率})$$
$$- \text{固定成本} - \text{单位可变成本} \times \text{销售量}$$
$$= 15000 \times 2000(1 - 5.5\%) - 8000000 - 6000 \times 2000$$
$$= 835(\text{万元})$$

1.4.5.2　敏感性分析

1. 敏感性分析的概念和作用

敏感性分析，从广义上讲，就是研究某些影响因素的不确定性给经济效果带来的不确定性。具体地说，就是研究某一拟建项目中的各个影响因素（单价、产量、成本、投资等），在所指定的范围内变动，而引起其经济效果指标（如净现值、内部收益率、投资回收期等）的变化。敏感性就是指经济效果指标对其影响因素的敏感程度的大小。敏感性分析是项目经济评价中常用的一种不确定性分析，它的目的和作用是：

(1) 研究影响因素的变动所引起的经济效果指标变动的范围；

(2) 找出影响工程项目的经济效果的关键因素；

(3) 通过多方案敏感性大小的对比，选取敏感性小的方案，也就是风险小的方案；

(4) 通过对可能出现的最有利与最不利的经济效果范围的分析，用寻找替代方案或原方案采取某些控制措施的方法，来确定最现实的方案。

2. 敏感性分析的步骤

(1) 确定反映经济效果的指标。进行敏感性分析，首先要根据项目的特点，确定具体的财务分析指标，如财务净现值、财务内部收益率、投资回收期等。

(2) 选择不确定性因素。在财务分析过程中，各种财务基础数据都是估算和预测得到的，因此都带有不确定性，如投资额、单价、产量等都为不确定性因素。

(3) 计算各不确定性因素对评价指标的影响。当不确定性因素变动 5%、10%、20% 时，计算其评价指标，反映其变动程度。可用敏感度系数（变化率）表示。

$$\text{敏感度系数} = \frac{\text{评价指标变化率}}{\text{不确定因素变化率}}$$

(4) 确定敏感性因素。敏感度系数的绝对值越大，表示该因素的敏感性越大，抗风险能力越弱。对敏感性较大的因素，在实际工程中要严加控制和掌握。

敏感性分析有两种方法，即单因素敏感性分析和多因素敏感性分析。单因素分析只考虑一个因素变动，其他因素假定不变，对经济效果指标的影响。多因素敏感性分析考虑各个不确定性因素同时变动，假定各个不确定性因素发生的概率相等，对经济效果指标的影响。通常只进行单因素敏感性分析。敏感性分析结果用敏感性分析表（表 1-20）和敏感性分析图（图 1-5）表示。

某因素对全部投资内部收益率的影响曲线越接近纵坐标，表明该因素敏感性较大；某因素对全部投资内部收益率的影响曲线越接近横坐标，表明该因素敏感性较小。对经济效

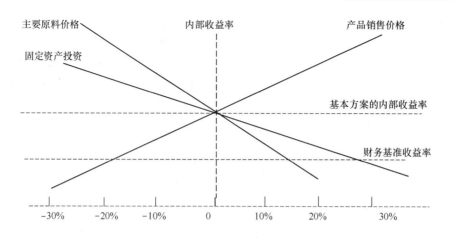

图 1-5 敏感性分析示意图

果指标的敏感性影响大的那些因素，在实际工程中要严加控制和掌握，以免影响直接的经济效果，对于敏感性较小的那些影响因素，稍加控制即可。

【例 1-16】 根据例 1-10 的项目投资现金流量表，若该项目基准收益率为 10%。以建设投资、营业收入为不确定性因素，以财务内部收益率为经济评价指标。假定营业收入变化与营业税金及附加有关，而与经营成本无关，则进行该项目的单因素敏感性分析，编制单因素敏感性分析表（表 1-19）。

【解】 在不考虑不确定性因素的条件下，计算该项目所得税前的财务内部收益率。

$$FNPV(FIRR) = -600(P/F, FIRR, 1) + 64(P/F, FIRR, 2)$$
$$+ 164(P/A, FIRR, 8)(P/F, FIRR, 2) + 294(P/F, FIRR, 11)$$
$$= 0$$

当 $i = 20\%$ 时，

$$FNPV(20\%) = -600(P/F, 20\%, 1) + 64(P/F, 20\%, 2)$$
$$+ 164(P/A, 20\%, 8)(P/F, 20\%, 2) + 294(P/F, 20\%, 11)$$
$$= 21.02(万元)$$

当 $i = 22\%$ 时，

$$FNPV(22\%) = -600(P/F, 22\%, 1) + 64(P/F, 22\%, 2) + 164(P/A, 22\%,$$
$$8)(P/F, 22\%, 2) + 294(P/F, 22\%, 11)$$
$$= -17.02(万元)$$

$$FIRR = 20\% + \frac{21.02}{21.02 + 17.02}(22\% - 20\%) = 21.11\%$$

当建设投资增加 5% 时，计算该项目所得税前的财务内部收益率。

$$FNPV(FIRR) = -600 \times 1.05(P/F, FIRR, 1) + 64(P/F, FIRR, 2)$$
$$+ 164(P/A, FIRR, 8)(P/F, FIRR, 2)$$
$$+ (200 + 30 \times 1.05 + 100 - 36)(P/F, FIRR, 11) = 0$$

采用试算法，计算得到 $FIRR = 19.81\%$

当营业收入增加 5% 时，计算该项目所得税前的财务内部收益率。

$$FNPV(FIRR) = -600(P/F,FIRR,1) + (200 \times 1.05$$
$$-100 - 25 - 11 \times 1.05)(P/F,FIRR,2)$$
$$+ (200 \times 1.05 - 25 - 11 \times 1.05)(P/A,FIRR,8)(P/F,FIRR,2)$$
$$+ (200 \times 1.05 + 30 + 100 - 25 - 11 \times 1.05)(P/F,FIRR,11)$$
$$= 0$$

采用试算法,计算得到 $FIRR = 22.73\%$

当建设投资增加5%时,敏感度系数 $= \dfrac{\dfrac{19.81\% - 21.11\%}{21.11\%}}{5\%} = -1.2316$

当营业收入增加5%时,敏感度系数 $= \dfrac{\dfrac{22.73\% - 21.11\%}{21.11\%}}{5\%} = 1.5348$

单因素敏感性分析表   表 1-19

序号	不确定因素	变化率	所得税前财务内部收益率	敏感度系数
	基本方案		21.11%	
1	建设投资	20%	16.52%	-1.0872
		10%	18.63%	-1.1748
		5%	19.81%	-1.2316
		-5%	22.43%	-1.2506
		-10%	23.91%	-1.3264
		-20%	27.30%	-1.4661
2	营业收入	20%	27.61%	1.5396
		10%	24.37%	1.5443
		5%	22.73%	1.5348
		-5%	19.39%	1.6296
		-10%	17.68%	1.6248
		-20%	14.20%	1.6367

从上表可知,建设投资即使增加20%,所得税前的财务内部收益率为16.52%,高于10%的基准收益率;营业收入即使下降20%,所得税前的财务内部收益率为14.20%,高于10%的基准收益率,说明建设投资变化和营业收入变化,对项目的影响不太大,这两个不确定性因素对项目的敏感性不太大,但项目在实施过程中,也应时常注意建设投资和营业收入的变化,使项目获得最大的经济效益。

1.5 建设项目投资方案的比较和选择

在投资方案比较和选择过程中,按其经济关系分为互斥方案和独立方案。互斥方案是各方案之间相互排斥的,即在多个投资方案中只能选择其中一个方案。如有甲、乙、丙、丁四个投资方案,最终选择甲方案,则必须放弃乙、丙、丁三个方案。独立方案是各方案之间经济上互不相关的方案，如有甲、乙、丙、丁四个投资方案。最终选择甲方案或放弃甲方案，与乙、丙、丁三个方案无关。在这里主要介绍互斥方案的比选。

1.5.1 寿命期相同的多个投资方案比较和选择

1.5.1.1 净现值法（NPV）

净现值法是通过计算多个投资方案的净现值并比较其大小来判断投资方案的优劣。净现值是按行业基准收益率或设定的收益率，将各年的净现金流量折现到建设起点（建设起初）的现值之和。

净现值越大，方案越优。

【例 1-17】 某公司有三个可行而相互排斥的投资方案，三个投资方案的寿命期均为 5 年，基准收益率为 7%。三个投资方案的现金流量如表 1-20 所示。用净现值法选择最优方案。

三个投资方案的现金流量表（单位：万元）　　　　　　　　　　　　表 1-20

方　案	初始投资	年收益
A	700	194
B	500	132
C	850	230

【解】 $NPV(7\%)_A = -700 + 194(P/A, 7\%, 5) = 95.40$（万元）

$\quad\quad NPV(7\%)_B = -500 + 132(P/A, 7\%, 5) = 41.20$（万元）

$\quad\quad NPV(7\%)_C = -850 + 230(P/A, 7\%, 5) = 93.00$（万元）

根据上述计算结果可知，A 方案净现值最大，故 A 方案为最优方案。

1.5.1.2 净年值法（NAV）

净年值法是通过计算多个投资方案的净年值并比较其大小而判断投资方案的优劣。将所有的净现金流量通过基准收益率或设定的收益率折现到每年年末的等额资金，这种方法称为净年值法。

净年值越大，方案越优。

【例 1-18】 根据例 1-17，用净年值法选择最优方案。

【解】 $NAV(7\%)_A = -700(A/P, 7\%, 5) + 194 = 23.27$（万元）

$NAV(7\%)_B = -500(A/P, 7\%, 5) + 132 = 10.05$（万元）

$NAV(7\%)_C = -850(A/P, 7\%, 5) + 230 = 22.86$（万元）

根据上述计算结果可知，A 方案净年值最大，故 A 方案为最优方案。

1.5.1.3 差额内部收益率法（ΔIRR）

差额内部收益率法是多个投资方案两两比较，用差额内部收益率的大小来判断投资方案的优劣。差额投资是指投资额大的方案的净现金流量减去投资额小的方案的净现金流量。差额内部收益率是指差额投资净现金流量的内部收益率。

如果 A 方案的投资额大于 B 方案的投资额，则 $\Delta NPV_{A-B} = 0$，$\Delta IRR_{A-B} \geqslant i_c$ 时，A 方案优于 B 方案，即投资额大的方案优于投资额小的方案。

计算方法：（1）验证各投资方案可行性；

（2）投资额略大的方案与投资额最小的方案相比，

求出 $\Delta IRR_{A-B} \geqslant i_c$ 时，投资额大的方案为优；

（3）两两相比，确定最优方案。

【例 1-19】 根据例 1-17，用差额内部收益率法选择最优方案。

【解】 $\Delta NPV_{B-0} = -500 + 132(P/A, \Delta IRR, 5) = 0$

$$\Delta IRR_{B-0} = 10.03\% > i_c(7\%)$$

∴ B 方案为临时性最优方案。

$$\Delta NPV_{A-B} = -(700-500) + (194-132)(P/A, \Delta IRR, 5) = 0$$

$$\Delta IRR_{A-B} = 16.75\% > i_c(7\%)$$

∴ A 方案为临时性最优方案。

$\Delta NPV_{C-A} = -(850-700) + (230-194)(P/A, \Delta I_{RR}, 5) = 0$

$\Delta IRR_{C-A} = 6.42\% < i_c(7\%)$

∴ A 方案为最优方案。

1.5.1.4 最小费用法

当各个投资方案的效益相同或基本相同时，方案比较过程可以只考虑费用，用费用现值法或费用年值法进行投资方案的比选。

1. 费用现值法（PC）

费用现值法是通过计算多个投资方案的费用现值并比较其大小而判断投资方案的优劣。费用现值是按行业基准收益率或设定的收益率，将各年的费用折现到建设起点（建设起初）的现值之和。

费用现值最小，方案最优。

2. 费用年值法（AC）

费用年值法是通过计算多个投资方案的费用年值并比较其大小而判断投资方案的优劣。费用年值是将所有的费用通过基准收益率或设定的收益率折现到每年年末的等额资金。

费用年值最小，方案最优。

【例 1-20】 某建设项目有两个投资方案，其生产能力和产品品种质量相同，有关基本数据如表 1-21 所示。假定基准收益率为 8%，用费用现值法和费用年值法分别选择投资方案。

两个投资方案有关基础数据

表 1-21

项　目	方案 1	方案 2
初始投资（万元）	7000	8000
生产期（年）	10	10
残值（万元）	350	400
年经营成本（万元）	3000	2000

【解】 $PC(8\%)_1 = 7000 + 3000(P/A, 8\%, 10) - 350(P/F, 8\%, 10)$

$= 26967.95$（万元）

$PC(8\%)_2 = 8000 + 2000(P/A, 8\%, 10) - 400(P/F, 8\%, 10)$

$$=21234.8(万元)$$

根据上述计算结果可知，方案2费用现值最小，故选择方案2。

【解】 $AC(8\%)_1 = 7000(A/P, 8\%, 10) + 3000 - 350(A/F, 8\%, 10)$

$$= 4018.85(万元)$$

$AC(8\%)_2 = 8000(A/P, 8\%, 10) + 2000 - 400(A/F, 8\%, 10)$

$$= 3164.4(万元)$$

根据上述计算结果可知，方案2费用年值最小，故选择方案2。

1.5.2 寿命期不同的多个投资方案比较和选择

1.5.2.1 年值法

年值法是寿命期不同的多个投资方案选优时用到的一种最常用、最简明的方法。它是假定各个寿命期不同的投资方案能无限期重复，那么分析周期则无限长，每个周期被看成寿命期相同，则按净年值或费用年值进行选择。

【例1-21】 某公司拟建面积为 $1500 \sim 2500 m^2$ 的宿舍楼，拟用砖混结构和钢筋混凝土结构两种形式，其费用如表1-22所示。假设基准收益率为 8% 。建设期不考虑持续时间。

试确定各方案的经济范围。

两种结构形式费用表

表1-22

方案	造价（元/m²）	寿命期（年）	年维修费（元）	残　值
钢筋混凝土结构	2000	50	20000	0
混合结构	1800	40	60000	造价×5%

【解】 设宿舍楼的费用年值是面积 x 的函数

$AC(8\%)_{钢混} = 2000x(A/P, 8\%, 50) + 20000 = 163.49x + 20000$

$AC(8\%)_{混合} = 1800x(A/P, 8\%, 40) + 60000 - 1800x(A/F, 8\%, 40)$

$$= 143.99x + 60000$$

$AC(8\%)_{钢混} = AC(8\%)_{混合}$

$$163.49x + 20000 = 143.99x + 60000$$

$$x = 2051.28 m^2$$

根据费用年值最小，方案最优的原则，则：

当 $1500 m^2 \leqslant x \leqslant 2051.28 m^2$ 时，选择钢筋混凝土结构；

当 $2051.28 m^2 \leqslant x \leqslant 2500 m^2$ 时，选择混合结构。

1.5.2.2 最小公倍数法

最小公倍数法是取各投资方案的最小公倍数，作为各个投资方案的共同寿命期，各投资方案在共同的寿命期内反复实施，然后采用寿命期相同的投资方案比选的常用方法进行选择。例如上述例题1-21中，两种结构的方案最小公倍数为200，所以这两种结构的方案共同的寿命期为200年，钢筋混凝土结构方案在200年寿命期中反复实施4次，混合结构方案在200年寿命期中反复实施5次，这两种结构的方案在共同的寿命期内进行方案选择。

1.5.2.3 研究期法

研究期法是取各投资方案的最短的寿命期，作为共同寿命期，然后采用寿命期相同的投资方案选优的常用方法进行选择。例如上述例题 1-21 中，这两种结构的方案最短的寿命期为 40 年，则两种结构方案的共同寿命期为 40 年，在 40 年的共同寿命期内进行方案的选择。

1.5.3 运用概率分方法进行互斥方案的比较和选择

概率是指随机时间发生的可能性，投资活动可能产生的种种收益可以看作是一个个随机事件，其出现或发生的可能性，可以用相应的概率描述。概率分析是利用概率来研究和预测不确定因素对投资方案经济性影响的一种定量分析方法。这里介绍概率分析的两种方法，即期望值法和决策树法进行互斥方案的比较和选择。

1.5.3.1 期望值法

假如在一个盒子里有 70 个白球，30 个黑球，让你任意取一个球，猜猜看是白球还是黑球。那你肯定猜白球，因为白球的概率为 70%，黑球的概率为 30%。

如果上述两种白球和黑球，还有如下得分情况：

猜白球，猜对的得 400 分，猜错损失 200 分；如果猜黑球，猜对得 1000 分，猜错损失 200 分。在这种情况下，应猜白还是猜黑。

猜白：$400 \times 0.7 + (-200) \times 0.3 = 220$（分）

猜黑：$1000 \times 0.3 + (-200) \times 0.7 = 160$（分）

因为猜白的得分大于猜黑的得分，所以作出猜白的决定。

这种计算方法称为期望值法。期望值是反映随机变量取值的平均数。用公式表示如下：

$$E(x) = \sum_{i=1}^{n} X_i P_i$$

$E(x)$——期望值；

$\quad X_i$——第 i 种随机变量的取值；

$\quad P_i$——第 i 种变量值所对应的概率。

$$\sum_{i=1}^{n} P_i = 1$$

采用期望值方法对互斥方案进行选择时，期望收益越大，方案越好；反之，期望收益越小，方案越差。

【例 1-22】 某房地产开发公司，现有 A、B 两种类型的房地产开发方案，其净收益和各种净收益出现的概率如表 1-23 所示。比较哪一个方案较好。

A、B 两种房地产开发方案　　　　　　　　　　　　　　表 1-23

销售状况	概率		净收益（万元）	
	A 方案	B 方案	A 方案	B 方案
良好	0.2	0.2	1800	3000
一般	0.5	0.4	1200	2000
较差	0.3	0.4	400	-600

【解】 $E(x)_A = \sum_{i=1}^{n} X_i P_i = 1800 \times 0.2 + 1200 \times 0.5 + 400 \times 0.3 = 1080$（万元）

$$E\left(x\right)_{\mathrm{B}}=\sum_{i=1}^{n}X_iP_i=3000\times0.2+2000\times0.4-600\times0.4=1160(万元)$$

$\because$ $E\left(x\right)_{\mathrm{B}}>E\left(x\right)_{\mathrm{A}}$

$\therefore$ 选择方案 B。

1.5.3.2 决策树法

决策树一般由决策点、机会点、方案枝、概率枝等组成。为了便于计算，对决策树中的决策点用"□"表示，机会点用"○"表示，并且进行编号，编号的顺序是从左到右，从上到下。具体画法如图 1-6 所示。

通过绘制决策树，可以计算出各段终点的期望值，再根据各点的期望值来取舍方案。期望收益越大，方案越好；反之，期望收益越小，方案越差。

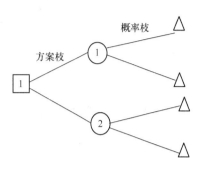

图 1-6 决策树结构图

【例 1-23】 为生产某种产品，设计两个基建方案：一是建大厂；二是建小厂。大厂需要投资 3000 万元，小厂需要投资 800 万元，基准收益率为 8%。两方案的概率和年度损益值如表 1-24 所示。

两方案的概率和年度损益值 表 1-24

方案状态	概率	建大厂	建小厂
销路好	0.7	1000 万元	400 万元
销路差	0.3	20 万元	100 万元

如果建设期不考虑，使用期分前 3 年和后 7 年两期考虑，根据市场预测，前 3 年销路好的概率为 0.7。而如果前 3 年的销路好，则后 7 年销路好的概率为 0.9；如前 3 年销路差，则后 7 年的销路肯定差。试用决策树方法进行决策。

【解】 画出决策树图，如图 1-7 所示。

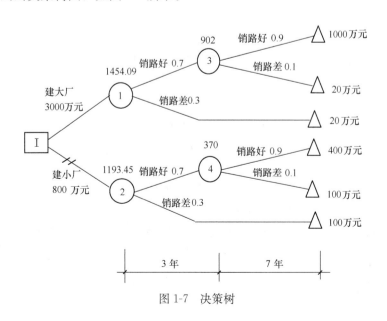

图 1-7 决策树

点③：$E(3)=1000\times0.9+20\times0.1=902$（万元）

点④：$E(4)=400\times0.9+100\times0.1=370$（万元）

点①：$E(NPV)_1=-3000+1000\times0.7(P/A,8\%,3)+902\times0.7(P/A,8\%,7)$
$(P/F,8\%,3)+20\times0.3(P/A,8\%,10)$
$=1454.09$（万元）

点②：$E(NPV)_2=-800+400\times0.7(P/A,8\%,3)+370\times0.7(P/A,8\%,7)$
$(P/F,8\%,3)+100\times0.3(P/A,8\%,10)$
$=1193.45$（万元）

因为点①的期望净现值大于点②的期望净现值，所以选择建大厂。

本 章 小 结

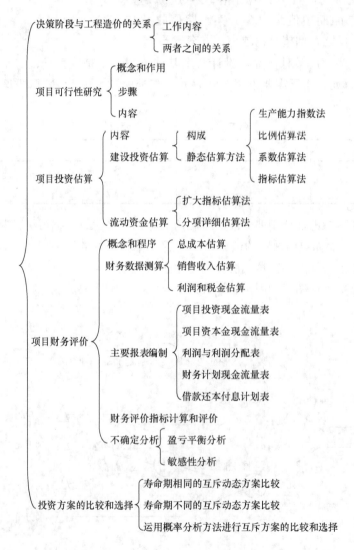

习　题

一、判断题

1. 项目可行性研究阶段的投资估算误差在±5％左右。（　　）

2. 项目可行性研究要对项目建成后的经济效益进行科学的预测和评价，论证项目的经济合理性和有利性。可行性研究报告中直接属于这方面基本内容的是财务评价。（　　）

3. 静态投资包括建安工程费、设备与工器具购置费、工程建设其他费和预备费。（　　）

4. 根据朗格系数法估算拟建项目投资额的基础是已建类似项目的投资额。（　　）

5. 经营成本是由外购原材料、燃料、动力费、工资及福利费、大修理费、其他费用组成。（　　）

6. 财务净现值是反映盈利能力的动态价值性指标。（　　）

7. 项目资本金现金流量表是属于项目生存能力的财务评价报表。（　　）

8. 项目投资现金流量表的现金流入中有一项是流动资金回收，该项现金流入发生在计算期末。（　　）

9. 敏感度系数越高，表示该不确定因素对项目经济效果影响越大，项目抗风险能力越大。（　　）

10. 寿命期不同的互斥方法进行比较和选择时，最常用的方法是净现值法。（　　）

二、单选题

1. 关于项目决策与工程造价的关系，下列说法中正确的是（　　）。

A. 项目决策的内容是决定工程造价的基础

B. 工程造价的合理性是项目决策正确的前提

C. 工程造价确定的精确度影响项目决策的深度

D. 工程造价的控制效果影响项目决策的深度

2. 投资决策阶段的造价表现为（　　）。

A. 投资估算　　　　　　　　　　B. 设计概算

C. 施工图预算　　　　　　　　　D. 结算价

3. 投资估算时对项目可行性研究提出结论性意见是在（　　）阶段。

A. 项目建议书　　　　　　　　　B. 机会研究

C. 初步可行性研究　　　　　　　D. 详细可行性研究

4. 项目可行性研究的步骤依次为（　　）。

A. 接受委托—方案比较和选择—调查研究—经济分析和评价—编制可行性研究报告

B. 接受委托—调查研究—经济分析和评价—方案比较和选择—编制可行性研究报告

C. 接受委托—调查研究—方案比较和选择—经济分析和评价—编制可行性研究报告

D. 接受委托—经济分析和评价—调查研究—方案比较和选择—编制可行性研究报告

5. 某项目建设投资 6000 万元，建设期 2 年，建设期第一年投资比例为 40％。该项目自有资金有 2000 万元，先使用自有资金，其余为贷款，贷款年利率为 6％。则该项目第二年建设期贷款利息为（　　）万元。

　A. 108.02　　　　　B. 132.72　　　　　C. 170.88　　　　　D. 196.32

6. 某项目投产后的年产值为 1.5 亿元，其同类企业的百元产值流动资金占用额为

17.5 元,则该项目流动资金为( )万元。

    A. 262.5   B. 787.5   C. 2625   D. 4500

7. 建设一座年产量 50 万吨的某生产装置投资额为 10 亿元,现拟建一座年产 100 万吨的类似生产装置,用生产能力指数法估算拟建生产装置的投资额是( )。(已知:$n=0.5$,$f=1$)

    A. 20 亿元   B. 14.14 亿元   C. 15.14 亿元   D. 15 亿元

8. 找出下列哪一种费用属于可变成本( )。

    A. 房产税   B. 材料费   C. 折旧费   D. 摊销费

9. 建筑安装工程费中的税金是指( )。

    A. 营业税、增值税和教育费附加

    B. 营业税、固定资产投资方向调节税和教育费附加

    C. 营业税、城市维护建设税和教育费附加

    D. 营业税、城市维护建设税和固定资产投资方向调节税

10. 总投资收益率中的年息税前利润为( )。

    A. 年营业收入－年经营成本－年折旧－年摊销－年营业税金及附加

    B. 年营业收入－年经营成本－年营业税金及附加＋年利息支出

    C. 年营业收入－年总成本－年营业税金及附加－年利息支出

    D. 年营业收入－年总成本－年营业税金及附加－年所得税

11. 年初借款本息累计为( )。

    A. 上年初借款本息累计＋上年借款额

    B. 上年初借款本息累计＋上年借款额－上年应还款额

    C. 上年初借款本息累计＋上年借款额－上年应还本金

    D. 上年初借款本息累计＋上年借款额－上年应还利息

12. 互斥方案进行比较和选择时,差额内部收益率 $\Delta IRR_{A-B} > i_c$,则( )。

    A. 方案 A 优于方案 B   B. 方案 A 等于方案 B

    C. 方案 B 优于方案 A   D. 无法确定

13. 寿命期相同的互斥方案进行比较和选择时,不能采用的方法有下列哪一项。( )

    A. 净现值法   B. 净年值法

    C. 内部收益率法   D. 最小费用法

三、多选题

1. 属于决策阶段的工作内容有( )。

    A. 投资意向   B. 机会研究

    C. 可行性研究   D. 投资审批

    E. 决策审批

2. 项目建设全过程有哪些阶段。( )

    A. 决策阶段   B. 设计阶段

    C. 施工阶段   D. 工程招标及承发包阶段

    E. 动用前准备阶段

3. 建设项目可行性研究报告的内容可概括为( )。

A. 市场研究 B. 规模研究

C. 厂址研究 D. 技术研究

E. 效益研究

4. 房地产项目可行性研究的内容包括( )。

A. 市场调查与预测 B. 建设地点选择

C. 项目进度安排 D. 投资估算与资金筹措

E. 项目经济评价

5. 静态建设投资的估算方法包括( )。

A. 资金估算法 B. 比例估算法

C. 系数估算法 D. 指标估算法

E. 扩大指标估算法

6. 建设投资动态部分包括( )。

A. 工程费 B. 工程建设其他费

C. 涨价预备费 D. 建设期贷款利息

E. 建设单位管理费

7. 流动资金估算时,一般采用分项详细估算法,其正确的计算式是,流动资金＝( )。

A. 流动资产＋流动负债

B. 流动资产－流动负债

C. 应收账款＋预付账款＋存货－现金

D. 应付账款＋预收账款＋存货＋现金－应收账款－预付账款

E. 应收账款＋预应付账款＋存货＋现金－应付账款－预收账款

8. 在建设项目投资方案经济评价时,建设项目可行的条件是( )。

A. $FNPV \geqslant 0$ B. $FIRR \geqslant i_c$

C. $P_t \geqslant$ 行业基准投资回收期 D. 总投资收益率$\geqslant 0$

E. 资本金净利润率$\geqslant 0$

9. 下列关于财务计划现金流量表的计算式,有性质错误的是( )。

A. 经营活动净现金流量＝营业收入－经营成本－增值税－所得税

B. 投资活动净现金流量＝营业收入－建设投资－流动资金－维持运营投资

C. 筹资活动现金流出＝建设投资借款＋利息支出＋偿还债务本金＋股利分配

D. 经营活动现金流入＝营业收入＋补贴收入＋增值税进项税额

E. 总净现金流量＝经营活动净现金流量＋投资活动净现金流量＋筹资活动净现金流量

10. 根据项目利润与利润分配表计算的财务评价指标有( )。

A. 财务内部收益率 B. 总投资收益率

C. 资本金净利润率 D. 投资回收期

E. 利息备付率

11. 项目资本金现金流量表中的现金流出包括( )。

A. 建设投资　　　　　　　　　　B. 资本金

C. 借款本金偿还　　　　　　　　D. 所得税

E. 借款利息支出

12. 关于不确定性分析的论述，下列说法正确的有（　　　）。

A. 敏感度系数越高，该因素产生的风险越大

B. 敏感性分析图中，该因素的折线越陡，该因素产生风险越小

C. 敏感程度越大，该因素抗风险能力越小

D. 盈亏平衡点的产量越小，说明项目适应市场变化的能力越强

E. 盈亏平衡点的单价越大，说明项目抗风险能力越强

四、简答题

1. 简述建设项目全过程造价控制的程序。

2. 简述建设项目全过程造价控制的主要方法。

3. 简述一般工业项目可行性研究报告的内容。

4. 建设项目可行性研究报告简单概括为哪三个部分？

5. 简述建设项目总投资的组成内容。

6. 简述建设项目财务评价的基本程序。

7. 建设项目财务评价报表有哪些？各有哪些特点？

8. 根据是否考虑资金时间价值，建设项目财务评价指标可分为哪些？这些指标分别根据哪些财务评价报表计算？

9. 简述各项财务评价指标的评判标准。

10. 建设项目财务评价中常用的不确定性分析方法有哪些？并分别说明其抗风险能力。

11. 寿命期相同的互斥方案比选方法有哪几种？

12. 寿命期不同的多个互斥方案比较与选择，常用的方法有哪几种？其中最简明的方法的特点是什么？

五、计算题

1. 某新建项目工程费用为 6000 万元，工程建设其他费用为 2000 万元，建设期 3 年，基本预备费费率为 5%，预计年平均价格上涨率为 3%，项目建设前期年限为 1 年。该项目的实施计划进度为：第 1 年完成项目全部投资的 20%，第 2 年完成项目全部投资的 55%，第 3 年完成项目全部投资的 25%。本项目有自有资金 4000 万元，其余为贷款，贷款年利率为 6%（按半年计息）。在投资过程中，先使用自有资金，然后才向银行贷款。计算该项目涨价预备费和建设期贷款利息。

2. 已知生产流程相似，年生产能力为 15 万吨的化工装置，3 年前建成的设备装置投资额为 3750 万元。拟建装置年设计生产能力为 20 万吨，两年建成。投资生产能力指数为 0.72，近几年设备与物资的价格上涨率平均为 3%。用生产能力指数法估算拟建年生产能力 20 万吨装置的投资费用。

3. 某拟建项目达到设计生产能力后，全厂定员为 1100 人，工资和福利费按照每人每年 3 万元估算。每年其他费用为 860 万元（其中：其他制造费用为 660 万元）。年外购原材料、燃料、动力费估算为 19200 万元。年经营成本为 21000 万元，年营业费用 3700 万元，

年修理费占年经营成本 10%，预付账款 560 万元。各项流动资金最低周转天数分别为：应收账款 30 天，现金 40 天，应付账款 30 天，存货 40 天。用分项详细估算法估算拟建项目的流动资金。

4. 某工业项目主要设备投资额估算为 2000 万元，与其同类型的工业企业其他附属项目投资占主要设备投资的比例以及由于建造时间、地点、使用定额等方面的因素引起拟建项目的综合调价系数如表 1-25 所示。拟建项目其他费用占静态建设投资的 20%。估算该项目静态建设投资额。

附属项目投资占主要设备投资的比例及综合调价系数　　　　表 1-25

工程名称	占设备投资比例	综合调价系数
土建工程	40%	1.2
设备安装工程	15%	1.2
管道工程	10%	1.1
给排水工程	10%	1.1
暖通工程	8%	1.1
电气工程	10%	1.1
自动化仪表	7%	1

5. 某拟建工业项目年生产能力为 300 万吨，与其同类型的已建项目年生产能力为 200 万吨，已建项目设备投资额 2475 万元，经测算设备的综合调价系数为 1.2，生产能力指数为 1，已建项目中建筑工程、安装工程及其他工程费占设备投资的百分比分别为 60%、30%、10%，相应的综合调价系数分别为 1.2、1.1、1.05。工程建设其他费用占投资额（含工程费和工程建设其他费）的 20%。同类型的已建项目流动资金占建设投资额的 10%。

该项目建设期 2 年，第 1 年完成项目全部投资的 40%，第 2 年完成项目全部投资的 60%，第 3 年投产，第 4 年达到设计生产能力。该项目建设资金来源为：自有资金 4000 万元，先使用自有资金，然后再向银行贷款，贷款年利率 6%。建设期间基本预备费费率 10%，年物价上涨率为 4%，项目建设前期年限为 1 年。

计算：(1) 该工业项目静态建设投资额。

(2) 该工业项目建设投资额。

(3) 该工业项目建设期贷款利息。

(4) 该工业项目总投资。

6. 某工业项目计算期为 15 年，建设期为 3 年，第 4 年投产。建设投资（不含建设期利息和投资方向调节税）10000 万元，其中自有资金投资为 5000 万元。各年不足部分向银行借款。银行贷款条件是年利率为 6%，建设期间只计息不还款，第 4 年投产后开始还贷。建设投资计划如表 1-26 所示。

建设投资计划表（单位：万元）　　　　表 1-26

内　容 　　　　年　份	1	2	3	合　计
建设投资	3000	4500	2500	10000
其中：自有资金	2000	1500	1500	5000
借款需要量	1000	3000	1000	5000

要求：(1)按每年付清利息并分10年等额还本利息照付的方式，编制建设投资借款还本付息计划表。

(2)按分10年等额还本付息的方式，编制建设投资借款还本付息计划表。

7. 某拟建项目建设期1年，运营期10年，建设投资2000万元，全部形成固定资产，运营期末残值100万元，按直线法折旧。项目第2年投产并达到生产能力，投入流动资金160万元。运营期内年营业收入1200万元，经营成本600万元，营业税金及附加税率6%。该项目基准收益率8%，基准投资回收期7年，所得税率25%。

要求：(1)编制项目投资现金流量表。

(2)计算所得税后财务净现值和静态投资回收期。

(3)根据上述计算结果，判断该项目的可行性。

8. 若C大厦的立体车库由某单位建造并由其经营。立体车库建设期1年，第2年开始经营。建设投资1000万元，全部形成固定资产，其中该单位自筹资金一半，另一半有银行借款解决，贷款年利率6%，与银行商定建设投资借款按每年付清利息并分5年等额偿还全部借款本金。流动资金投资100万元，第2年年末一次性投入，全部为自有资金。预计经营期间每年收入350万元，营业税金及附加税率6%，每年经营成本50万元。固定资产折旧年限为10年，残值率5%，按直线法折旧。已知所得税税率25%，计算期11年，净利润分配包括法定盈余公积金、未分配利润，不计提应付利润。

要求：(1)编制借款还本付息计划表。

(2)编制利润与利润分配表。

(3)计算总投资收益率和资本金净利润率。

(4)计算经营期第三年的利息备付率和偿债备付率。

9. 某生产性建设项目的年设计生产能力为5000件，每件产品的销售价格为1500元(不含税)，单位产品的变动成本为900元，年固定成本为120万元。试求该项目建成后的年最大利润、盈亏平衡点的产量和生产能力利用率。

10. 某人在二级市场购买了一套一室户的住宅(带装修)，总价为30万元，用于出租。最基本的税前分析估计如下：(1)初始投资30万元；(2)出租年收入1.7万元(已扣除各种税金)；(3)年管理费及维修费800元；(4)投资年限8年；(5)8年后预计转卖价值35万元；(6)资本年利率6%。

试就出租年收入和转卖价值发生变动，对该项目的财务净现值进行单因素敏感性分析。

11. 某工业项目计算期为10年，建设期2年，第3年投产，第4年开始达到设计生产能力。建设投资2800万元(不含建设期贷款利息)，第1年投入1000万元，第2年投入1800万元。投资方自有资金2500万元，根据筹资情况建设期分两年各投入1000万元，余下的500万元在投产年初作为流动资金投入。建设投资不足部分向银行贷款，贷款年利率为6%，从第3年起，以年初的本息和为基准开始还贷，每年付清利息，并分5年等额还本。

该项目固定资产投资总额中，预计85%形成固定资产，15%形成无形资产。固定资产综合折旧年限为10年，采用直线法折旧，固定资产残值率为5%，无形资产按5年平均摊销。

该项目计算期第 3 年的经营成本为 1500 万元、第 4 年至第 10 年的经营成本为 1800 万元。设计生产能力为 50 万件，销售价格(不含税)54 元/件。产品固定成本占年总成本的 40%。

问题：

(1)计算固定资产年折旧额、无形资产摊销费、期末固定资产余值。

(2)编制借款还本付息计划表。

(3)计算计算期第 3 年、第 4 年、第 8 年的总成本费用。

(4)以计算期第 4 年的数据为依据，计算年产量盈亏平衡点，并据此进行盈亏平衡分析。

12. 某公司欲开发某种新产品，为此需增加新的生产线，现有 A、B、C 三个方案，各方案的初始投资和年净收益如表 1-27 所示。各投资方案的寿命期均为 10 年，10 年后的残值分别为初始投资的 5%。基准收益率为 8% 时，选择哪个方案最有利？

投资方案的现金流量(单位：万元)　　　　　　　表 1-27

方案	初始投资	年净收益
A	3000	800
B	4000	1050
C	5000	1250

(1)用净现值比较。

(2)用净年值比较。

13. 某建筑公司正在研究最近承建的购物中心大楼的施工工地是否要预设工地雨水排水系统问题。根据有关部门提供资料，本工程施工期为 3 年，若不预设排水系统，估计在 3 年施工期内每季度将损失 4000 元。若预设排水系统，需初始投资 50000 元，施工期末可回收排水系统 20000 元，假如基准收益利率为 8%，每季度计息 1 次，用费用现值法和费用年值法分别选择方案？

14. 某项目工程，施工管理人员要决定下个月是否开工。假如开工后遇天气不下雨，则可以按期完工，获得利润 5 万元；如遇天气下雨，则要造成 1 万元的损失。假定不开工，不论下雨还是不下雨，都要付出窝工损失费 1000 元。根据气象预测，下月天气不下雨的概率为 0.2，下雨的概率为 0.8。利用期望值的大小，为施工管理人员作出决策。

15. 为满足经济开发区的基本建设需要，在该地区建一座混凝土搅拌站，向建筑公司出售商品混凝土。现有两个建厂方案：一是投资 4000 万元建大厂，二是投资 1500 万元建小厂，使用期限为 10 年。基准收益率为 10%。自然状况发生的概率和每年损益值如表 1-28 所示。

自然状况发生的概率和每年损益值资料　　　　　　表 1-28

自然状态	概率	建大厂(万元)	建小厂(万元)
需求量较高	0.7	1800	800
需求流量较低	0.3	200	400

试确定建厂方案。

2 建设项目设计阶段工程造价控制

教学目标

- 了解建设项目设计的程序、内容以及与工程造价的关系。
- 了解设计方案选优的原则和内容。
- 掌握设计方案选优的方法。
- 了解设计方案优化方法。
- 熟悉价值工程原理和研究方法。
- 掌握运用价值工程优化和选择设计方案。
- 了解设计概算、施工图预算的概念、作用和编制依据。
- 熟悉设计概算、施工图预算的编制内容、编制原则、审查内容和审查步骤。
- 掌握设计概算、施工图预算的编制方法和审查方法。

教学要求

能 力 要 求	知 识 要 点	权 重
了解项目设计与工程造价的关系	项目设计的程序、内容以及与工程造价的关系	0.1
设计方案优选	设计方案优选的原则、内容和方法	0.2
设计方案优化	设计方案优化方法、价值工程原理和研究方法、功能评价和方案创造、价值工程的运用	0.4
编制和审查设计概算	设计概算的编制内容、原则、依据和方法；设计概算的审查内容、步骤和方法	0.2
编制和审查施工图预算	施工图预算的编制内容、原则、依据和方法；施工图预算的审查内容、步骤和方法	0.1

设计阶段是控制工程造价的关键，一旦施工图设计确定后，就按照施工图纸编制施工图预算，从而确定工程造价。设计阶段主要进行设计概算的编制和审查、施工图预算的编制和审查，设计阶段工程造价控制过程中，可以进行设计方案的优选和优化。

2.1 建设项目设计阶段与工程造价的关系

2.1.1 建设项目设计程序和内容

建设项目设计是指在建设项目开始施工之前，设计人员根据已批准的可行性研究报告，为具体实现拟建项目的技术、经济等方面的要求，提供建筑、安装和设备制造等所需的规划、图纸、数据等技术文件的工作。建设项目设计是整个工程建设的主导，是组织项目施工的主要依据。设计工作不仅关系到基本建设的多快好省，更重要的是直接影响项目建成后能否获得令人满意的经济效果。为了使建设项目达到预期的经济效果，设计工作必须按一定的程序分阶段进行。

为保证工程建设和设计工作有机地配合和衔接，将建设项目设计划分为几个阶段。我国规定，一般工业项目和民用建设项目可进行"两阶段设计"，即初步设计和施工图设计；对于技术上复杂而又缺乏设计经验的项目可进行"三阶段设计"，即初步设计、技术设计和施工图设计。

建设项目设计工作的程序包括设计准备、方案设计、初步设计、技术设计、施工图设计、设计交底和配合施工等方面。

2.1.1.1 设计准备

设计人员根据主管部门和业主对项目设计的要求，了解和掌握建设项目有关基础资料，包括项目所在地的地形、气候、地质、水文、自然环境等自然条件；所在地的规划条件和政策性规定；所在地的交通、水、电、气、通信等基础设施状况；拟建项目设备条件、投资估算额和资金来源等情况。收集必要的设计基础资料，是为编制设计文件作好准备。

2.1.1.2 方案设计

在收集项目有关设计资料的基础上，设计人员对拟建项目的主要布局的安排有个大概的设想，然后考虑拟建项目与周边建筑物、周边环境之间的关系，在方案设计阶段，设计人员要与业主、本地区规划等有关部门充分交换意见，采纳业主和有关部门的意见，最后使方案设计取得本地区规划等有关部门同意，与周围环境协调一致。对于不太复杂的项目，这一阶段可以省略，设计准备后可直接进行初步设计。

2.1.1.3 初步设计

初步设计是整个设计过程中的关键阶段，也是整个设计构思基本形成的阶段，它根据批准的可行性研究报告、项目设计基础资料和方案设计的内容进行初步设计。工业项目初步设计包括总平面设计、工艺设计和建筑设计三部分，其具体内容包括设计依据；设计指导思想；建设规模；产品方案；原料、燃料、动力的用量和来源；工艺流程；主要设备选型及配置；总图运输；主要建筑物、构筑物；公用、辅助设施；新技术采用情况；主要材料用量；外部协作条件；占地面积和土地利用情况；综合利用和"三废"治理；生活区建设；抗震和人防措施；生产组织和劳动定员；各项技术经济指标；设计总概算等。初步设计和总概算批准后，是确定建设项目投资额、签订建设工程总包合同、贷款合同、组织主要设备订货、进行施工准备以及编制技术设计（或施工图设计）等的依据。

2.1.1.4 技术设计

技术设计是对技术上复杂而又缺乏设计经验的项目为进一步解决某些具体技术问题，或确定某些技术方案而进行的设计，它是在初步设计阶段中无法解决而又需要进一步研究解决的问题所进行的一个设计阶段，其内容包括特殊工艺流程方面的试验、制作和确定；新型设备的试验、制作和确定；大型建筑物、构筑物某些关键部位的试验、制作和确定；修正总概算等。技术设计和修正总概算经批准后，是进行施工图设计的依据。

2.1.1.5 施工图设计

施工图设计是根据批准的初步设计（或技术设计），绘制出正确、完整和尽可能详尽的建筑、安装图纸。其具体内容包括建设项目各部分工程的详图；零部件、结构件明细表；验收标准、方法；施工图预算等。施工图设计是设计工作和施工工作的桥梁，是组织项目施工的依据，施工图预算经审定后，可作为工程结算的依据。

2.1.1.6　设计交底和配合施工

设计人员应积极配合施工，进行技术交底，介绍设计意图和技术要求，修改不符合实际和有错误的图纸。根据施工需要，设计人员要经常到施工现场，解释设计图纸中不清晰的内容，与业主、施工人员一起解决施工过程的疑难问题，参加试运转和竣工验收，解决试运转过程中的各种技术问题，并检验设计的正确和完善程度。

2.1.2　建设项目设计阶段与工程造价的关系

设计阶段是项目建设过程中最具创造性和思想最活跃的阶段，是人类聪明才智与物质技术手段完美结合的阶段，也是人们充分发挥主观能动性，在技术和经济上对拟建项目的实施进行全面安排的阶段。一旦初步设计完成后，就可编制设计概算，技术设计后编制修正概算，施工图设计完成后，编制出施工图预算，并能计算出工程造价。由此可见，设计工作对工程造价有直接影响。

2.1.2.1　建筑设计参数对工程造价的影响

1. 建筑层数对工程造价的影响

建筑层数的多少对每平方米建筑面积的工程造价有直接影响，但对工程的各个分部结构的影响程度不同。例如，屋盖部分，多层建筑共用一个屋盖，高层建筑也是共用一个屋盖。因此，屋盖部分的单方造价将随层数增加而下降。又如，基础部分，各层共用一个基础，随着建筑层数增加，基础结构的荷载加大了，必须相应地增加基础的承载能力，基础随层数增加而增加的费用没有与层数增加成正比例，因而总的趋势是基础部分的平方米造价也将随层数的增加而下降，不过与屋盖相比，没有其显著。

另外，有些分部结构如墙体、楼板等，是随着层数的增加而要提高这些部分的平方米造价。因为层数增加需要增强这些分部结构的竖向承载能力和抗震能力。对于门窗、装饰等分部的平方米造价基本不受层数变化的影响。

以砖混结构住宅建筑为例，通过表2-1可分析建筑层数与工程造价的关系及其影响程度。

砖混结构住宅建筑各分部造价分析　　　　　　　表 2-1

层数	平方米造价百分比（%）	各分部占造价百分比（%）							
		基础	地坪	墙体	门窗	楼板	屋盖	装饰	其他
1	100.0	26.20	6.10	24.70	8.30	—	28.00	3.90	2.80
2	91.6	16.10	3.73	30.50	10.00	10.50	17.30	4.87	7.00
3	86.9	14.50	2.60	32.50	10.60	14.70	12.30	5.10	7.70
4	81.9	11.40	2.08	34.20	11.20	17.70	9.65	5.43	8.34
5	79.5	9.90	1.71	35.30	11.20	19.70	7.85	5.64	8.70

由表2-1可知，多层住宅层数越高，单方造价越低，主要由于多层住宅层数增加，其市政设施费、配套设施费用等随层数增加而分摊到建筑面积上的费用逐渐减少，所以多层住宅5～6层较经济。

高层住宅由于需要提高结构强度，采用框架－剪力墙结构、剪力墙结构等，需要增加电梯设备，所以高层住宅单方造价较高，但高层住宅可以节约土地占用面积，对于土地费用较高的城市，采用高层住宅较经济。

工业厂房中，多层建筑与单层建筑相比的突出优点是占地面积小，减少了基础和屋盖的费用，缩短了交通线路、工程管线和围墙等长度，降低了工程的平方米造价，缩小了传热面，节约了热能供应费用，因而经济效果显著。

全面评价建筑层数的经济性应考虑各种影响因素，包括土地价格、区域设施、道路交通、工程设备等因素。

2. 层高对工程造价的影响

在不降低卫生标准和使用功能要求的前提下，降低层高，可以减少墙、柱等材料和内外装饰的工程量，节约空调采暖费用，减轻建筑物自重，从而降低工程造价。据有关资料表明，单层厂房高度每增加1m，单方造价就会增加1.8%~3.6%，年度采暖费用就会增加3%左右；多层厂房层高每增加0.6m，单方造价就会增加8.3%左右。另外，住宅层高每降低10cm，可降低造价1.2%~1.5%，层高降低还可提高住宅小区的建筑密度，节约土地费用和市政设施费用。在综合考虑住宅的使用功能和工程造价的前提下，住宅的适宜层高在2.8m左右。

3. 平面布置对工程造价的影响

工业厂房的平面布置尽量做到满足生产工艺要求、符合工作流程，采用经济合理的建筑方案。厂房的平面布置的主要任务是厂房平面形状的确定、各车间的位置、走道、门窗等的布置。一般来说，厂房平面形状越简单，其单方造价越低，因为单方造价与建筑物的周长与建筑面积的比率有关，建筑物的周长与建筑面积的比率越小，设计越经济。如单层厂房的平面形状最好是方形，其次为矩形，其长宽比例为2：1最佳。

在住宅建筑的平面布置中，与工程造价密切相关的是墙体面积系数。墙体面积系数是墙体面积与建筑面积的比值，墙体面积系数越小，工程造价越低。要减少墙体面积系数，取决于住宅平面形状、住宅层高和单元组成等。在建筑面积一定时，住宅平面形状不同，住宅外墙周长系数也不同，外墙周长系数是指外墙长度与每平方米建筑面积之比，圆形住宅的外墙周长系数最小，其次为正方形、矩形、T形、L形住宅。由于圆形住宅施工方法较复杂，会增加施工措施费用；正方形住宅不利于建筑物自然采光，会增加采光费用，所以在住宅设计中常采用矩形住宅，其合理的长宽比为2：1，这样的住宅既有利于施工，又能降低工程造价。

4. 工业建筑柱网尺寸对工程造价的影响

柱网布置是确定柱子的行距（跨度）和间距（柱距）的依据。柱网布置是否合理，会影响到厂房面积利用和工程造价的高低。当单层厂房柱距不变时，跨度越大，单方造价越小，主要是由于除屋架外的其他结构如柱、外墙、基础等的费用，分摊在单位面积上的造价随跨度增大而减少，如表2-2所示。

厂房跨度与工程造价比较（%）　　　　　　　　　　表2-2

吊车起重量（t）	柱距（m）	跨　　度（m）		
		12	18	24
5~10	6	100	83	80
15~20	6	100	90	78

当多跨厂房跨度不变时，中跨的数量越多，单方造价越低，主要是由于柱子和基础分摊到单位面积上的造价减少，如表 2-3 所示。

跨度、跨数不同的厂房工程造价比较（％）　　　　　　　表 2-3

建筑跨度 / 建筑面积（m²）	跨　　度（m）											
	12				18				24			
	单跨	双跨	三跨	四跨	单跨	双跨	三跨	四跨	单跨	双跨	三跨	四跨
1000	118	103	—		113	—			104			
2000	130	110	103	—	121	109	102	—	111	102		
5000	145	120	114	109	132	111	106	103	120	116	106	104
10000	—	—	113	110		114	106	103	—		106	101
15000				112				105				101

当工艺生产线长度和厂房跨度不变时，柱距越大，厂房利用面积越大，从而减少了柱子所占的面积，有利于工艺设备的布置，相对地减少了设备占用厂房的面积，因而可降低总造价，如表 2-4 所示。

柱距与面积利用率关系分析表　　　　　　　表 2-4

跨度（m）	建筑面积利用率（％）	
	柱距为 6m	柱距为 12m
12	100	106.8
18	100	107～110
24	100	111

2.1.2.2　结构类型、施工方法及工期对工程造价的影响

1. 结构类型对工程造价的影响

对同一建筑物来说，不同的结构类型其造价是不同的。一般来说，砖混结构比框架结构的造价低，因为框架结构的钢筋混凝土现浇构件的比重较大，其钢材、水泥的材料消耗量大，因而建筑成本也高。不同结构类型的每平方米建筑面积的主要材料消耗量如表 2-5 所示。

不同结构"三材"消耗量平方米指标对比　　　　　　　表 2-5

结构类型	教学楼			办公楼			住宅		
	钢材 (kg/m²)	水泥 (kg/m²)	木材 (m³/m²)	钢材 (kg/m²)	水泥 (kg/m²)	木材 (m³/m²)	钢材 (kg/m²)	水泥 (kg/m²)	木材 (m³/m²)
砖混	25	160	0.030	27	160	0.030	21	140	0.025
框架	70	250	0.035	60	240	0.040	—	—	—
内大模外挂板	—	—	—	—	—	—	70	250	0.035
比砖混结构增加（％）	180	56	17	122	50	33	233	79	40

不同结构类型工程造价对比如表 2-6 所示。

不同结构类型工程造价对比   表 2-6

结构类型	教学楼	医院大楼	多层住宅	塔式高层建筑	备　注
砖混结构	100	100	100	—	以砖混结构平方米造价为 100%
框架结构	165	155	—	—	—
内大模外小模	—	—	103	—	—
内大模外挂板	—	—	131	100	以塔式高层内大漠外挂板的平方米造价为 100%
内轻质墙外挂板	—	—	—	123	—
滑模	—	—	—	130	—

建筑设计在满足功能的要求下，应该着重考虑结构方案的经济性，这对降低工程造价有重要意义。新结构的采用，除实现各种技术指标外，也要考虑其经济合理性。

2. 住宅单元、住宅进深、户型、住户面积对工程造价的影响

住宅单元组合与工程造价有着密切的关系，如果单纯考虑经济性的话，住宅单元越多，工程造价越低，如表 2-7 所示。但住宅单元组合既要考虑经济性，又要考虑适用性，从这两方面综合考虑的话，每栋住宅单元数以 3～4 单元较经济。

单元组合与工程造价关系   表 2-7

单元数	一	二	三	四	五	六
（%）	108.96	103.62	101.59	100.70	100.15	100

住宅进深与工程造价也有关系，随着住宅进深的加大，工程造价逐渐降低，如表 2-8 所示。由于住宅进深增加，其住宅外墙周长减少，使得住宅建筑周长系数减少，从而降低工程造价。

不同进深的住宅与工程造价关系   表 2-8

进深	7500	7800	8100	8400	8700	9000	9300	9600	9900
（%）	105.40	104.60	103.37	102.32	101.19	100	98.69	97.43	96.18

衡量单元组成、户型设计的指标是结构面积系数，系数越小，设计方案就越经济。因为结构面积小，有效面积就大。结构面积系数除了与房屋结构有关外，还与房屋外形及其长度和宽度有关，同时也与房间平均面积大小和户型组成有关。房屋平均面积越大，内墙、隔墙在建筑面积中所占的比例就越小，所以住户面积越大，单方造价越低。

3. 施工方法、工期对工程造价的影响

施工方法、工期受结构类型的影响较大。当采用现浇框架、现浇梁板、现浇剪力墙等结构时，由于构件不标准化、不规范，施工的规律性差，施工的复杂性造成管理费和技术措施费加大，工期也随之拖长，因而工程造价高；如果施工的规律性强，施工工期合理缩短，就可以节约施工管理费的开支，从而降低工程造价。

对于商场、宾馆、饭店等商业性建筑来说，缩短工期可以早发挥该项目的经济效益，早一天投入营业，就可以多获得一天的营业利润，使建设投资的回收期缩短。因而，在建筑设计中和施工中要充分考虑商业建筑的底层或地下几层尽快营运。这一做法也可用其下部建筑的营业收入增加支付上部建筑的工程价款运营能力。

一般情况下，砖混结构和现浇结构比装配式结构的施工周期长。根据有关资料测算，各种不同结构类型的住宅施工周期比较，如表2-9所示。

不同结构类型住宅工期比较　　　　　　　　　　　　表2-9

结构类型	多层			高层		
	统计栋数	平均工期（天）	占砖混结构的百分比（%）	统计栋数	平均工期（天）	占内浇外挂百分比（%）
砖混	259	336	100	—	—	—
内浇外砌	142	321	95.5	—	—	—
内浇外挂	10	300	89.3	76	462	100
装配式大板	81	291	86.6	19	588	127.3
框架轻板	7	396	117.9	7	681	147.4
滑模	—	—	—	3	504	109.1

2.1.2.3 建筑设备、建筑材料对工程造价的影响

1. 建筑设备对工程造价的影响

在确定的生产规模、产品方案、工艺流程的条件下，选用技术先进、经济适用、经久耐用的设备，尽量降低工程总造价和使用成本。在进口设备和国产设备性能、质量相差不大的情况下，尽量选用国产设备，以降低工程总造价；尽量选用标准化、通用化、系列化的生产设备，节约生产设备制作费用，以降低工程总造价；对于确实需要进口设备应注意与工艺流程相适应和有关设备相配套，以免造成设备浪费，使工程总造价增加。

2. 建筑材料对工程造价的影响

（1）建筑材料占土建工程造价的百分比

根据有关资料计算的建筑材料占土建工程造价百分比，如表2-10所示。

建筑材料占土建工程造价百分比　　　　　　　　　　表2-10

工程名称	结构类型	建筑层数	建筑面积（m²）	占造价百分比（%）
教学楼	砖混	4	4903	68.51
办公楼	砖混	5	3540	65.34
宾馆	框架	13	10300	63.30
图书馆	框架	3	3620	74.31
档案楼	砖混	4	2738	72.36
汽修车间	框架	1	1788	68.65
装配车间	排架	1	4018	64.80
住宅	砖混	5	4240	67.28
住宅	内浇外砌	6	1460	60.55
住宅	内浇外挂	19	22280	63.18

在土建工程造价中，材料费一般占造价的 60%～75%之间。因此，降低建筑工程造价应该从节约材料和合理使用材料上综合考虑。

（2）节约建筑材料的方法

① 简化结构方案，节约材料用量

不同的结构方案有着不同的材料消耗量。因此，在确定结构方案时要注意节约材料的问题。一般来说，外墙周长系数小，可以节约墙体和门窗材料用量。例如，两个建筑底面积同为 806m² 的建筑物，甲建筑物外墙周长 205m，外墙周长系数为 0.254；乙建筑物外墙周长 125m，外墙周长系数为 0.155。若按每平方米建筑面积的工程量对比，则甲建筑物的外砖墙要比乙建筑物的外砖墙增加 50%左右，门窗要增加 20%左右。

在建筑设计中，若地形许可，可采用单元拼接的方案来达到节约外墙材料的目的。例如，三幢单元式建筑拼接之后，就可以减少两道山墙。

为了节约墙体材料，还可以根据承重与围护分隔等不同要求，来确定不同的墙身厚度。例如，隔墙比承重墙薄；又如，采用不同的墙体构造，下层采用 390mm 厚砖墙、上层采用 240mm 厚砖墙，或者下层采用实砌墙、上层采用空斗墙等，以及根据使用和安全情况，适当降低层高、降低室内外高差和基础深度来节约材料用量。

② 采用自重轻的结构，节约材料用量

减轻结构自重，可以节约构件材料、节约基础材料和减少土方工程量。例如，五层住宅的承重结构（砖混）每平方米建筑面积负荷 1.6kN 左右，如采用装配式钢筋混凝土大板，每平方米建筑面积负荷可降低三分之一左右。因此，采用自重轻的结构可以减少整个承重体系结构和构件的材料用量。

③ 选用经济合理的材料，节约材料用量

由于建筑材料的价格不同，工程中使用不同的材料会引起工程费用的较大变化。例如，采用不同的材料装饰外墙面就会产生较大的成本差异，如表 2-11 所示。

不同材料装饰外墙面的直接费对比 表 2-11

装饰项目名称	直接费（元/100m²）	以水泥砂浆装饰为基础的百分比（%）
砖墙面水泥砂浆勾缝	67.44	22.2
水泥砂浆	304.15	100
白石子水刷石	616.64	202.7
豆石水刷石	472.69	155.4
外墙涂料	3526.81	1159.6
外墙面砖	3874.52	1273.88
花岗岩外挂	25963.44	8536.4

又如，采用装饰混凝土制作成具有装饰功能的挂墙板，比粘板外墙面砖造价低 85%左右；在建筑装饰中采用各种建筑涂料，减少面砖、壁纸和墙布的用量，不仅能满足使用效果的要求，而且还能节约材料费用。

从设计工作对工程造价的影响可知，要控制建设项目工程造价，离不开设计阶段工程造价的控制，据国外描述的各阶段影响工程项目投资的规律，设计阶段是控制工程造价的关键，如图 2-1 所示。

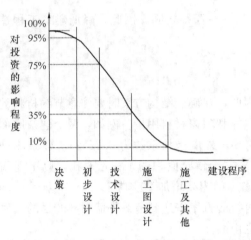

图 2-1　建设项目各阶段对投资的影响程度

从建设项目各阶段对投资的影响程度来看，影响项目投资的因素贯穿于项目建设的全过程，但关键在于设计阶段。一般情况下，设计费用只相当于工程造价的 3% 以下，但正是这 3% 以下的费用对工程造价的影响度却在 85% 以上。显而易见，设计阶段的工程造价控制工作不但必要而且很重要，只能加强不能削弱。能动地实施一系列造价控制手段，引导和干预设计单位及设计人员把技术工作与造价控制紧密结合起来，弄清设计决定造价、造价约束设计的辩证关系，把握住造价控制的主动权。

2.2　设计方案的优选

2.2.1　设计方案优选的原则和内容

2.2.1.1　设计方案优选的原则

为了选择一个优秀的设计方案，在设计阶段，从多个设计方案中选取技术先进、经济合理的设计方案，并进一步对选取的设计方案进行优化，以获得最佳设计方案。所以，在设计方案优选过程中，应遵循以下原则：

1. 处理好技术先进性和经济合理性的关系

建立健全技术与经济互动式控制机制，实行工程技术与工程经济的互动式双线管理，是设计阶段造价控制的有效手段。在工程设计中，设计人员重技术、轻经济的思想仍普遍存在。为了提高设计的安全系数和标准，为了采用先进的设计理念，只强调技术的可行性和先进性，而对经济的合理性考虑不多，从而造成工程浪费。同时，由于种种原因导致设计变更，这都可能使工程造价提高。因此，设计人员必须使技术和经济有机地结合，在每个设计阶段都从功能和成本两个角度认真地进行综合考虑、评价，使功能与造价互相平衡、协调。一般情况下，要在满足使用者要求的前提下，尽可能降低工程造价；在建设资金限制的前提下，尽可能提高项目功能水平。

2. 兼顾近期设计要求和长远设计要求的关系

项目建设后，往往会在很长一段时间内发挥作用。如果在设计过程中，一味强调建设资金的节约，技术上只按照目前的要求设计项目，若干年后由于项目功能水平无法满足而需要对原有项目进行技术改造甚至重新建造，从长远来看，反而造成建设资金的浪费；如果目前设计阶段就按照未来设计要求设计项目，就会增加建设项目造价，并且由于项目功能水平较高，目前阶段使用者不需要较高的功能或无力承受使用较高功能而产生的费用，造成项目资源闲置浪费的现象，所以，设计人员必须要兼顾近期设计要求和长远设计要求的关系，进行多方案的比较，选择合理的功能水平的项目，并且根据长远发展的需要，适当提高项目功能水平。

3. 兼顾工程造价和使用成本的关系

项目建设过程中，是以工程造价控制为目标，但在控制工程造价时，应满足项目功能水平和项目建设的质量。如果一味节约工程造价，项目功能水平近期不能满足使用者的需要，使用者在使用过程中，为了达到项目功能水平而增加使用成本，甚至追加投资，反而造成建设资金浪费；如果为了节约工程造价而不能保证建设质量，就会造成使用过程中维修费增加，从而增加使用成本，甚至会给使用者的安全带来严重损害。所以，方案设计必须考虑项目全寿命费用，即工程造价和使用成本，在设计过程中应兼顾工程造价和使用成本的关系，在多方案费用比较中，选择项目全寿命费用最低的方案作为最优方案。

2.2.1.2 设计方案评价的内容

设计方案评价的内容主要是通过各种技术经济指标来体现。不同类型的建筑，由于使用目的及功能要求不同，技术经济评价的指标也不相同。

1. 工业建筑设计方案评价的内容

工业建筑设计方案技术经济评价指标，可从总平面设计评价指标、工艺设计评价指标和建筑设计评价指标三方面来设置。工业建筑设计方案技术经济评价指标如表2-12所示。

工业建筑设计方案技术经济评价指标 表2-12

序 号	一级评价指标	二级评价指标
1	总平面设计	厂区占地面积
2		新建建筑面积
3		厂区绿化面积
4		绿化率
5		建筑密度
6		土地利用系数
7		经营费用
8	工艺设计	生产能力
9		工厂定员
10		主要原材料消耗
11		公用工程系统消耗
12		年运输量
13		三废排出量
14		净现值
15		净年值
16		差额内部收益率
17	建筑设计	单位面积造价
18		建筑物周长与建筑面积比
19		厂房展开面积
20		厂房有效面积与建筑面积比
21		建设投资

2. 民用建筑设计方案评价的内容

民用建筑一般包括公共建筑和住宅建筑两大类。公共建筑设计方案技术经济评价指标，可从设计主要特征、面积指标及面积系数和能源消耗指标三方面来设置如表2-13所示。住宅建筑设计方案技术经济评价指标，按照建筑功能效果设置，包括平面空间布置、平面指标、物理性能、厨卫、安全性、建筑艺术等评价指标如表2-14所示。

公共建筑设计方案技术经济评价指标   表 2-13

序 号	一级评价指标	二级评价指标
1	设计主要特征	建筑面积
2		建筑层数
3		建筑结构类别
4		地震设防等级
5		耐火等级
6		建设规模
7		建设投资
8	面积及面积系数	用地面积
9		建筑物占地面积
10		构筑物占地面积
11		道路、广场、停车场等占地面积
12		绿化面积
13		建筑密度
14		平面系数
15		单方造价
16	能源消耗	总用水量
17		总采暖耗热量
18		总空调冷量
19		总用电量
20		总燃气量

住宅建筑设计方案技术经济评价指标   表 2-14

序 号	一级评价指标	二级评价指标
1	平面空间布置	平均每套卧室、起居室数
2		平均每套良好朝向卧室、起居室数
3		平均空间布置合理程度
4		家具布置适宜程度
5		储藏设施

序　号	一级评价指标	二级评价指标
6	平面指标	建筑面积
7		建筑层数
8		建筑层高
9		建筑密度
10		建筑容积率
11		使用面积系数
12		绿化率
13		单方造价
14	物理性能	采光
15		通风
16		保温与隔热
17		隔声
18	厨卫	厨房
19		卫生间
20	安全性	安全措施
21		结构安全
22		耐用年限
23	建筑艺术	室内效果
24		外观效果
25		环境效果

2.2.2　运用综合评价法优选设计方案

根据建设项目不同的使用目的和功能要求，设置设计方案若干个技术经济评价指标，对这些评价指标，按照其在建设项目中的重要程度，分配指标权重，并根据相应的评价标准，邀请有关专家对各设计方案的评价指标的满足程度打分，最后计算各设计方案的综合得分，由此选择综合得分最高的设计方案为最优方案。其计算公式如下：

$$S = \sum_{i=1}^{n} S_i W_i$$

式中　S——设计方案综合得分；

　　S_i——各设计方案在不同评价指标上的得分；

　　W_i——各评价指标权重，$\Sigma W_i = 1$；

　　n——评价指标数。

【例 2-1】　某住宅项目有 A、B、C、D 四个设计方案，各设计方案从适用、安全、美观、技术和经济五个方面进行考察，具体评价指标、权重和评分值如表 2-15 所示。运用综合评价法，选择最优设计方案。

各设计方案评价指标得分表 表 2-15

	评价指标	权重	A	B	C	D
适用	平面布置	0.1	9	10	8	10
	采光通风	0.07	9	9	10	9
	层高层数	0.05	7	8	9	9
安全	牢固耐用	0.08	9	10	10	10
	"三防"设施	0.05	8	9	9	7
美观	建筑造型	0.13	7	9	8	6
	室外装修	0.07	6	8	7	5
	室内装修	0.05	8	9	6	7
技术	环境设计	0.1	4	6	5	5
	技术参数	0.05	8	9	7	8
	便于施工	0.05	9	7	8	8
	易于设计	0.05	8	8	9	7
经济	单方造价	0.15	10	9	8	9

【解】 运用综合评价法，分别计算 A、B、C、D 四个设计方案的综合得分，计算结果如表 2-16 所示。

A、B、C、D 四个设计方案评价结果计算表 表 2-16

	评价指标	权重	A	B	C	D
适用	平面布置	0.1	9×0.1	10×0.1	8×0.1	10×0.1
	采光通风	0.07	9×0.07	9×0.07	10×0.07	9×0.07
	层高层数	0.05	7×0.05	8×0.05	9×0.05	9×0.05
安全	牢固耐用	0.08	9×0.08	10×0.08	10×0.08	10×0.08
	"三防"设施	0.05	8×0.05	9×0.05	9×0.05	7×0.05
美观	建筑造型	0.13	7×0.13	9×0.13	8×0.13	6×0.13
	室外装修	0.07	6×0.07	8×0.07	7×0.07	5×0.07
	室内装修	0.05	8×0.05	9×0.05	6×0.05	7×0.05
技术	环境设计	0.1	4×0.1	6×0.1	5×0.1	5×0.1
	技术参数	0.05	8×0.05	9×0.05	7×0.05	8×0.05
	便于施工	0.05	9×0.05	7×0.05	8×0.05	8×0.05
	易于设计	0.05	8×0.05	8×0.05	9×0.05	7×0.05
经济	单方造价	0.15	10×0.15	9×0.15	8×0.15	9×0.15
综合得分		1	7.88	8.61	7.93	6.81

根据表 2-16 的计算结果可知，设计方案 B 的综合得分最高，故方案 B 为最优设计方案。

综合评价法是采用定性分析与定量分析相结合的原则，运用加权评分法进行设计方案的优选。其优点在于通过定量计算可取得唯一评价结果；其缺点在于确定各评价指标的权重和评分过程存在主观臆断成分，并且由于各评分值是相对的，因而不能直接判断各设计方案的各项功能实际水平。

2.2.3　运用静态评价法优选设计方案

静态评价法优选设计方案通常采用计算费用法，其计算原理为：在多个设计方案寿命期相同并能满足相同需要的前提下，在不考虑资金时间价值的情况下，用项目的总计算费用（即建设费用和生产费用）比较各个设计方案，总计算费用最低，该设计方案最优。其计算公式如下：

$$PC = K + C \times P_c$$

式中　PC——总计算费用；

K——建设费用；

C——年生产费用；

P_c——基准投资回收期（年）。

【例2-2】　某企业为制作一台非标准设备，特邀请甲、乙、丙三家设计单位进行方案设计，三家设计单位提供的方案设计均达到有关规定的要求。预计三种设计方案制作的设备使用后产生的效益基本相同，基准投资回收期均为5年，三种设计方案的建设投资和年生产成本如表2-17所示。采用计算费用法，选择最佳设计方案。

甲、乙、丙三种设计方案的建设投资和年生产费用表　　　　表2-17

设计方案	建设投资（万元）	年生产费用（万元）
甲	1000	850
乙	880	950
丙	650	1000

【解】　$PC_甲 = K + C \times P_c = 1000 + 850 \times 5 = 5250$（万元）

$PC_乙 = K + C \times P_c = 880 + 950 \times 5 = 5630$（万元）

$PC_丙 = K + C \times P_c = 650 + 1000 \times 5 = 5650$（万元）

根据上述计算结果，甲设计方案的总计算费用最低，故甲方案为最佳设计方案。

静态评价法计算简单，易于接受。但是它没有考虑资金时间价值以及各方案寿命期的差异。

【例2-3】　为满足开发区建设的要求，某施工企业使用商品混凝土有两种方案可供选择：方案A为购买商品混凝土，方案B为建设一小型混凝土搅拌站。已知商品混凝土平均单价为320元/m³，建设一小型混凝土搅拌站的商品混凝土单价计算公式为：

$$C = \frac{C_1}{Q} + \frac{(C_2 \times T)}{Q} + C_3$$

式中　C——制作商品混凝土的单价（元/m³）；

C_1——建设一小型混凝土搅拌站一次性投资为300000元；

C_2——搅拌站设备装置的月租金和维修费为15000元/m³；

C_3——制作商品混凝土所需费用为220元/m³；

T——工期为36个月；

Q——制作商品混凝土的数量。

问题：

(1) 确定两方案的经济范围。

(2) 假设该工程的一根 9.9m 长的现浇钢筋混凝土梁可采用三种设计方案，其断面尺寸均满足强度要求。该三种方案分别采用 A、B、C 三种不同的商品混凝土，有关数据如表 2-18 所示。经测算，各种商品混凝土所需费用如下：A 种混凝土为 220 元/m³，B 种混凝土为 230 元/m³，C 种混凝土为 225 元/m³。另外，梁侧模 21.4 元/m²，梁底模 24.8 元/m²，钢筋制作、绑扎为 3390 元/t。

各方案基础数据表　　　　　　　　　　　　　　　　表 2-18

方案	断面尺寸（mm）	钢筋（kg/m³ 混凝土）	混凝土种类
一	300×900	95	A
二	500×600	80	B
三	300×800	105	C

试选择一种最经济的方案。

【解】 (1) 设建设一小型混凝土搅拌站的商品混凝土单价 C 是制作商品混凝土数量 Q 的函数，则：

$$C = \frac{C_1}{Q} + \frac{(C_2 \times T)}{Q} + C_3 = \frac{300000}{Q} + \frac{540000}{Q} + 220$$

当 A、B 两方案的混凝土单价相等时，则：

$$\frac{300000}{Q} + \frac{540000}{Q} + 220 = 320$$

$$Q = 8400 \ (\text{m}^3)$$

当商品混凝土用量低于 8400m³ 时，选择方案 A；当商品混凝土用量高于 8400m³ 时，选择方案 B。

(2) 三种方案的费用计算如表 2-19 所示。

三种方案费用计算表　　　　　　　　　　　　　　　　表 2-19

		方案一	方案二	方案三
	工程量（m³）	2.673	2.970	2.376
混凝土	单价（元/m³）	220	230	225
	费用小计（元）	588.06	683.10	534.60
	工程量（kg）	253.94	237.60	249.48
钢筋	单价（元/kg）		3.39	
	费用小计（元）	860.86	805.46	845.74
	工程量（m²）	17.82	11.88	15.84
梁侧模板	单价（元/m²）		21.4	
	费用小计（元）	381.35	254.23	338.98
	工程量（m²）	2.97	4.95	2.97
梁底模板	单价（元/m²）		24.8	
	费用小计（元）	73.66	122.76	73.66
费用合计（元）		1903.93	1865.55	1792.98

由表 2-19 的计算结果可知，第三种方案的费用最低，则方案三为最经济的方案。

2.2.4 运用动态评价法优选设计方案

动态评价法是在考虑资金时间价值的情况下，对多个设计方案进行优选。其选优方法如第一章第五节所示。

【例 2-4】 某公司欲开发某种新产品，为此需设计一条新的生产线。现有 A、B、C 三个设计方案，各设计方案预计的初始投资、每年年末的销售收入和生产费用如表 2-20 所示。各设计方案的寿命期均为 6 年，6 年后的残值为零。当基准收益率为 8% 时，选择最佳设计方案。

A、B、C 三个设计方案的现金流量（单位：万元）　　　　　表 2-20

设计方案	初始投资	年销售收入	年生产费用
A	2000	1200	500
B	3000	1600	650
C	4000	1600	450

【解】 $NPV(8\%)_A = -2000 + (1200 - 500)(P/A, 8\%, 6) = 1236.16$（万元）

$NPV(8\%)_B = -3000 + (1600 - 650)(P/A, 8\%, 6) = 1391.95$（万元）

$NPV(8\%)_C = -4000 + (1600 - 450)(P/A, 8\%, 6) = 1316.57$（万元）

根据上述计算结果可知，B 方案净现值最大，故 B 方案为最佳设计方案。

【例 2-5】 某企业为制作一台非标准设备，特邀请甲、乙、丙三家设计单位进行方案设计，三家设计单位提供的方案设计均达到有关规定的要求。预计三种设计方案制作的设备使用后各年产生的效益和生产产品成本基本相同。生产该产品所需的费用全部为自有资金，设备制作一年内就可完成，有关资料如表 2-21 所示。当基准收益率为 8% 时，选择最佳设计方案。

甲、乙、丙三种设计方案有关资料　　　　　表 2-21

名称	使用寿命（年）	初始投资（万元）	维修间隔期（年）	每次维修费（万元）
甲方案	10	1000	2	30
乙方案	6	680	1	20
丙方案	5	750	1	15

【解】 $PC(8\%)_甲 = 1000 + 30(P/F, 8\%, 2) + 30(P/F, 8\%, 4) + 30(P/F, 8\%, 6)$
$\qquad + 30(P/F, 8\%, 8) = 1082.86$（万元）

$AC(8\%)_甲 = 1082.86(A/P, 8\%, 10) = 161.38$（万元）

$PC(8\%)_乙 = 680 + 20(P/A, 8\%, 5) = 759.86$（万元）

$AC(8\%)_乙 = 759.86(A/P, 8\%, 6) = 164.37$（万元）

$PC(8\%)_丙 = 750 + 15(P/A, 8\%, 4) = 799.68$（万元）

$AC(8\%)_丙 = 799.68(A/P, 8\%, 5) = 200.27$（万元）

根据上述计算结果可知，甲方案的费用年值最小，故甲方案为最佳设计方案。

2.3 设计方案的优化

2.3.1 通过设计招标和设计方案竞选优化设计方案

为保证设计市场的公平竞争，建设项目设计阶段也应采用招投标。建设单位对拟建工程的设计任务通过公开发布招标公告，吸引设计单位参加设计招标和设计方案竞选，通过一定的招投标程序，由专家组成的评标小组采用科学的方法，按照经济、适用、美观的原则，以及技术先进、功能全面、结构合理、安全适用、满足建设单位要求，综合评定各设计方案的优劣，从中选取最佳设计方案，也可以对选中的设计方案进行进一步改进和优化。通过设计招标和设计方案竞选，引入竞争机制，完善设计单位内部质量保证体系，有利于促进设计单位提高设计水平。在设计中采用设计招标，不但对设计方案的技术安全、功能等进行考核，还要对工程结构方案、工程造价进行综合考核，促使设计单位精心设计，拿出最好的设计方案。

推行设计招标和设计方案竞选，可以使工程设计方案的技术和经济有机地结合。一个成功的设计方案应该是功能适宜、技术先进、经济合理的统一体，只有当三者得以充分平衡时，建筑的价值才能充分体现。

2.3.2 运用价值工程优化设计方案

2.3.2.1 价值工程原理

1. 概念

价值工程是用最低的寿命周期成本，可靠地实现必要功能，并且着重于功能分析的有组织活动。价值、功能和成本三者之间的关系如下：

$$价值 = \frac{功能}{成本}$$

这里的功能指必要功能，成本指寿命周期成本（包括生产成本和使用成本），价值指寿命周期成本投入所获得的产品必要功能。价值工程的目的是以研究对象的最低寿命周期成本可靠地实现使用者所需的必要功能，以获得最佳的综合效益。其目标为从功能和成本两方面改进研究对象，以提高其价值。一般来说，提高产品价值的途径有：

(1) 提高功能和降低成本同时并举；

(2) 保持成本不变的条件下，提高功能；

(3) 成本略有提高，功能大大提高；

(4) 保持功能不变的条件下，降低成本；

(5) 功能略有降低，成本大大降低。

2. 价值工程的一般工作程序

(1) 对象选择。这一过程应明确目标、限制条件和分析范围。并根据选择的研究对象，组成价值工程领导小组，制定工作计划。

(2) 收集整理信息资料。此项工作应贯穿于价值工程的全过程。

(3) 功能分析。功能分析是价值工程的核心，此项工作根据功能的不同特点和要求进行功能分类，从定性的角度进行功能定义，然后用系统的观点将定义了的功能系统化，找出各局部功能相互之间的逻辑关系，用功能系统图表示。

（4）功能评价。确定研究对象各项功能和成本的量化形式，根据价值、功能和成本三者之间的关系，计算出价值的量化形式，从而进行价值分析，为方案创新打下基础。

（5）方案创新与评价。根据功能评价的结果，提出各种不同的实现功能的方案，从技术、经济和社会等方面综合评价各种方案优劣，选择最佳方案，并进一步对选出的最佳方案进行优化，然后由主管部门组织进行审批，最后制定实施计划，组织实施，并跟踪检查，对实施后取得的技术经济效果进行成果鉴定。

2.3.2.2 价值工程研究方法

1. 价值工程对象的选择

开展价值工程研究，首先要确定研究对象。在选择价值工程对象时，一般的原则为优先考虑在企业生产经营上有迫切需要的或对国计民生有重大影响的项目，以及在改善价值上有较大潜力的项目。如果针对建设项目设计阶段来选择价值工程对象时，一般选择对控制工程造价影响较大的项目作为价值工程的研究对象。选择研究对象的定量方法可采用 ABC 分析法、百分比分析法、强制确定法、价值指数法。

（1）ABC 分析法。就是根据产品的数量和所占总成本的比重大小来选择对象的方法。在总体中所占数量较少而占成本较大的产品为 A 类，作为价值工程选择的对象。

（2）百分比分析法。就是通过分析比较产品在各项经济指标中所占的百分比大小来选择对象的方法。在总体中所占成本较大而利润较少的产品作为价值工程选择的对象。

（3）强制确定法。就是以功能重要程度作为选择价值工程对象的决策指标的一种分析方法。选择功能重要程度较大的产品作为价值工程选择的对象。

（4）价值指数法。就是通过比较各个对象之间的功能水平位次和成本位次，寻找价值系数偏离 1 的对象作为价值工程研究对象的一种方法。

2. 功能分析

价值工程研究对象确定以后，收集研究对象的各种资料，包括用户方面、技术方面和经济方面的资料，然后进行功能分析。

（1）功能定义。功能定义是把产品的功能用准确简洁的语言加以描绘，以区别各产品之间的特性。功能分析要对产品的每项功能给予准确的功能定义，有利于明确所要求的功能，使功能评价容易进行，进一步扩大设计思路。功能定义要抓住功能的实质，对功能从不同的角度进行分类。按功能的重要程度可分为基本功能和辅助功能，如住宅的基本功能有卧室、起居室、厨房、卫生间、阳台、储存空间、过道、楼梯等；住宅的辅助功能有通风、采光、隔音、安全、美观等。按用户对产品的要求可分为必要功能和不必要功能，如一户三口之家，在同一楼层购买了两套住宅，互相打通以后，出现了两个厨房，对于这三口之家来说，有一个厨房就是不必要的功能，可以进行改造。按功能的性质可分为使用功能和美学功能，要正确处理好使用功能和美学功能之间的关系，如机电产品主要是使用功能，美学功能重要性相对差一些；服装、鞋帽等产品一方面需要耐穿等使用功能，另一方面要求产品的试样、颜色等美学功能；各种工艺品，主要需要美学功能。

（2）功能整理。功能整理是把其构成要素的功能相互连接起来，分清它们之间的关系，从局部功能和整体功能的相互关系上分析研究问题，达到把握必要功能的目的。功能整理的目的在于明确功能之间的相互关系。如白炽灯的开关功能之一是构成回路，其目的是流通电源，流通电源的目的是加热灯丝，加热灯丝的目的是为了发光；若反过来说，则每个功能如能实现必须有其手段来保证，如白炽灯能发光，手段是必须加热灯丝，加热灯丝的手段必须是流通电源，流通电源的手段又必须通过开关构成回路。根据功能之间的目的和手段的关系，进行功能整理，并将其整理成功能系统图。通过功能整理后，掌握必要功能，消除不必要功能，把握住价值改善的功能领域，明确改善对象的等级。

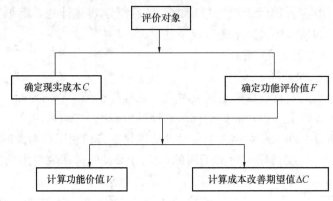

图 2-2　功能评价的程序

3. 功能评价

（1）功能评价原理

功能评价就是找出实现某一必要功能的最低成本（称为功能评价值），并将功能评价值与实现同一功能的现实成本相比，求出两者的比值和两者的差值，作为功能改进的对象。功能评价包括相互关联的价值评价和成本评价两个方面。价值评价是通过计算功能价值来寻找功能改进的对象，而成本评价是通过计算成本改善期望值来确定价值工程对象的改进范围。功能评价的程序可用图 2-2 表示。

价值评价的量化形式为：

$$价值系数\,V = \frac{功能评价值\,F}{目前成本\,C} = \frac{实现该功能的目标成本\,C_{目标}}{实现该功能的目前成本\,C}$$

成本评价是通过分析、测算成本降低期望值，排列出改进对象的优先次序。成本评价的表达式为：

$$\Delta C = C - F = C - C_{目标}$$

式中　F——功能评价值；

　　　C——功能目前成本；

　　$C_{目标}$——功能目标成本；

　　ΔC——成本降低期望值。

一般情况下，ΔC 大于零时，ΔC 大者为优先改进对象。

【例 2-6】　某建筑物的土建工程划分为 A、B、C、D 四个功能区域，各功能目前成本和目标成本如表 2-22 所示。

各功能目前成本和目标成本的资料　　　　　　　　　　　　表 2-22

功能区域	目前成本（万元）	目标成本（万元）
A	1520	1295
B	1482	1424

功能区域	目前成本（万元）	目标成本（万元）
C	4705	4531
D	5105	4920
合计	12812	12170

计算各功能区域的价值系数和成本降低期望值。

【解】　计算各功能区域的价值系数和成本降低期望值，如表 2-23 所示。

各功能区域价值工程计算表　　　　　　　　　　表 2-23

功能区域	目前成本(万元) (1)	目标成本(万元) (2)	价值系数 V (3)=(2)÷(1)	成本降低期望值(万元) (4)=(1)-(2)
A	1520	1295	0.8520	225
B	1482	1424	0.9609	58
C	4705	4531	0.9630	174
D	5105	4920	0.9638	185
合计	12812	12170	—	642

（2）功能评价的方法

功能评价方法有功能成本法和功能指数法。在这里只介绍功能指数法。

功能指数法是通过评定各对象功能的重要程度，用功能指数来表示其功能程度的大小，然后将评价对象的功能指数与相对应的成本指数进行比较，得出该评价对象的价值指数，从而确定改进对象，并计算出该对象的成本改进期望值。

其表达式为：

$$价值指数(VI) = \frac{功能指数(FI)}{成本指数(CI)}$$

1）计算功能指数。各功能指数的计算是将各评价对象功能得分值与各评价对象功能总得分值相比，其表达式为：

$$FI = \frac{f_i}{\Sigma f_i}$$

各评价对象功能得分值的推算方法有 01 评分法、04 评分法、多比例评分法、环比评分法、逻辑流程评分法等。

①01 评分法。该评分法要求两个功能相比，相对重要的得 1 分，相对不重要的得 0 分。

【例 2-7】　某产品由 A、B、C、D、E 五个零部件组成，其各个零部件的功能重要性如下：A 比 C、D、E 重要，但没有 B 重要；B 比 C、D、E 重要；C 比 E 重要；D 比 C、E 重要。用 01 评分法，计算各零部件的功能重要性系数。

功能指数计算表　　　　　　　　　　　　　　　　　　　表 2-24

评价对象	A	B	C	D	E	功能得分 (1)	修正得分 (2)＝(1)+1	功能重要性系数 (3)＝(2)÷∑(2)
A	×	0	1	1	1	3	4	0.2667
B	1	×	1	1	1	4	5	0.3333
C	0	0	×	0	1	1	2	0.1333
D	0	0	1	×	1	2	3	0.2000
E	0	0	0	0	×	0	1	0.0667
合　　计							15	1

② 04 评分法。该评分法要求两个功能相比，相对很重要的得 4 分，相对不重要的得 0 分；相对较重要的得 3 分，相对较不重要的得 1 分；同样重要的两个功能各得 2 分。

【例 2-8】 有关专家决定从五个方面（分别以 $F_1 \sim F_5$ 表示），对各功能的重要性达成以下共识：F_2 和 F_3 同样重要，F_4 和 F_5 同样重要，F_1 相对于 F_4 很重要，F_1 相对于 F_2 较重要。用 0~4 评分法，计算各功能权重。

功能指数计算表　　　　　　　　　　　　　　　　　　　表 2-25

评价对象	F_1	F_2	F_3	F_4	F_5	功能得分 (1)	功能权重 (2)＝(1)÷∑(1)
F_1	×	3	3	4	4	14	0.350
F_2	1	×	2	3	3	9	0.225
F_3	1	2	×	3	3	9	0.225
F_4	0	1	1	×	2	4	0.100
F_5	0	1	1	2	×	4	0.100
合　　计						40	1

③ 多比例评分法。该方法要求两个功能相比，按（0，10）、（1，9）、（2，8）、（3，7）、（4，6）、（5，5）这六种比例来评分。

④ 环比评分法。该方法要求从上到下依次比较相邻两个功能的重要程度给分，然后令最后一个被比较的功能的重要程度为 1，依次进行修正。

⑤ 逻辑流程评分法。按功能重要性由大到小的顺序排列，然后选定基准评价对象，适当规定其评分值，最后根据逻辑判断，自下而上找出各评价对象功能重要度之间的关系。

2）计算成本指数。各成本指数的计算是将各评价对象的目前成本与全部评价对象的目前成本相比，其表达式为：

$$CI = \frac{c_i}{\sum c_i}$$

3）计算价值指数并进行分析。根据价值指数的表达式，计算价值指数，此时计算结果有三种情况：

① $VI=1$ 时，表示功能指数等于成本指数，即评价对象的功能比重与实现该功能的目前成本比重大致平衡，合理匹配，可以认为是最理想的状态，此功能无需改进。

② Ⅵ<1 时，表示成本指数大于功能指数，即评价对象的目前成本比重大于其功能比重，说明其目前成本偏高，从而会导致该功能过剩。此时应将该评价对象的功能作为改进对象，在满足该功能的前提下，尽量降低成本。

③ Ⅵ>1 时，表示功能指数大于成本指数，即评价对象的功能比重大于实现该功能的目前成本比重，此时应作出具体分析，如果由于目前成本偏低，不能满足评价对象实现其应具有的功能要求，致使该功能偏低，此时应将该评价对象的功能作为改进对象，在满足必要功能的前提下，适当增加成本；如果评价对象的功能超出了应该具有的功能水平，即功能过剩，该评价对象的功能也应作为改进对象；如果客观上存在着功能重要而需要耗费的成本却较少，则不必改进。

【例 2-9】 某评价对象的功能指数为 0.3345，而该评价对象的成本指数为 0.3856，计算该评价对象的价值指数并进行价值分析。

【解】 该评价对象的价值指数 $Ⅵ = \dfrac{功能指数\ FI}{成本指数\ CI} = \dfrac{0.3345}{0.3856} = 0.8675$

该评价对象的价值指数小于 1，说明该评价对象的功能需要改进，改进的方向主要为降低成本。

4）确定目标成本并确定改进对象。根据尽可能收集到的同行业、同类产品的情况，从中找出实现此产品的最低成本作为该产品的目标成本，然后将目标成本按各功能指数的大小分摊到各评价对象上，作为控制性指标。然后计算成本降低期望值 ΔC，ΔC 大于零时，ΔC 大者为优先改进对象。

4. 方案创新与评价

（1）方案创新的方法

1）头脑风暴法。这种方法是选择 5～10 名有经验、有专长人员开会讨论，会前将讨论的内容通知与会者，开会时要求气氛热烈、协调，并对与会者约定四条规则：①不互相批评指责；②自由奔放思考；③多提构思方案；④结合别人的意见提出设想。

2）哥顿法（模糊目标法）。这种方法是把研究的问题适当抽象，要求大家对新方案作一番笼统的介绍，提出各种设想。

3）德尔菲法（专家调查法）。这种方法是向专家作调查的方法，可以采用开会的方法，也可以采用函询的方法。

（2）方案评价与选择

对于方案创新所提出的多个方案，需要进行评价，从中选择最优的方案。方案评价分为概略评价和详细评价，概略评价是对提出的多个方案进行粗略评价，从多个设想方案中选出价值较高的少数几个方案；详细评价是通过概略评价以后选出的价值较高的少数几个方案中，再具体而又详细地分析、评价，从中选择最优的方案。

概略评价和详细评价的内容都包括技术评价、经济评价和社会评价。技术评价主要围绕功能开展活动，经济评价主要围绕成本开展活动，社会评价主要围绕方案的实施是否具有社会效益开展活动，在技术评价、经济评价和社会评价的基础上进行综合评价。

方案评价方法有加权评分法、比较价值评分法、环比评分法、强制评分法、几何平均值评分法等，其中常用的方法是加权评分法。加权评分法是用功能的重要度权数来反映评价指标的主次程度，用满足程度评分来反映评价指标的技术水平的高低，根据功能重要度权数和指标评分值来计算各方案的评分加权值，然后计算功能指数和成本指数，最后计算价值指数，选择价值指数最大的方案作为最优方案。

2.3.2.3 运用价值工程优选设计方案

【例 2-10】 某市对其沿江流域进行全面规划，划分出会展区、商务区和风景区等区段进行分段设计招标。其中会展区用地 $100000m^2$，专家组综合各界意见确定了会展区的主要评价指标为：总体规划的适用性（F_1）、各功能区的合理布局（F_2）、与流域景观的协调一致性（F_3）、充分利用空间增加会展面积（F_4）、建筑物美观性（F_5），并对各功能的重要性分析如下：F_3 相对于 F_4 很重要，F_3 相对于 F_1 较重要，F_2 和 F_5 同样重要，F_4 和 F_5 同样重要。现经层层筛选后，有三个设计方案进入最终评审。专家组对这三个设计方案满足程度的评分结果和各方案的单位面积造价如表 2-26 所示。

各设计方案评价指标的评分值和单方造价表　　　　表 2-26

功能＼方案（得分）	A	B	C
总体规划的适用性（F_1）	9	8	9
各功能区的合理布局（F_2）	8	7	8
与流域景观的协调一致性（F_3）	8	10	10
充分利用空间增加会展面积（F_4）	7	6	8
建筑物美观性（F_5）	10	9	8
单位面积造价（元/m^2）	2560	2640	2420

问题：（1）用 04 评分法计算各功能的权重。

（2）用功能指数法选择最佳设计方案。

【解】 （1）功能权重计算如表 2-27 所示。

功能权重计算表　　　　表 2-27

功能	F_1	F_2	F_3	F_4	F_5	得分	权重
F_1	×	3	1	3	3	10	0.250
F_2	1	×	0	2	2	5	0.125
F_3	3	4	×	4	4	15	0.375
F_4	1	2	0	×	2	5	0.125
F_5	1	2	0	2	×	5	0.125
合　计						40	1.000

（2）各方案功能指数计算如表 2-28 所示。

各方案功能指数计算表　　　　表 2-28

方案功能	功能权重	方案功能加权得分		
		A	B	C
F_1	0.250	9×0.250=2.250	8×0.250=2.000	9×0.250=2.250

方案功能	功能权重	方案功能加权得分		
		A	B	C
F_2	0.125	$8×0.125=1.000$	$7×0.125=0.875$	$8×0.125=1.000$
F_3	0.375	$8×0.375=3.000$	$10×0.375=3.750$	$10×0.375=3.750$
F_4	0.125	$7×0.125=0.875$	$6×0.125=0.750$	$8×0.125=1.000$
F_5	0.125	$10×0.125=1.250$	$9×0.125=1.125$	$8×0.125=1.000$
合　计		8.375	8.500	9.000
功能指数		8.375/25.875=0.324	8.500/25.875=0.329	9.000/25.875=0.348

各方案价值指数计算如表 2-29 所示。

各方案价值指数计算表　　　　　　　　　　　　　表 2-29

方案	功能指数 (1)	单方造价(元/m²) (2)	成本指数 (3)=(2)÷Σ(2)	价值指数 (4)=(1)÷(3)
A	0.324	2560	0.3360	0.9643
B	0.329	2640	0.3465	0.9495
C	0.348	2420	0.3176	1.096
合　计	1	7620	1	—

根据上述计算结果，方案 C 价值指数最大，则方案 C 为最佳设计方案。

【例 2-11】　承包商 B 在某高层住宅楼的现浇楼板施工中，拟采用钢木组合模板体系或小钢模体系施工。经有关专家讨论，决定从模板总摊销费用（F_1）、楼板浇筑质量（F_2）、模板人工费（F_3）、模板周转时间（F_4）、模板装拆便利性（F_5）等五个技术经济指标对该两个方案进行评价，并采用 04 评分法对各技术经济指标的重要程度进行评分，其部分结果见表 2-30 所示，两方案各技术经济指标的得分见表 2-31 所示。

经造价工程师估算，钢木组合模板在该工程的总摊销费用为 45 万元，每平方米楼板的模板人工费为 9 元；小钢模在该工程的总摊销费用为 55 万元，每平方米楼板的模板人工费为 6 元。该住宅楼的楼板工程量为 3 万 m²。

对各技术经济指标的重要程度进行评分表　　　　　　　表 2-30

评价对象	F_1	F_2	F_3	F_4	F_5
F_1	×	3	3	4	4
F_2		×	2	3	3
F_3			×	3	3
F_4				×	2
F_5					×

两方案各技术经济指标的得分表 表 2-31

指标 方案	钢模组合模板	小钢模
总摊销费用	9	8
楼板浇筑质量	8	9
模板人工费	7	10
模板周转时间	10	10
模板装拆便利性	10	9

问题：

(1) 试确定各技术经济指标的权重。

(2) 若以楼板工程的模板费用作为成本比较对象，试用价值指数法选择较经济的模板体系。

(3) 若该承包商准备参加另一幢高层办公楼的投标，为提高竞争能力，公司决定模板总摊销费用仍按本住宅楼考虑，其他有关条件均不变。以办公楼现浇楼板工程量作为不确定因素，用价值指数法选择该办公楼现浇楼板施工体系经济性范围。

【解】 (1) 用 04 评分法对各技术经济指标的重要程度进行评分，计算结果如表 2-32 所示。

对各技术经济指标的重要程度进行评分表 表 2-32

评价对象	F_1	F_2	F_3	F_4	F_5	功能得分 (1)	功能权重 (2)=(1)÷∑(1)
F_1	×	3	3	4	4	14	0.350
F_2	1	×	2	3	3	9	0.225
F_3	1	2	×	3	3	9	0.225
F_4	0	1	1	×	2	4	0.100
F_5	0	1	1	2	×	4	0.100
合　计						40	1

(2) ①计算两方案的功能指数如表 2-33 所示。

功能指数计算表 表 2-33

指标	权重	钢模组合模板	小钢模
总摊销费用	0.350	9×0.350=3.150	8×0.350=2.800
楼板浇筑质量	0.225	8×0.225=1.800	9×0.225=2.025
模板人工费	0.225	7×0.225=1.575	10×0.225=2.250
模板周转时间	0.100	10×0.100=1.000	10×0.100=1.000
模板装拆便利性	0.100	10×0.100=1.000	9×0.100=0.900
合　计	1.000	8.525	8.975
功能指数		8.525/(8.525+8.975)=0.487	8.975/(8.525+8.975)=0.513

② 计算两方案的成本指数

钢木组合模板的费用为：$45+9\times3=72$(万元)

小钢模的费用为：$55+6\times3=73$(万元)

则：钢木组合模板的成本指数$=72\div(72+73)=0.497$

小钢模的成本指数$=73\div(72+73)=0.503$

③ 计算两方案的价值指数

钢木组合模板的价值指数$=0.487\div0.497=0.980$

小钢模的价值指数$=0.513\div0.503=1.020$

因为小钢模的价值指数高于钢木组合模板的价值指数，所以应选用小钢模体系。

(3) 设办公楼现浇楼板工程量Q是模板费用C的函数

钢木组合模板的费用为：$C_Z=45+9Q$

小钢模的费用为：$C_X=55+6Q$

钢木组合模板的成本指数：$CI_Z=(45+9Q)\div(100+15Q)$

小钢模的成本指数：$CI_X=(55+6Q)\div(100+15Q)$

令两方案价值指数相等，则：

$$\frac{FI_Z}{CI_Z}=\frac{FI_X}{CI_X}$$

$$\frac{0.487}{\dfrac{45+9Q}{100+15Q}}=\frac{0.513}{\dfrac{55+6Q}{100+15Q}}$$

即：$Q=2.183$（万 m^2）

当该办公楼现浇楼板工程量低于 2.183 万 m^2 时，选择钢木组合模板体系；当该办公楼现浇楼板工程量高于 2.183 万 m^2 时，选择小钢模体系。

2.3.2.4　运用价值工程优化设计方案

【例 2-12】 根据例 2-10 选定的设计方案，设计单位对会展区内的会展中心进行功能改进，按照限额设计要求，确定该工程目标成本额 10000 万元。然后以主要分部工程为对象进一步开展价值工程分析。各分部工程评分值和目前成本如表 2-34 所示。试计算各功能项目成本降低期望值，并确定功能改进顺序。

各分部工程评分值和目前成本表　　　　　　　　　　　　　　　　　　表 2-34

功能项目	功能得分	目前成本（万元）
基础工程	21	2201
主体结构工程	35	3669
装饰工程	28	3224
水电安装工程	32	2835

【解】 各功能项目改进计算如表 2-35 所示。

各功能项目改进计算表　　　　　　　　　　　　　表 2-35

功能项目	功能得分 (1)	功能指数 (2)=(1)÷∑(1)	目前成本 (万元) (3)	目标成本 (万元) (4)=10000×(2)	成本降低期望值(万元) (5)=(3)-(4)
基础工程	21	0.181	2201	1810	391
主体结构工程	35	0.302	3669	3020	649
装饰工程	28	0.241	3224	2410	814
水电安装工程	32	0.276	2835	2760	75
合　计	116	1.000	11929	10000	1929

根据上述计算结果可知，成本降低期望值越大，作为优先改进的对象，则功能改进的顺序为装饰工程、主体结构工程、基础工程、水电安装工程。

2.3.3　推广标准化设计，优化设计方案

标准化是在经济、技术、科学和管理等社会实践中，对重复性事物和概念通过制定、发布和实施标准，达到统一，以获得最佳秩序和社会效益。标准化设计是工程建设标准化的组成部分，是对各类工程建设的构件、配件、零部件、通用的建筑物、构筑物、公用设施等制订统一的设计标准、统一的设计规范。其目的就是获得最佳的设计方案，取得最佳的社会效益。标准化设计的基本原理概括为"统一、简化、协调、择优"。统一是在一定的范围内一定的条件下，使标准对象的形式、功能或其他技术特征具有一致性，如房屋建筑制图统一标准、建筑构件设计统一标准、工业企业采光设计标准等。简化是使标准对象由复杂到简单，简化设计往往与模数化联系在一起，模数化设计有利于促进实现工厂化生产，实现建筑产品预制化、装配化。协调是处理好标准对象与相关标准和相关因素的关系，使其发挥特定的功能和保持相对的稳定性，使方案设计取得最佳效果。择优是在一定的目标和条件下，对标准的内容和标准化系统的多种设计方案进行方案比较和选择，优化设计方案。通过总结推广标准规范、标准设计、公布合理的技术经济指标及考核指标，为优化设计方案提供良好的服务。

工程建设标准和规范设计，来源于工程建设的实践经验和科研成果，是工程建设必须遵循的科学依据，对降低工程造价有着很重要的影响。推广标准化设计有益于降低设计成本和工程成本，提高设计的正确性和科学性，缩短建设周期，其具体表现在以下几个方面。

2.3.3.1　采用标准化设计，可节约建筑材料，降低工程造价

采用标准化设计，简化设计工作，可以节约设计费用；另外，由于建筑构件、配件、零部件等实行标准化设计，具有较强的通用性，便于大批量的工厂化生产，合理配置资源，优化资源结构，可以节约建筑材料，从而可降低整个工程造价。如《工业与民用建筑灌注桩基础设计与施工规范》实施以来，同原来采用的预制桩相比，每平方米建筑可降低投资 30%，节约钢材 50%，并避免了施工过程中的噪声和对周围建筑物的影响，既提高了经济效益，又提高了社会效益。

2.3.3.2　采用标准化设计，可提高劳动生产率，缩短建设周期

随着科学技术的发展，建筑产品专业化程度越来越高，建筑规模越来越大，技术要求越来越复杂，这就要通过工程建设的标准化设计，来保证各专业设计在技术上保持高度的

统一和协调，可大大加快提供设计图纸的速度，一般可以加快设计速度的1～2倍，缩短了设计周期，也可以使施工准备和定制预制构件等工作提前，从而缩短建设周期。另外，采用建筑构件、配件、零部件等的标准设计，能使工艺定形，容易提高工人技术，且提高劳动生产率，缩短建设周期。

2.3.3.3 采用标准化设计，可提高设计质量，为实现优良工程创造条件

工程建设标准化设计来源于基础理论的研究和实践经验，吸收国内外先进经验和技术，总结出的科研成果，按照"统一、简化、协调、择优"的原则，提炼上升为设计规范和设计标准，所以按照标准化设计可以保证设计质量。另外，标准设计有较强的通用性，可提高设计人员的熟练程度，保证设计图纸的质量，同样由于采用标准化设计，使施工人员对其施工方案比较熟悉，也可保证施工质量，从而为实现优良工程创造条件。

2.3.4 实行限额设计，优化设计方案

2.3.4.1 限额设计的概念和目标

实行限额设计，对于工程造价的控制有着非常重要的作用，而优化设计方案则是限额设计的关键。所谓限额设计就是按照批准的可行性研究报告及投资估算控制初步设计，按照批准的初步设计概算控制施工图设计，按照施工图预算对施工图设计的各个专业设计文件做出决策。限额设计并不是单纯的节约投资，盲目追求低造价，而是保证建设项目在满足其功能要求的前提下控制工程造价，节约投资。在整个设计过程中，设计人员与经济管理人员必须密切配合，在每个设计阶段都从功能和成本两个角度认真地进行综合考虑、评价，使功能与造价互相平衡、协调，优化设计方案。

限额设计目标是在初步设计开始前，根据批准的可行性研究报告及其投资估算确定的。一旦限额设计目标确定后，设计项目经理或总设计师按总额度的90%下达任务，把具体的目标值分解到各专业内部，各专业限额指标用完或节约下来的单项费用，需经批准才能调整。确保限额目标的实现，必须进行设计方案的优化，优化设计是以系统工程理论为基础，应用现代数学方法对工程设计方案、设备选型、参数匹配、效益分析等方面进行最优化的设计。通过优化设计不仅可以选择最佳设计方案，提高设计质量，而且能有效控制工程造价。

2.3.4.2 限额设计的全过程控制

限额设计是工程建设领域控制投资支出，有效使用建设资金的重要措施，在一定阶段一定程度上很好地解决了工程项目在建设过程中技术与经济相统一的关系。因此抓住设计这个关键阶段，也就是抓住了造价全过程控制中的重点。限额设计的全过程实际上是建设项目投资目标管理的过程，造价全过程控制体现在设计阶段的限额设计应层层展开，纵向到底，横向到边，即限额设计的纵向控制和横向控制。

1. 限额设计的纵向控制

纵向控制的内容包括投资分配、初步设计造价控制、施工图设计造价控制、设计变更控制。

（1）投资分配。它是在建设项目可行性研究阶段，采用科学、合理的方法并考虑影响投资的各种因素来估算投资额，一旦可行性研究报告和投资估算额批准以后，就将投资先分解到各专业，然后再分配到各单项工程和单位工程，作为初步设计的造价控制目标。

（2）初步设计造价控制。在初步设计开始时，将设计任务和投资限额分专业下达到设

计人员，促使设计人员进行多方案比选，使设计人员严格按分配的投资限额进行设计，为此，初步设计阶段的限额设计，控制设计概算不超过投资估算，主要是对工程量、设备和材料的控制。如果发现投资超限额，应及时反映，并提出解决问题的办法。

（3）施工图设计造价控制。施工图设计是按已批准的初步设计和初步设计概算为依据，在施工图设计过程中，严格按批准的初步设计和初步设计概算进行设计，重点应放在工程量控制上，控制的工程量是经审定的初步设计工程量，并作为施工图设计工程量的最高限额，不得突破，并注意把握两个标准，一个是质量标准，一个是造价标准，使两个标准协调一致，相互制约。如果发现单位工程施工图预算超设计概算，应及时找出原因，及时修改施工图设计，直到满足限额要求。

（4）设计变更控制。由于外部条件的制约和人们主观认识的局限，在施工图设计阶段对初步设计进行局部的修改和变更，使设计更趋完善，但设计变更应尽量提前，施工图设计阶段的变更，只需修改设计图纸，这种变更损失不大；如果在采购阶段变更，不仅需要修改图纸，而且需要重新采购材料、设备；如果在施工阶段变更，除上述费用外，变更部分工程需要拆除，会造成更大的损失。所以，应尽量把变更控制在设计阶段初期，对于设计变更较大的项目，采用先算账后变更的方法解决，使工程造价控制在限额范围内。

2. 限额设计的横向控制

横向控制的内容包括健全责任分配制度和健全奖罚制度。明确设计单位内部各专业科室对限额设计所负的责任，建立、健全设计院内部的院级、项目经理级、室主任级"三级"管理制度，使责任具体落实到个人，院级落实到主管院长、总工程师、总经济师等，项目经理级落实到正、副项目经理、项目总设计师等，室主任级落实到正、副主任、主任工程师等，使落实到个人的指标不能突破限额。为使限额设计落实到实处，应建立、健全奖罚制度，对于设计单位和设计人员在保证工程功能水平和工程安全的前提下，采用新工艺、新材料、新设备、新技术优化设计方案，节约项目投资额，按节约投资额的大小，给予设计单位和设计人员奖励；对于设计单位设计错误、由于设计原因造成的较大的设计变更，导致投资额超过了目标控制限额，按超支比例扣除相应比例的设计费用。

2.4 设计概算和施工图预算的编制和审查

2.4.1 设计概算的编制

2.4.1.1 设计概算的概念

设计概算是设计文件的重要组成部分，是在投资估算的控制下，由设计单位根据初步设计（或扩大初步设计）图纸及说明、概算定额（或概算指标）、各项费用定额或取费标准（指标）以及设备、材料预算价格等资料，编制和确定的建设项目从筹建至竣工交付使用所需全部费用的文件。

设计概算的特点是编制工作相对简略，不需要达到施工图预算的准确程度。

采用两阶段设计的建设项目，初步设计阶段必须编制设计概算；采用三阶段设计的建设项目，扩大初步设计阶段必须编制修正概算。

2.4.1.2 设计概算的作用

1. 设计概算是编制建设项目投资计划、确定和控制建设项目投资的依据根据我国现行文件规定，编制年度固定资产投资计划，确定计划投资总额及其构成数额，要以批准的初步设计概算为依据，没有批准的初步设计文件及其概算，建设工程就不能列入年度固定资产投资计划。

设计概算一经批准，将作为控制建设项目投资的最高限额。竣工结算不能突破施工图预算，施工图预算不能突破设计概算。如果由于设计变更等原因建设费用超过概算，必须重新审查批准。

2. 设计概算是签订建设工程合同和贷款合同的依据

在国家颁布的合同法中明确规定，建设工程合同价款是以设计概、预算价为依据，并且总承包合同不得超过设计总概算的投资额。

银行贷款或各单项工程的拨款累计总额不能超过设计概算，如果项目投资计划所列支投资额与贷款突破设计概算时，必须查明原因，之后由建设单位报请上级主管部门调整或追加设计概算总投资，凡未批准之前，银行对其超支部分不予拨付。

3. 设计概算是控制施工图设计和施工图预算的依据

设计单位必须按照批准的初步设计和总概算进行施工图设计，施工图预算不得突破设计概算，如果确实需要突破总概算时，应按规定程序报批。

4. 设计概算是衡量设计方案技术经济合理性和选择最佳设计方案的依据

设计部门在初步设计阶段要选择最佳设计方案，设计概算是从经济角度衡量设计方案经济合理性的重要依据。因此，设计概算是衡量设计方案技术经济合理性和选择最佳设计方案的依据。

5. 设计概算是考核建设项目投资效果的依据

通过设计概算与竣工决算对比，可以分析和考核投资效果的好坏，同时还可以验收设计概算的准确性，有利于加强设计概算管理和建设项目的造价管理工作。

2.4.1.3 设计概算的编制内容

设计概算可分为单位工程概算、单项工程综合概算和建设项目总概算三级。各级概算之间相互关系如图 2-3 所示。

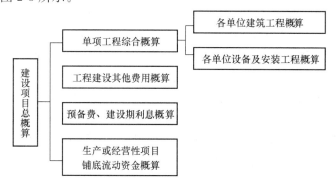

图 2-3 设计概算的三级概算关系

1. 单位工程概算

单位工程概算是确定各单位工程建设费用的文件，是编制单项工程综合概算的依据，是单项工程综合概算的组成部分。

单位工程概算按其工程性质分为建筑工程概算和设备及安装工程概算两类。建筑工程概算包括土建工程概算，给排水、采暖工程概算，通风、空调工程概算，电气、照明工程概算，弱电工程概算，特殊构筑物工程概算等；设备及安装工程概算包括机械设备及安装工程概算，电气设备及安装工程概算，热力设备及安装工程概算以及工器具购置费概算等。

2. 单项工程综合概算

单项工程综合概算是确定一个单项工程所需建设费用的文件，是由单项工程中的各单位工程概算汇总编制而成的，是建设项目总概算的组成部分。单项工程综合概算的组成如图 2-4 所示。

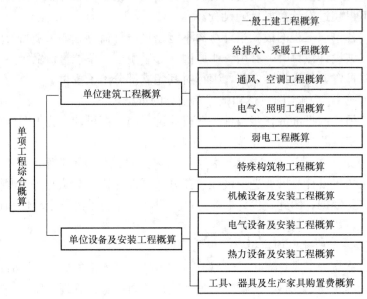

图 2-4　单项工程综合概算的组成

3. 建设项目总概算

建设项目总概算是确定整个建设项目从筹建到竣工验收所需全部费用的文件，是由各单项工程综合概算（工程费用概算）、工程建设其他费用概算、预备费概算、建设期贷款利息概算和生产或经营性项目铺底流动资金概算汇总编制而成的。建设项目总概算的组成如图 2-5 所示。

2.4.1.4　设计概算的编制原则和编制依据

1. 设计概算的编制原则

（1）严格执行国家的建设方针和经济政策的原则。设计概算的编制是一项重要的技术经济工作，要严格按照党和国家的方针、政策办事，坚决执行勤俭节约的方针，严格执行规定的设计标准。

（2）完整、准确地反映设计内容的原则。编制设计概算时，要认真了解设计意图，根据设计文件、图纸准确计算工程量，避免重算和漏算。设计修改后，要及时修正概算。

（3）坚持结合拟建工程的实际，反映工程所在地当时价格水平的原则。为提高设计概算的准确性，要求实事求是地对工程所在地的建设条件、可能影响造价的各种因素进行认真的调查研究，在此基础上正确使用定额、指标、费率和价格等各项编制依据，按照现行工程造价的构成，根据有关部门发布的价格信息及价格调整指数，考虑建设期的价格变化因素，使概算尽可能地反映设计内容、施工条件和实际价格。

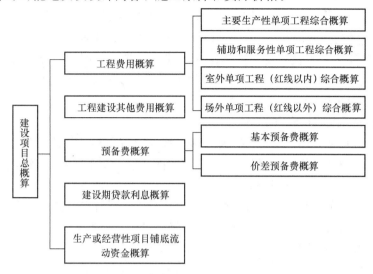

图 2-5 建设项目总概算的组成

2. 设计概算的编制依据

（1）国家、行业和地方政府有关建设和造价管理的法律、法规、规定。

（2）批准的建设项目设计任务书（或批准的可行性研究文件）和主管部门的有关规定。

（3）初步设计项目一览表。

（4）能满足编制设计概算的各专业设计图纸、文字说明和主要设备表。

（5）正常的施工组织设计。

（6）当地和主管部门的现行建筑工程和专业安装工程的概算定额、单位估价表、材料及构配件预算价格、工程费用定额和有关费用规定的文件等资料。

（7）现行的有关设备原价及运杂费率。

（8）现行的有关其他费用定额、指标和价格。

（9）资金筹措方式。

（10）建设场地的自然条件和施工条件。

（11）类似工程的概、预算及技术经济指标。

（12）建设单位提供的有关工程造价的其他资料。

（13）有关合同、协议等其他资料。

2.4.1.5 设计概算的编制方法

建设项目设计概算的编制，一般首先编制单位工程概算，然后再逐级汇总，形成单项工程综合概算及建设项目总概算。

1. 单位工程概算的编制方法

单位工程概算由人工费、材料费、施工机具使用费、企业管理费、利润、规费和税金组成，分为建筑工程概算和设备及安装工程概算两大类。

（1）建筑工程概算的编制方法。建筑工程概算的编制方法有概算定额法、概算指标法、类似工程预算法等。

1) 概算定额法，又称为扩大单价法或扩大结构定额法。它是采用概算定额编制建筑工程概算的方法。根据初步设计图纸资料和概算定额的项目划分计算出工程量，然后套用概算定额单价（基价），计算汇总后，再计取有关费用，便可得出单位工程概算造价。

概算定额法要求初步设计达到一定深度，建筑结构比较明确，能按照初步设计的平面、立面、剖面图纸计算出楼地面、墙身、门窗和屋面等分部工程（或扩大结构件）项目的工程量时，才可采用。

概算定额法编制设计概算的具体步骤如下：

① 列出单位工程中分项工程或扩大分项工程的项目名称，并计算其工程量。工程量计算应按照概算定额中规定的工程量计算规则进行，并将计算所得的各分项工程量根据概算定额的编号顺序，填入工程概算表中。

② 确定各分部分项工程项目的概算定额单价。工程量计算完成后，逐项套用相应概算定额单价和人工、材料消耗指标，然后分别将其填入工程概算表和工料分析表中。如果分项工程项目名称、内容与采用的概算定额手册不相符，应先进行换算。

③ 计算分部分项工程的人工费、材料费和施工机具使用费，汇总各个分部分项工程的人工费、材料费和施工机具使用费得到单位工程的人工费、材料费和施工机具使用费。将已经计算出来的各分部分项工程的工程量及在概算定额中已查出来的相应定额单价和单位人工、材料消耗指标分别相乘，即可得出各分部分项工程的人工费、材料费、施工机具使用费和人工材料消耗量。再汇总各分部分项工程的人工费、材料费、施工机具使用费及人工、材料消耗量，即可得到该单位工程的人工费、材料费、施工机具使用费和工料总消耗量。如果规定有地区的人工、材料价差调整指标，计算人工费、材料费和施工机具使用费时，按规定的调整系数或者其他调整方法进行调整计算。

④ 按照一定的取费标准和计算基础计算企业管理费、规费和税金。

⑤ 计算单位工程概算造价。将已经计算出来的单位工程人工费、材料费和施工机具使用费、企业管理费、规费和税金汇总，得到单位工程概算造价。

【例 2-13】 某市拟建一座 7560m² 教学楼，请按给出的扩大单价和工程量表 2-36 编制出该教学楼土建工程设计概算造价和平方米造价。按有关规定标准计算得到规费为 38000元，各项费率分别为：企业管理费费率为 5%，综合税率为 3.48%（以分部分项工程费为计算基础）。

某教学楼土建工程量和扩大单价　　　　　　　　　　　　　表 2-36

分部工程名称	单 位	工程量	扩大单价（元）
基础工程	10m³	160	2500
混凝土及钢筋混凝土	10m³	150	6800
砌筑工程	10m³	280	3300
地面工程	100m²	40	1100
楼面工程	100m²	90	1800
卷材屋面	100m²	40	4500
门窗工程	100m²	35	5600

【解】 根据已知条件和表 2-36 数据及扩大单价，求得该教学楼土建工程概算造价见表 2-37。

某教学楼土建工程概算造价计算表　　　　表 2-37

序号	分部工程或费用名称	单位	工程量	单价（元）	合价（元）
1	基础工程	10m³	160	2500	400000
2	混凝土及钢筋混凝土	10m³	150	6800	1020000
3	砌筑工程	10m³	280	3300	924000
4	地面工程	100m²	40	1100	44000
5	楼面工程	100m²	90	1800	162000
6	卷材屋面	100m²	40	4500	180000
7	门窗工程	100m²	35	5600	196000
A	分部分项工程费小计	以上 8 项之和			2926000
B	企业管理费	A×5%			146300
C	规费	38000 元			38000
D	税金	(A+B+C)×3.48%			108238.44
	概算造价	A+B+C+D			3218538.44
	平方米造价	3218538.44/7560			425.73

2）概算指标法。该法采用直接工程费指标，用拟建工程的建筑面积（或体积）乘以技术条件相同或基本相同的概算指标，得出直接工程费，然后按规定计算出企业管理费、规费和税金等，编制出单位工程概算的方法。

概算指标法适用于初步设计深度不够，不能准确地计算工程量，但工程设计技术比较成熟而又有类似工程概算指标可以利用的情况。该方法计算精度较低，是一种估算工程造价的方法。

由于拟建工程往往与类似工程的概算指标的技术条件不尽相同，而且概算指标编制年份的设备、人工、材料等价格与拟建工程当时当地的价格也不会一样，因此，必须对其进行结构和价格的调整。

① 拟建工程的结构特征与概算指标有局部差异时的调整。当拟建工程的结构特征与概算指标的结构特征有出入时，可用修正后的概算指标及单位造价计算出工程概算造价，如公式所示。

结构变化修正概算指标（元/m²）$= J + Q_1 P_1 - Q_2 P_2$

式中　J——原概算指标；

　　　Q_1——概算指标中换入结构的工程量；

　　　P_1——换入结构的直接工程费单价；

　　　Q_2——概算指标中换出结构的工程量；

　　　P_2——换出结构的直接工程费单价。

则，拟建工程造价如公式所示：

直接工程费＝修正后的概算指标×拟建工程建筑面积

求出直接工程费后，再按照规定的取费方法计算其他费用，最终得到单位工程概算。

② 设备、人工、材料、施工机具使用费调整，如公式所示。

$$\begin{aligned}\text{设备、人工、材料、}\atop\text{机具修正概算费用}&=\text{原概算指标的设备、}\atop\text{人工、材料、机具费用}+\sum\left(\text{换入设备、人工、}\atop\text{材料、机具消耗量}\times\text{拟建地区}\atop\text{相应单价}\right)\\&-\sum\left(\text{换出设备、人工、}\atop\text{材料、机具消耗量}\times\text{原概算指标设备、}\atop\text{人工、材料、机具单价}\right)\end{aligned}$$

【例 2-14】 假设新建单身宿舍一座，其建筑面积为 $3500m^2$，按概算指标和地区材料预算价格等算出单位造价为 738 元/m^2。其中，一般土建工程 640 元/m^2，采暖工程 32 元/m^2，给排水工程 36 元/m^2，照明工程 30 元/m^2，但新建单身宿舍设计资料与概算指标相比较，其结构构件有部分变更。设计资料表明，外墙为 1 砖半外墙，而概算指标中外墙为 1 砖墙。根据当地土建工程预算定额，外墙带形毛石基础的预算单价为 147.87 元/m^3，1 砖外墙的预算单价为 177.10 元/m^3，1 砖半外墙的预算单价为 178.08 元/m^3；概算指标中每 $100m^2$ 中含外墙带形毛石基础为 $18m^3$，1 砖外墙为 $46.5m^3$。新建工程设计资料表明，每 $100m^2$ 中含外墙带形毛石基础为 $19.6m^3$，1 砖半外墙为 $61.2m^3$。请计算调整后的概算单价和新建宿舍的概算造价。

【解】 土建工程中对结构构件的变更和单价调整，如表 2-38 所示。

结构变化引起的单价调整   表 2-38

序号	结构名称	单位	数量（每 $100m^2$ 含量）	单价（元/m^3）	和价（元/m^3）
	土建工程单位面积造价				640
	换出部分				
1	外墙带形毛石基础	m^3	18	147.87	2661.66
2	1 砖外墙	m^3	46.5	177.10	8235.15
	合计	元			10896.81
	换入部分				
3	外墙带形毛石基础	m^3	19.6	147.87	2898.25
4	1 砖半外墙	m^3	61.2	178.08	10898.5
	合计	元			13796.75

单位造价修正系数：$640-10896.81/100+13796.75/100\approx669$ 元

其余的单价指标都不变，因此经调整后的概算造价为 $669+32+36+30=767$（元/m^2）

新建宿舍的概算造价 $=767\times3500=2684500$（元）

3）类似工程预算法。该法利用技术条件与设计对象相类似的已完工程或在建工程的工程造价资料来编制拟建工程设计概算的方法。

类似工程预算法在拟建工程初步设计与已完工程或在建工程的设计相类似而又没有可用的概算指标时采用，但必须对建筑结构差异和价差进行调整。建筑结构差异的调整方法与概算指标法的调整方法相同。类似工程造价的价差调整可以有两种方法进行解决。

① 类似工程造价资料有具体的人工、材料、机具台班的用量时，可按类似工程预算造价资料中的主要材料用量、工日数量、机具台班用量乘以拟建工程所在地的主要材料预算价格、人工单价、机具台班单价，计算出直接工程费，再乘以当地的综合费率，即可得出所需的造价指标。

② 类似工程造价资料只有人工、材料、机具台班费用、企业管理费、规费时，可调整为：

$$D=AK$$
$$K=a\%K_1+b\%K_2+c\%K_3+d\%K_4+e\%K_5$$

式中　　　　　D——拟建工程单方概算造价；

A——类似工程单价预算造价；

K——综合调整系数；

$a\%$、$b\%$、$c\%$、$d\%$、$e\%$——类似工程预算的人工费、材料费、机具台班费用、企业管理费、规费占预算造价的比重；

K_1、K_2、K_3、K_4、K_5——拟建工程地区与类似工程地区人工费、材料费、机具台班费用、企业管理费、规费价差系数。

【例 2-15】 新建一幢教学大楼，建筑面积为 3200m²，根据下列类似工程施工图预算的有关数据，试用类似工程预算法编制概算。已知数据如下：

① 类似工程的建筑面积为 2800m²，预算成本为 926800 元。

② 类似工程各种费用占预算成本的权重是：人工费 8%，材料费 61%，机具费 10%，企业管理费 6%，规费 9%，其他费 6%。

③ 拟建工程地区与类似工程地区造价之间的差异系数为 $K_1=1.03$，$K_2=1.04$，$K_3=0.98$，$K_4=1.00$，$K_5=0.96$，$K_6=0.90$。

④ 利税率 10%。

求：拟建工程的概算造价。

【解】 ① 综合调整系数为

$K=8\%\times1.03+61\%\times1.04+10\%\times0.98+6\%\times1.00+9\%\times0.96+6\%\times0.9=1.0152$

② 类似工程预算单方概算成本为：926800÷2800＝331（元/m²）

③ 拟建教学楼工程单方概算成本为：331×1.0152≈336.03（元/m²）

④ 拟建教学楼工程单方概算造价为：336.03×（1+10%）≈369.63（元/m²）

⑤ 拟建教学楼工程的概算造价为：369.63×3200＝1182816（元）

（2）设备及安装工程概算的编制方法。设备及安装工程概算包括设备购置费用概算和设备安装工程费用概算两大部分。

1）设备购置费概算。设备购置费由设备原价和运杂费两项组成。其中，设备运杂费的计算如公式所示。

设备运杂费＝设备原价×运杂费率

2）设备安装工程费概算。设备安装工程费概算的编制方法应根据初步设计深度和要求所明确的程度而采用。其主要编制方法有预算单价法、扩大单价法、设备价值百分比法和综合吨位指标法。

① 预算单价法。当初步设计较深，有详细的设备清单时，可直接按安装工程预算定额单价编制设备安装工程概算，概算程序与安装工程施工图预算程序基本相同。

② 扩大单价法。当初步设计深度不够，设备清单不完备，只有主体设备或仅有成套设备重量时，可采用主体设备、成套设备的综合扩大安装单价来编制概算。

③设备价值百分比法。当初步设计深度不够，只有设备出厂价而无详细规格、重量

时，安装费可按其占设备费的百分比来计算。常用于价格波动不大的定型产品和通用设备产品。

④综合吨位指标法。当初步设计提供的设备清单有规格和设备重量时，可采用综合吨位指标编制概算，其综合吨位指标由主管部门或由设计单位根据已完类似工程资料确定。

2. 单项工程综合概算的编制方法

单项工程综合概算书一般包括编制说明和综合概算表两个部分。当建设项目只有一个单项工程时，综合概算文件还包括工程建设其他费用、预备费和建设期贷款利息的概算。

（1）编制说明。编制说明应列在综合概算表的前面，其内容包括：

1）工程概况。简述建设项目性质、特点、生产规模、建设周期、建设地点等主要情况。

2）编制依据。包括国家和有关部门的规定、设计文件。现行概算定额或概算指标、设备材料的预算价格和费用指标等。

3）编制方法。说明设计概算是采用概算定额法，还是采用概算指标法或其他方法。

4）其他必要的说明。

（2）综合概算表。综合概算表是根据单项工程所管辖范围内的各单位工程概算等基础资料，按照国家或部委所规定的统一表格进行编制。单项工程综合概算表如表 2-39 所示。

综 合 概 算 表

表 2-39

建设项目名称：　　　　单项工程名称：　　　　单位：　万元　　　　共　页　第　页

序号	概算编号	工程项目和费用名称	概 算 价 值						总价
			设计规模和主要工程量	建筑工程	安装工程	设备购置	工器具及生产家具购置	其他	

3. 建设项目总概算的编制方法

设计总概算文件一般应包括：编制说明、总概算表、各单项工程综合概算书、工程建设其他费用概算表、主要建筑安装材料汇总表。独立装订成册的总概算文件宜加封面、签署页（扉页）和目录。

（1）编制说明。编制说明的内容与单项工程综合概算文件相同。

（2）总概算表。总概算表如表 2-40 所示。

总 概 算 表

表 2-40

总概算编号：　　　　工程名称：　　　　单位：万元　　　　共　页　第　页

序号	概算编号	工程项目和费用名称	概 算 价 值					合计	占总投资比例（%）
			建筑工程	安装工程	设备购置	工器具及生产家具购置	其他费用		

（3）工程建设其他费用概算表。工程建设其他费用概算表按国家或地区或部委所规定的项目和标准确定，并按统一格式编制。

（4）主要建筑安装材料汇总表。针对每一个单项工程列出钢筋、型钢、水泥、木材等主要建筑安装材料的消耗量。

2.4.2　设计概算的审查

2.4.2.1　设计概算的审查内容

1. 审查设计概算的编制依据

（1）审查编制依据的合法性。各种编制依据必须经过国家和相关授权机关的批准，符合国家的编制规定。

（2）审查编制依据的时效性。各种编制依据应及时按照国家的政策或者法规调整后的新办法和新规定进行。

（3）审查编制依据的适用范围。各种编制依据都有规定的适用范围，如各主管部门规定的各种专业定额及其取费标准，只适用于该部门的专业工程；各地区规定的各种定额及其取费标准，只适用于该地区范围内，特别是地区的材料预算价格区域性更强。

2. 审查概算的编制深度

（1）审查编制说明。审查概算的编制方法和编制依据等重大原则问题，若编制说明有差错，具体概算必有差错。

（2）审查概算编制的完整性。审查是否有符合规定的"三级概算"，各级概算的编制、核对、审核是否按规定签署，有无随意简化。

（3）审查概算的编制范围。审查概算编制范围及具体内容是否与主管部门批准的建设项目范围及具体工程内容一致，是否有重复交叉，是否重复计算或漏算，审核其他费用应列的项目是否符合规定，静态投资、动态投资和经营性项目铺底流动资金是否分别列出。

3. 审查设计概算的内容

（1）审查概算的编制是否符合党的方针、政策，是否根据工程所在地的自然条件进行编制。

（2）审查建设规模、建设标准、配套工程、设计定员等是否符合原批准的可行性研究报告或立项批文的标准。

（3）审查编制方法、计价依据和程序是否符合现行规定。

（4）审查工程量是否正确。

（5）审查材料用量和价格。

（6）审查设备规格、数量和配置是否符合设计要求，是否与设备清单相一致，设备预算价格是否真实，设备原价和运杂费的计算是否正确等。

（7）审查建筑安装工程的各项费用的计取是否符合国家或地方有关部门的现行规定，计算程序和取费标准是否正确。

（8）审查综合概算、总概算的编制内容、方法是否符合现行规定和设计文件的要求。

（9）审查总概算文件的组成内容，是否完整地包括了建设项目从筹建到竣工投产为止的全部费用组成。

（10）审查工程建设其他各项费用。

（11）审查项目的"三废"治理。

（12）审查技术经济指标。

（13）审查投资经济效果。

2.4.2.2 设计概算的审查步骤

设计概算审查一般采用集中会审的方式进行。由会审单位分头审核，然后集中共同研究定案，或组织有关部门成立专门的审核班子，根据审核人员的业务专长分组，再将概算费用进行分解，分别审核，最后集中讨论定案。

一般的审核步骤包括：概算审核前的准备，进行概算审核，进行技术经济对比分析，进行调查研究以及进行资料的整理工作。

2.4.2.3 设计概算的审查方法

设计概算的审查方法包括对比分析法、查询核实法和联合会审法。采用适当方法审查设计概算，是确保审查质量、提高审查效率的关键。

1. 对比分析法

对比分析法主要是通过建设规模、标准与立项批文对比，工程数量与设计图纸对比，综合范围、内容与编制方法、规定对比，各项取费与规定标准对比，材料、人工单价与统信息对比，引进设备、技术投资与报价要求对比，技术经济指标与同类工程对比等，进行设计概算审核。

2. 查询核实法

查询核实法是对一些关键设备和设施、重要装置、引进工程图纸不全且难以核算的较大投资进行多方查询核对，逐项落实的方法。主要设备的市场价向设备供应部门或招标公司查询核实，重要生产设备、设施向同类工程查询了解，引进设备价格及有关费税向进出口公司调查清楚，复杂的建安工程向同类的建设、承包、施工单位征求意见，深度不够或者不清楚的问题直接向原概算编制人员、设计者询问清楚。

3. 联合会审法

联合会审前，可先采取多种形式分头审查，包括设计单位自审，主管、建设、承包单位初审，工程造价咨询公司评审，邀请同行专家预审，审批部门复审等，经层层审查把关后，由有关单位和专家进行联合会审。在会审大会上，由设计单位介绍概算编制情况及有关问题，各有关单位、专家汇报初审及预审意见。然后进行认真分析、讨论，结合对各专业技术方案的审查意见所产生的投资增减，逐一核实原概算出现的问题。经过充分协商，认真听取设计单位意见后，实事求是地处理或调整。

2.4.3 施工图预算的编制

2.4.3.1 施工图预算的概念

施工图预算是在施工图设计完成后，工程开工前，根据已批准的施工图纸、现行的预算定额、费用定额和地区人工、材料、设备与机具台班等资源价格，在施工方案和施工组织设计大致确定的前提下，按照规定的计算程序计算直接工程费、措施费，并计取间接费、利润、税金等费用，确定单位工程造价的技术经济文件。

2.4.3.2 施工图预算的作用

施工图预算作为建设工程建设程序中一个重要的技术经济文件，在工程建设实施过程中具有十分重要的作用。

1. 施工图预算对投资方的作用

（1）施工图预算是控制造价及资金合理使用的依据。

（2）施工图预算是确定工程招标控制价的依据。

（3）施工图预算是拨付工程款及办理工程结算的依据。

2. 施工图预算对施工企业的作用

（1）施工图预算是建筑施工企业投标时"报价"的参考依据。

（2）施工图预算是建筑工程预算包干的依据和签订施工合同的主要内容。

（3）施工图预算是施工企业安排调配施工力量，组织材料供应的依据。

（4）施工图预算是施工企业控制工程成本的依据。

（5）施工图预算是进行"两算"对比的依据。

3. 施工图预算对其他方面的作用

（1）对于工程咨询单位来说，可以客观、准确地为委托方做出施工图预算，以强化投资方对工程造价的控制，有利于节省投资，提高建设项目的投资效益。

（2）对于工程造价管理部门来说，施工图预算是其监督检查执行定额标准、合理确定工程造价、测算造价指数及审定工程招标控制价的重要依据。

2.4.3.3　施工图预算的编制内容

施工图预算由单位工程施工图预算、单项工程施工图预算和建设项目施工图预算三级逐级编制综合汇总而成。单位工程施工图预算是根据施工图设计文件、现行预算定额、单位估算表、费用定额以及人工、材料、设备、机具台班等预算价格资料，编制单位工程的施工图预算。单项工程施工图预算是由所有各单位工程施工图预算汇总而成。将所有单项工程施工图预算汇总，可以形成最终的建设项目施工图预算。

由于施工图预算是以单位工程为单位编制的，按单项工程汇总而成，所有施工图预算编制的关键在于编制好单位工程施工图预算。

单位工程施工图预算包括建筑工程预算和设备安装工程预算。建筑工程预算按其工程性质分为一般土建工程预算、给排水工程预算、采暖通风工程预算、燃气工程预算、电气照明工程预算、弱电工程预算、特殊构筑物如炉窑等工程预算和工业管道工程预算等。设备安装工程预算可分为机械设备安装工程预算、电气设备安装工程预算和热力设备安装工程预算等。

2.4.3.4　施工图预算的编制依据

1. 国家、行业和地方政府有关工程建设和造价管理的法律、法规和规定。

2. 经过批准和会审的施工图设计文件和有关标准图集。

3. 工程地质勘查资料。

4. 企业定额、现行建筑工程和安装工程预算定额和费用定额、单位估价表、有关费用规定等文件。

5. 材料与构配件市场价格、价格指数。

6. 施工组织设计或施工方案。

7. 经批准的拟建项目的概算文件。

8. 现行的有关设备原价及运杂费率。

9. 建设场地中的自然条件和施工条件。

10. 工程承包合同、招标文件。

2.4.3.5 施工图预算的编制方法

《建筑工程施工发包与承包计价管理办法》（建设部令第 107 号）规定，施工图预算、招标标底、投标报价由成本、利润和税金构成。建筑工程施工图预算就是计算建筑安装工程费用。根据《建筑安装工程费用项目组成》（建标〔2013〕44 号），建筑安装工程费用项目按费用构成要素组成划分为人工费、材料费、施工机具使用费、企业管理费、利润、规费和税金；按工程造价形成顺序划分为分部分项工程费、措施项目费、其他项目费、规费和税金。

1. 按费用构成要素划分的编制方法

建筑安装工程费用构成要素组成，如图 2-6 所示。

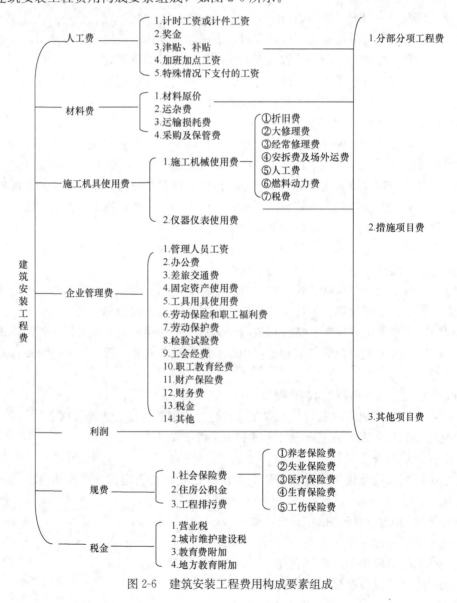

图 2-6 建筑安装工程费用构成要素组成

（1）人工费

$$人工费 = \Sigma(工日消耗量 \times 日工资单价)$$

（2）材料费

1）材料费

$$材料费 = \Sigma(材料消耗量 \times 材料单价)$$

2）工程设备费

$$工程设备费 = \Sigma(工程设备量 \times 工程设备单价)$$

（3）施工机具使用费

1）施工机械使用费

$$施工机械使用费 = \Sigma(施工机械台班消耗量 \times 机械台班单价)$$

2）仪器仪表使用费

$$仪器仪表使用费 = 工程使用的仪器仪表摊销费 + 维修费$$

（4）企业管理费费率

1）以分部分项工程费为计算基础

$$企业管理费费率(\%) = \frac{生产工人年平均管理费}{年有效施工天数 \times 人工单价}$$
$$\times 人工费占分部分项工程费比例(\%)$$

2）以人工费和机械费合计为计算基础

$$企业管理费费率(\%) = \frac{生产工人年平均管理费}{年有效施工天数 \times (人工单价 + 每一工日机械使用费)}$$
$$\times 100\%$$

3）以人工费为计算基础

$$企业管理费费率(\%) = \frac{生产工人年平均管理费}{年有效施工天数 \times 人工单价} \times 100\%$$

（5）利润

1）施工企业根据企业自身需求并结合建筑市场实际自主确定，列入报价中。

2）工程造价管理机构在确定计价定额中利润时，应以定额人工费（或定额人工费＋定额机械费）作为计算基数，其费率根据历年工程造价积累的资料，并结合建筑市场实际确定，以单位（单项）工程测算，利润在税前建筑安装工程费的比重可按不低于5%且不高于7%的费率计算。利润应列入分部分项工程和措施项目中。

（6）规费

1）社会保险费和住房公积金

社会保险费和住房公积金应以定额人工费为计算基础，根据工程所在地省、自治区、直辖市或行业建设主管部门规定费率计算。

$$社会保险费和住房公积金 = \Sigma(工程定额人工费 \times 社会保险费和住房公积金费率)$$

2）工程排污费

工程排污费等其他应列而未列入的规费应按工程所在地环境保护等部门规定的标准缴

纳，按实计取列入。

（7）税金

$$税金＝税前造价×综合税率（％）$$

2. 按造价形成划分的编制方法

按造价形成划分的建筑安装工程费用组成，如图 2-7 所示。

（1）分部分项工程费

$$分部分项工程费＝Σ（分部分项工程量×综合单价）$$

（2）措施项目费

1）国家计量规范规定应予计量的措施项目，其计算公式如下所示。

$$措施项目费＝Σ（措施项目工程量×综合单价）$$

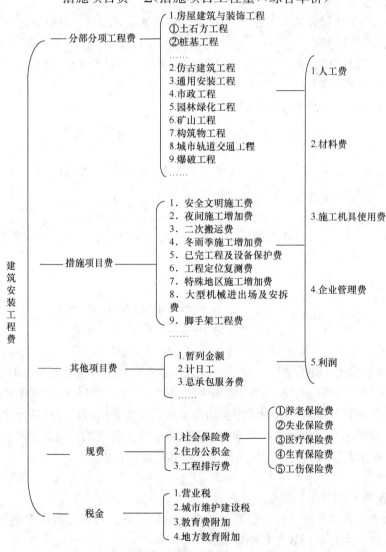

图 2-7　按造价形成划分的建筑安装工程费用组成

2）国家计量规范规定不宜计量的措施项目计算方法如下。

① 安全文明施工费

安全文明施工费＝计算基数×安全文明施工费费率（％）

计算基数应为定额基价（定额分部分项工程费＋定额中可以计量的措施项目费）、定额人工费或（定额人工费＋定额机械费），其费率由工程造价管理机构根据各专业工程的特点综合确定。

② 夜间施工增加费

夜间施工增加费＝计算基数×夜间施工增加费费率（％）

③ 二次搬运费

二次搬运费＝计算基数×二次搬运费费率（％）

④ 冬雨期施工增加费

⑤ 冬雨期施工增加费＝计算基数×冬雨季施工增加费费率（％）

⑥ 已完工程及设备保护费

已完工程及设备保护费＝计算基数×已完工程及设备保护费费率（％）

上述②～⑤项措施项目的计费基数应为定额人工费（定额人工费＋定额机械费），其费率由工程造价管理机构根据各专业工程特点和调查资料综合分析后确定。

（3）其他项目费

1）暂列金额由建设单位根据工程特点，按有关计价规定估算，施工过程中由建设单位掌握使用、扣除合同价款调整后如有余额，归建设单位。

2）计日工由建设单位和施工企业按施工过程中的签证计价。

3）总承包服务费由建设单位在招标控制价中根据总包服务范围和有关计价规定编制，施工企业投标时自主报价，施工过程中按签约合同价执行。

（4）规费和税金

建设单位和施工企业均应按照省、自治区、直辖市或行业建设主管部门发布标准计算规费和税金，不得作为竞争性费用。

2.4.4 施工图预算的审查

2.4.4.1 施工图预算的审查内容

审查施工图预算的重点，应该放在工程量计算、预算单价套用、设备材料预算价格取定是否正确，各项费用标准是否符合现行规定等方面。

1. 审查工程量

（1）土方工程。土方工程的工程量审查内容包括以下几方面：

1）平整场地、地槽与地坑等土方工程量的计算是否符合定额的计算规定，施工图纸标识尺寸、土壤类别是否与勘察资料一致，地槽与地坑放坡、挡土板是否符合设计要求，有无重算或者漏算。

2）地槽、地坑回填土的体积是否扣除了基础所占的体积，地面和室内填土的厚度是否符合设计要求，运土距离、运土数量、回填土土方的扣除是否符合规定等。

3）桩料长度是否符合设计要求，需要接桩时的接头数是否正确等。

（2）砖石工程。砖石工程的工程量审查内容包括以下几方面：

1）墙基与墙身的划分是否有混淆。

2）不同厚度的内墙与外墙是否分别计算，是否扣除门窗洞口及埋入墙体各种钢筋混凝土梁柱等所占用的体积。

3）同砂浆强度的墙和定额规定按立方米或平方米计算的墙是否有混淆、错算或漏算等。

（3）混凝土及钢筋混凝土工程。混凝土及钢筋混凝土工程的工程量审查内容包括以下几方面：

1）现浇构件与预制构件是否分别计算，是否有混淆。

2）现浇构件与梁、主梁与次梁及各种构件计算是否符合规定，有无重算或漏算。

3）有筋和无筋的是否按设计规定分别计算，是否有混淆。

4）钢筋混凝土的含钢量与预算定额含钢量存在差异时，是否按规定进行增减调整。

（4）结构工程。结构工程的工程量审查内容包括以下几方面：

1）门窗是否按不同种类、按框外面积或扇外面积计算。

2）木装修的工程量是否按规定分别以延长米或平方米进行计算。

（5）地面工程。地面工程的工程量审查内容包括以下几方面：

1）楼梯抹面是否按踏步和休息平台部分的水平投影面积进行计算。

2）当细石混凝土地面或找平层的设计厚度与定额厚度不同时，是否按其厚度进行换算。

（6）屋面工程。屋面工程的工程量审查内容包括以下几方面：

1）卷材屋面工程是否与屋面找平层工程量相符。

2）屋面找平层的工程量是否按屋面的建筑面积乘以保湿层平均厚度计算，不做保湿层的挑檐部分是否按规定不做计算。

（7）构筑物工程。构筑物工程的工程量审查内容主要是烟囱和水塔脚手架是否以墙面的净高和净宽计算，有无重算和漏算。

（8）装饰工程。装饰工程的工程量审查内容主要是内墙抹灰的工程量是否按墙面的净高和净宽计算，有无重算和漏算。

（9）金属构件制作。金属构件制作的工程量审查内容主要是各种类型钢、钢板等金属构件制作工程量是否以吨为单位，其形状尺寸计算是否正确，是否符合现行规定。

（10）水暖工程。水暖工程的工程量审查内容包括以下几方面：

1）室内外排水管道、暖气管道的划分是否符合规定。

2）各种管道的长度、口径是否按设计规定计算。

3）接头零件所占长度是否多扣，应扣除卫生设备本身所附带管道长度的是否漏扣。

4）室内排水采用的插铸铁管是否将异型管及检查口所占长度错误地扣除，有无漏算。

5）室外排水管道是否已扣除检查井与连接井所占的长度。

6）暖气片的数量是否与设计相一致。

（11）电气照明工程。电气照明工程的工程量审查内容包括以下几方面：

1）灯具的种类、型号、数量是否与设计一致；

2）线路的敷设方法、线材品种是否达到设计标准，有无重复计算预留线的工程量。

（12）设备及安装工程。设备及安装工程的工程量审查内容包括以下几方面：

1）设备的品种、规格、数量是否与设计相一致；

2）需要安装的设备和不需要安装的设备是否分清，有无将不需要安装的设备作为需要安装的设备多计工程量。

2. 审查设备、材料的预算价格

（1）审查设备、材料的预算价格是否符合工程所在地的真实价格及价格水平。

（2）设备、材料的原价确定方法是否正确。

（3）设备的运杂费率及其运杂费的计算是否正确，材料预算价格的各项费用的计算是否符合规定、有无差错。

3. 审查预算单价的套用

（1）预算中所列各分项工程预算单价是否与现行预算定额的预算单价相符，其名称、规格、计量单位和所包括的工程内容是否与单位估价表一致。

（2）审查换算的单价，首先要审查换算的分项工程是否是定额中允许换算的，其次审查换算是否正确。

（3）审查补充定额和单位估价表的编制是否符合编制原则，单位估价表计算是否正确。

4. 审查有关费用项目及其计取

（1）措施费的计算是否符合有关的规定标准，间接费和利润的计取基础是否符合现行规定，有无不能作为计费基础的费用列入计费的基础。

（2）预算外调增的材料差价是否计取了间接费。

（3）有无巧立名目乱计费、乱摊费用现象。

2.4.4.2　施工图预算的审查步骤

1. 做好审查前的准备工作

（1）熟悉施工图纸。施工图是编审预算分项数量的重要依据，必须全面熟悉了解，核对所有图纸，清点无误后，依次识读。

（2）了解预算包括的范围。根据预算编制说明，了解预算包括的工程内容。例如：配套设施、室外管线等。

（3）弄清预算采用的单位估价表。任何单位估价表或预算定额都有一定的适用范围，应根据工程性质，搜集、熟悉相应的单价、定额资料。

2. 选择合适的审查方法，按相应内容审查

由于工程规模、繁简程度不同，施工方法和施工企业情况不一样，所编工程预算和质量也不同，因此需选择适当的审查方法进行审查。

3. 调整预算

综合整理审查资料，并与编制单位交换意见，定案后编制调整预算。审查后需要进行增加或核减的，经与编制单位协商，统一意见后进行相应的修正。

2.4.4.3　施工图预算的审查方法

审查施工图预算方法较多，主要有全面审查法、标准预算审查法、分组计算审查法、对比审查法、筛选审查法、重点抽查法、利用手册审查法和分解对比审查法等八种。

1. 全面审查法

全面审查法又叫逐项审查法，首先根据施工图预算全面计算工程量，然后将计算的工程量与审查对象的工程量逐一进行对比，同时，根据定额或单位估价表逐项对审查对象的单价进行核实。适用于一些工程量较小、工艺比较简单的工程。优点是全面、细致，审查

质量较高，审核效果较好；缺点是工作量大。

2. 标准预算审查法

对于利用标准图纸或通用图纸的工程，先集中力量编制标准预算，以此为准来审查工程预算。按标准设计图纸或通用图集施工的工程，一般上部结构和做法相同，只是根据现场施工条件或地质情况不同，仅对基础部分做局部改变。优点是时间短、效果好、好定案；缺点是只适应按标准图纸设计的工程，适用范围小。

3. 分组计算审查法

将预算中有关项目按类别划分为若干组，利用同组中一组数据审核分项工程量的一种方法。首先将相邻且有一定内在联系的分部分项工程量进行编组，利用同组分项工程按相邻且有一定内在联系的项目进行编组，由此判断同组中其他几个分项工程的准确程序。优点是审核速度快，工作量小。

4. 对比审查法

与已完工程的施工图相同但基础部分和施工现场条件不同、工程设计相同但建筑面积不同、工程面积相同但设计图纸不完全相同的拟建工程，应该用已建成工程的预算或虽未建成但已审查修正的工程预算对比审查。

5. 筛选审查法

是统筹法的一种，也是一种对比法。建筑工程虽有建筑面积和高度的不同，但是各分部分项工程的工程量、造价、用工量在每个单位面积上的数值变化不大。通过归纳工程量、价格、用工三方面基本指标来筛选各分部分项工程，对不符合条件的进行详细审查，若审查对象的预算标准与基本指标的标准不同，就要对其进行调整。优点是简单易懂，便于掌握，审查速度快，便于发现问题；缺点是不宜发现问题产生的原因。

6. 重点抽查法

抓住工程预算中的重点进行审核，一般包括工程量较大或者造价较高的各种工程、补充定额以及各项费用等。优点是重点突出，审查时间短、效果好。

7. 利用手册审查法

把工程中常用的构件、配件事先整理成预算手册，按手册对照审查的方法。如工程常用的预制构配件：洗脸池、坐便器、化粪池等，把这些按标准图集计算出工程量，套上单价，编制成预算手册使用。优点是简化了预结算的编审工作。

8. 分解对比审查法

将一个单位工程按直接费与间接费进行分解，然后再把直接费按分部分项工程进行分解，分别与审定的标准预算进行对比分析。

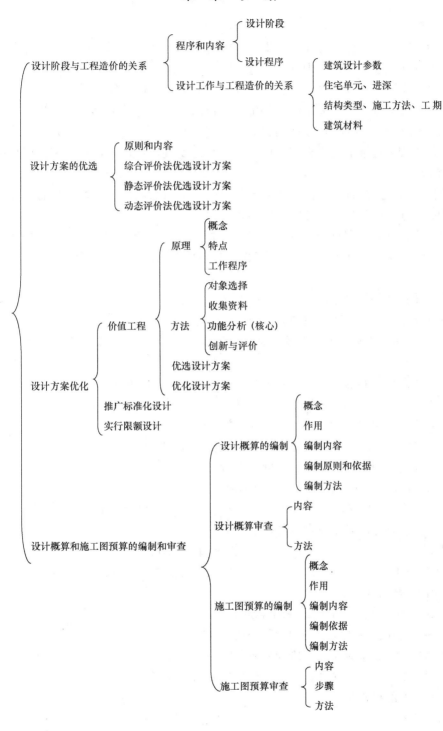

本 章 小 结

设计阶段与工程造价的关系
- 程序和内容
  - 设计阶段
  - 设计程序
- 设计工作与工程造价的关系
  - 建筑设计参数
  - 住宅单元、进深
  - 结构类型、施工方法、工期
  - 建筑材料

设计方案的优选
- 原则和内容
- 综合评价法优选设计方案
- 静态评价法优选设计方案
- 动态评价法优选设计方案

设计方案优化
- 价值工程
  - 原理
    - 概念
    - 特点
    - 工作程序
  - 方法
    - 对象选择
    - 收集资料
    - 功能分析（核心）
    - 创新与评价
  - 优选设计方案
  - 优化设计方案
- 推广标准化设计
- 实行限额设计

设计概算和施工图预算的编制和审查
- 设计概算的编制
  - 概念
  - 作用
  - 编制内容
  - 编制原则和依据
  - 编制方法
- 设计概算审查
  - 内容
  - 方法
- 施工图预算的编制
  - 概念
  - 作用
  - 编制内容
  - 编制依据
  - 编制方法
- 施工图预算审查
  - 内容
  - 步骤
  - 方法

习　题

一、判断题

1. 建设项目设计工作的程序是初步设计、技术设计和施工图设计。（　　）

2. 房屋建筑的层数越高，则其单方造价也越高。（　　）

3. 设计方案优选的原则之一是兼顾工程造价和使用成本的关系。（　　）

4. 在设计方案选优中，采用综合评价法可以通过定量计算取得唯一评价结果，但不能直接判断各设计方案的各项功能实际水平。（　　）

5. 价值工程是用最低的寿命周期成本，可靠地实现最优功能，并且着重于功能分析的有组织活动。（　　）

6. 价值评价是通过计算功能价值来寻找最优功能对象，而成本评价是通过计算成本改善期望值来确定价值工程对象的改进范围。（　　）

7. 限额设计就是按照批准的可行性研究报告及投资估算控制初步设计，按照批准的初步设计概算控制施工图设计，按照施工图预算对施工图设计的各个专业设计文件做出决策。（　　）

8. 施工图预算是签订建设工程合同和贷款合同的依据。（　　）

9. 设计概算审查一般采用集中会审的方式进行。（　　）

10. 对施工企业来说，施工图预算是确定工程招标控制价的依据。（　　）

二、单选题

1. 在建筑面积不变的前提下，建筑物周长系数增加，则单方造价（　　）。

A. 增加　　　　B. 降低　　　　C. 不变　　　　D. 无法判断

2. 下列关于民用建筑设计与工程造价的关系中，正确的说法是（　　）。

A. 住宅的层高和净高增加，会使工程造价随之增加

B. 圆形住宅既有利于施工，又能降低造价

C. 6层以内住宅层数越多，单方造价就越大

D. 在满足住宅功能和质量的前提下，减小住宅进深，对降低工程造价有明显效果

3. 下列哪一种方法属于技术经济静态分析方法（　　）。

A. 费用现值法　　　　　　　　B. 费用年值法

C. 计算费用法　　　　　　　　D. 最小公倍数法

4. 价值工程的目的是（　　）。

A. 以最低的生产成本实现最好的经济效益

B. 以最低的生产成本实现使用者所需功能

C. 以最低的寿命周期成本实现使用者所需最高功能

D. 以最低的寿命周期成本可靠地实现使用者所需功能

5. 价值工程的核心是（　　）。

A. 对象选择　　　　　　　　B. 信息资料收集

C. 功能评价　　　　　　　　D. 功能分析

6. 在进行产品功能价值分析时，若甲、乙、丙、丁四种零部件的价值指数分别为0.5、0.8、1、1.2，则应重点研究改进的对象是（　　）。

A. 零部件甲　　　B. 零部件乙　　　C. 零部件丙　　　D. 零部件丁

7. 价值工程中的功能一般是指产品的(　　)。

A. 基本功能　　　　　　　　B. 使用功能

C. 主要功能　　　　　　　　D. 必要功能

8. 给排水、采暖通风概算应列入(　　)。

A. 工程建设其他费用概算　　　B. 设备与工器具费用概算

C. 建筑工程概算　　　　　　　D. 设备安装工程概算

9. 当初步设计达到一定深度,建筑结构比较明确,并能够较准确地计算出概算工程量时,编制概算可采用(　　)。

A. 预算定额法　　　　　　　　B. 概算定额法

C. 概算指标法　　　　　　　　D. 类似工程预算法

10. 采用三阶段设计的建设项目,(　　)阶段必须编制修正概算。

A. 初步设计　　　　　　　　B. 扩大初步设计

C. 详细设计　　　　　　　　D. 施工图设计

三、多选题

1. 在建筑设计阶段,影响工程造价的主要因素有(　　)。

A. 住宅的进深　　　　　　　B. 层数,层高

C. 建筑结构　　　　　　　　D. 施工方法

E. 流通空间

2. 设计方案评价应遵循的原则是(　　)。

A. 处理好合理性与先进性的关系

B. 考虑工程造价与使用成本的关系

C. 技术先进性原则

D. 经济性原则

E. 兼顾近期与远期的要求

3. 工程设计优化途径包括(　　)。

A. 运用动态方法　　　　　　B. 运用价值工程

C. 运用创新设计　　　　　　D. 推广标准化设计

E. 实施限额设计

4. 利用功能指数法进行价值分析时,如果 VI＞1,出现这种情况的原因可能是(　　)。

A. 目前成本偏低,不能满足评价对象应具有的功能要求

B. 功能过剩,已经超过了其应该有的水平

C. 功能成本比较好,正是价值分析所追求的目标

D. 功能很重要但成本较低,不必列为改进对象

E. 实现功能的条件或方法不佳,致使成本过高

5. 根据价值工程原理,提高产品价值的途径有(　　)。

A. 功能不变,成本降低

B. 功能提高,成本提高

C. 功能提高，成本降低

D. 总功能满足要求的前提下，消除多余功能

E. 功能稍有下降，成本大幅度降低

6. 设计概算可分为(　　)。

A. 单位工程概算　　　　　　　B. 土建工程概算

C. 单项工程综合概算　　　　　D. 建设项目总概算

E. 预备费概算

7. 设备安装工程概算编制方法有(　　)。

A. 实物法　　　　　　　　　　B. 单价法

C. 扩大单价法　　　　　　　　D. 设备价值百分比法

E. 综合吨位指标法

8. 审查设计概算的方法有(　　)。

A. 全面会审法　　　　　　　　B. 对比分析法

C. 重点抽查法　　　　　　　　D. 筛选审查法

E. 联合会审法

9. 设计概算的审查方法包括(　　)。

A. 对比分析法　　　　　　　　B. 查询核实法

C. 工料单价法　　　　　　　　D. 实物法

E. 联合会审法

10. 按造价形成划分编制施工图预算的方法包括(　　)。

A. 熟悉建安工程费的组成内容

B. 分部分项工程费的计算

C. 措施项目费的计算

D. 企业管理费的取费及计算

E. 利润的取费及计算

四、简答题

1. 简述住宅建筑设计影响工程造价的因素。

2. 设计方案优选的原则有哪些?

3. 简述住宅建筑设计方案技术经济评价指标的内容。

4. 设计方案优化的方法有哪些?

5. 提高产品价值的途径有哪些?

6. 简述价值工程的一般工作程序。

7. 标准化设计的基本原理是什么?

8. 设计概算编制的方法及各自的适用范围有哪些?

9. 设计概算的审查方法有哪些?

10. 施工图预算的编制和审查方法分别有哪些?

五、计算题

1. 甲、乙、丙三个设计方案的投资额和年成本如表 2-41 所示。

甲、乙、丙三个设计方案的投资额和年成本资料　　　　　　　　表 2-41

方案	基建投资（万元）	年成本（万元）
甲	800	450
乙	1400	400
丙	1000	420

基准投资回收期为 8.33 年，试比较三个设计方案哪一个最优。

2. 某制造厂在进行厂址选择过程中，对甲、乙、丙三个地点进行了考虑。综合专家评审意见，提出厂址选择的评价指标。包括：（1）接近原料产地；（2）有良好的排污条件；（3）有一定的水源、动力条件；（4）当地有廉价劳动力从事原料采集、搬运工作；（5）地价便宜。经专家评审，三个地点的得分情况和各项指标的重要程度如表 2-42 所示。

三个地点的得分情况和各项指标的重要程度　　　　　　　　表 2-42

评价指标	各评价指标权重	选择方案得分		
		甲	乙	丙
1. 接近原料产地	0.35	90	80	75
2. 排污条件	0.25	80	75	90
3. 水源、动力条件	0.20	70	90	80
4. 劳动力资源	0.10	80	85	90
5. 地价便宜	0.10	90	85	90

请根据上述资料进行厂址选择。

3. 某企业为扩大生产规模需要增加一个生产车间，现有三家设计单位设计了 A、B、C 三个设计方案，其初始投资和收益如表 2-43 所示。

A、B、C 三个设计方案初始投资和收益资料（单位：万元）　　　　表 2-43

设计方案	初始投资	年运行费用	年收益
A	500	150	450
B	700	130	600
C	850	120	700

三个设计方案的寿命期均为 15 年，基准收益率为 8%。选择经济上较合理的设计方案。

4. 某建设项目有两个设计方案，其生产能力和产品品种质量相同，有关基本数据如表 2-44 所示。假定基准收益率为 8%，选择设计方案。

两种设计方案有关基础资料　　　　　　　　表 2-44

项　　目	方案 1	方案 2
初始投资（万元）	7000	8000
生产期（年）	10	8
残值（万元）	350	400
年经营成本（万元）	3000	2000

5. 某工程项目有甲、乙、丙、丁四个单位工程，造价工程师拟对该工程进行价值工程分析。在选择分析对象时，得出的数据如表 2-45 所示。

甲、乙、丙、丁四个单位工程的数据资料   表 2-45

项目名称	造价（万元）	功能评价系数
甲	600	0.35
乙	400	0.10
丙	500	0.30
丁	100	0.25
合计	1600	1.00

问题：（1）计算出成本系数和价值系数，选择出价值工程分析对象。

（2）按该工程项目实际情况，准备将工程造价控制在 1500 万元。试分析各单位工程的目标成本及其成本降低期望值，并确定单位工程改进的顺序。

6. 通过价值工程分析对象的选择，造价工程师将某单位工程作为进一步研究的对象。有关专家决定从四个方面（分别以 $F_1 \sim F_4$ 表示）对不同方案的功能进行评价，并对各功能的重要性达成以下共识：F_2 相对于 F_3 很重要，F_2 相对于 F_4 较重要，F_4 相对于 F_3 较重要，F_1 和 F_4 同样重要。此外，各专家提出了三个设计方案，得出的数据如表 2-46 所示。

各专家提出三个设计方案的数据资料   表 2-46

方案功能	各方案功能得分		
	A	B	C
F_1	10	9	7
F_2	8	10	8
F_3	9	8	9
F_4	9	10	10
单方造价（元/m^2）	780	860	650

问题：（1）用 04 评分法，计算各功能的权重。

（2）计算各方案的成本系数、功能评价系数和价值系数，并确定最优方案。

7. 拟建砖混住宅楼工程，建筑面积为 3800m^2，结构形式与已建住宅楼相似，类似工程建筑面积 3680m^2，单方造价 850 元。不同的是门窗、地面及墙饰面。类似工程和拟建工程的门窗、地面及墙饰面数据资料如表 2-47、表 2-48 所示。

类似工程门窗、地面及墙饰面数据资料   表 2-47

内　容	工程量（m^2）	预算单价（元/m^2）
双层钢门窗	1350	92.7
彩釉地面砖	2850	64.8
墙面 815 涂料	11200	2.66

拟建工程门窗、地面及墙饰面数据资料 表 2-48

内 容	工程量（m²）	预算单价（元/m²）
塑钢门窗	1420	248
大理石地面	2970	125
墙面刷仿瓷砖涂料	11400	4.88

已知类似工程的人工费、材料费、施工机具使用费、企业管理费、规费分别占单方造价比例为 18%、65%、5%、12%、9%，拟建工程与类似工程预算造价在这几方面的差异系数为 1.83、1.27、1.05、1.01 和 0.95。

问题：（1）根据背景材料确定拟建工程概算造价。

（2）已知类似工程预算中，消耗量指标如表 2-49 所示，应用概算指标法确定拟建工程的概算造价。

类似工程消耗量指标 表 2-49

每平方米建筑面积资源消耗			其 他
名 称	数 量	单 价	
人 工	6.9 工日	23.4 元/工日	其他材料费占主材费 48%，施工机具使用费占人工费 6%，拟建工程综合费率为 18%
钢 材	243kg	3.2 元/kg	
水 泥	22kg	0.28 元/kg	
木 材	0.07 m³	2200 元/ m³	
钢门窗	0.38 m²	108 元/ m²	

3 建设项目交易阶段工程造价控制

教学目标

- 了解建设项目招标投标的概念。
- 了解建设项目招标的范围、方式和内容。
- 了解建设项目施工招标、投标的程序。
- 熟悉建设项目招标控制价的计价依据、编制方法、编制内容和审查内容。
- 熟悉建设项目投标报价的编制原则、计价依据、编制方法和编制内容。
- 掌握建设项目投标报价的控制方法。
- 掌握建设项目中标价控制方法。

教学要求

能 力 要 求	知 识 要 点	权 重
招投标的概述	招投标的概念 招投标的内容 招投标的程序	0.1
编制招标控制价	招标控制价的计价依据 招标控制价的编制方法 招标控制价的编制内容	0.2
审查招标控制价	招标控制价的审查内容	0.1
编制投标报价	投标报价的编制原则 投标报价的计价依据 投标报价的编制方法 投标报价的编制内容	0.2
控制投标报价	投标报价的控制方法	0.25
控制中标价	中标价的控制方法	0.15

建设项目交易阶段是一项复杂的工作，涉及很多环节，每个环节对工程造价水平都产生较大的影响。交易阶段形成的招标公告、招标文件、工程量清单、招标控制价、投标书、中标通知书以及合同等，都是工程施工和竣工结算阶段造价管理的重要依据。

3.1 建设项目招标投标概述

建设项目实行的招标投标制度，是一种通过竞争择优选定建设项目的工程承包单位、勘察设计单位、施工单位、监理单位、设备制造供应单位等，达到保证工程质量、缩短建设周期、控制工程造价、提高投资效益的目的，由发包人与承包人之间通过招标投标签订承包合同的经营制度。

3.1.1　建设项目招标投标的概念

建设项目招标是指招标人在发包建设项目之前，依据法定程序，以公开招标或邀请招标方式，鼓励潜在的投标人依据招标文件参与竞争，通过评定，从中择优选定得标人的一种经济活动。

建设项目投标是工程招标的对称概念，指具有合法资格和能力的投标人，根据招标条件，在指定期限内填写标书，提出报价，并等候开标、决定能否中标的经济活动。

在市场经济条件下，招标投标是一种市场竞争行为。招标人通过招标活动来选择条件优越者，使其力争用更优的技术、更佳的质量、更低的价格和更短的周期完成工程项目；投标人也通过这种方式选择项目和招标人，以使自己获得更丰厚的利润。

3.1.2　建设项目招标投标的理论基础

建设工程招标投标是运用于建设工程交易的一种方式。它的特点是由固定买主设定包括以商品质量、价格、工期为主的标的，邀请若干卖主通过秘密报价竞标，由买主选择优胜者后，与其达成交易协议，签订工程承包合同，然后按合同实现标的的竞争过程。其理论是建立在竞争机制、供求机制和价格机制之上的。

3.1.2.1　竞争机制

竞争是商品机制的普遍规律。竞争的结果是优胜劣汰。竞争机制不断促进企业经济效益的提高，从而推动本行业乃至整个社会生产力的不断发展。

招标投标制体现了商品供给者之间的竞争是建筑市场竞争的主体。为了争夺和占领有限的市场容量，在竞争中处于不败之地，促使投标者从质量、价格、交货期限等方面提高自己的竞争能力，尽可能将其他投标者挤出市场。因而，这种竞争的实质是投标者之间经营实力、科学技术、商品质量、服务质量、经营思想、合理定价、投标策略等方面的竞争。

3.1.2.2　供求机制

供求机制是市场经济的主要经济规律。供求规律在提高经济效益和保障社会生产平衡发展方面起到了积极作用。实行招标投标制是利用供求规律解决建筑商品供求问题的一种方式。利用这种方式，必须建立供略大于求的买方市场，使建筑商品招标者在市场上处于有利地位，对商品或商品生产者有较充裕的选择范围。其特点表现为：招标者需要什么，投标者就生产什么；需要多少，就生产多少；要求何种质量，就按什么质量等级生产。

实行招标投标制的买方市场，是招标者导向的市场。其主要表现为，商品的价格由市场价值决定。因而，投标者必须采用先进的技术、管理手段和管理方法，努力降低成本，以较低的报价中标，并能获得较好的经济效益。另外，在买方市场条件下，招标者对投标者有充分的选择余地，市场能为投标者提供广泛的需求信息，从而对投标者的经营活动起到了导向作用。

3.1.2.3　价格机制

实行招标投标的建设工程，同样受到价格机制的影响。其表现为，以本行业的社会必要劳动量为指导，制定合理的招标控制价，通过招标，选择报价合理、社会信誉高的投标者为中标单位，完成商品交易活动。由于价格竞争成为重要内容，因此，生产同种建筑产品的投标者，为了提高中标率，必然会自觉运用价值规律，使报价低而合理，以便取胜。

3.1.3 建设项目招标的范围

根据《中华人民共和国招标投标法》的规定，凡在中华人民共和国境内进行下列建设项目，包括项目的勘察、设计、施工、监理以及与工程建设有关的重要设备、材料等的采购，必须实行招标：

（1）大型基础设施、公用事业等关系社会公共利益、公众安全的项目。

（2）全部或部分使用国有资金投资或国家融资的项目。

（3）使用国际组织或者外国政府贷款、援助资金的项目。

3.1.4 建设项目招标的方式

建设项目招标方式一般采取公开招标和邀请招标两种方式进行。

3.1.4.1 公开招标

1. 概述

公开招标又称竞争性招标。是指招标人通过报刊、广播或电视等公共传播媒介介绍、发布招标公告或信息而进行招标，是一种无限制的竞争方式。优点是招标人有较大的选择范围，可在众多的投标人中选定报价合理、工期较短、信誉良好的承包商。

2. 公开招标的程序

（1）申请批准招标。

（2）准备招标文件（包括编制招标控制价或标底）。

（3）发布招标公告。

（4）对报名的投标单位进行资格审查，待确定参加投标的单位后，发售招标文件，并收取投标保证金。

（5）组织投标单位勘察现场和对招标文件进行答疑。

（6）接受投标单位递送的标书。

（7）公开开标。

（8）由依法组建的评标委员会负责评标并推荐中标候选单位。

（9）确定中标单位和发出中标通知书，收回未中标单位领取的招标资料和图纸，退还投标保证金。

（10）与中标单位签订工程施工承包合同。

3.1.4.2 邀请招标

1. 概述

邀请招标又称为有限竞争性招标或选择性招标，是指由招标人以投标邀请书的方式邀请特定的法人或者其他组织投标。优点是可以缩短招标有效期，节约招标费用，提高投标人的中标机会；缺点是会排除许多更有竞争力的企业，中标价格也可能高于公开招标的价格。

2. 邀请招标的程序

邀请招标的程序与公开招标的程序基本相同。

3. 邀请招标的有关说明

（1）邀请招标的工程通常是保密工程或者有特殊要求的工程，或者属于规模小、内容简单的工程以及非政府投资工程。

（2）被邀请参加投标的施工企业不得少于 3 个。

（3）招标单位发出招标邀请书后，被邀请的施工企业也可以不参加投标；施工企业在收到投标邀请书后，招标单位不得以任何借口拒绝被邀请单位参加投标，因拒绝而延误被邀请单位投标的，招标单位应负包括经济赔偿等在内的一切责任。

3.1.5 建设项目的招标内容

建设项目的招标内容如图 3-1 所示。

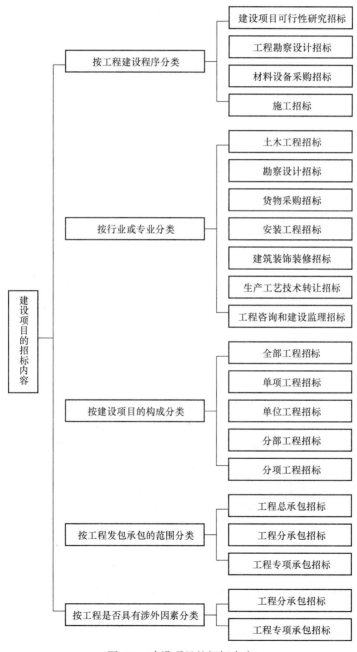

图 3-1　建设项目的招标内容

3.1.6 建设项目施工招标程序

建设项目施工招标是一项非常规范的管理活动,以公开招标为例,一般应遵循以下流程。

1. 招标活动的准备工作

建设项目施工招标前,招标人应当办理有关的审批手续、确定招标方式以及划分标段等工作。

2. 资格预审公告或招标公告的编制与发布

根据《招标公告发布暂行办法》(国家发展计划委员会第 4 号令,2000 年 7 月),招标公告是指采用公开招标方式的招标人(包括招标代理机构)向所有潜在的投标人发出的一种广泛的通告。招标公告的目的是使所有潜在的投标人都具有公平的投标竞争的机会。招标人采用公开招标的方式的,应当发布招标公告。根据《标准施工招标文件》(56 号令)的规定,若在公开招标过程中采用资格预审程序,可用资格预审公告代替招标公告,资格预审后不再单独发布招标公告。

3. 资格审查

招标人可以根据招标项目本身的特点和需要,要求潜在投标人或者投标人提供满足其资格要求的文件,对潜在投标人或者投标人进行资格审查。资格审查可以分为资格预审和资格后审。资格预审是指在投标前对潜在投标人进行的资质条件、业绩、信誉、技术、资金等多方面情况进行资格审查,而资格后审是指在开标后对投标人进行的资格审查。除招标文件另有规定外,进行资格预审的,一般不再进行资格后审。

4. 编制和发售招标文件

按照我国《招标投标法》的规定,招标文件应当包括招标项目的技术要求,对投标人资格审查的标准、投标报价要求和评标标准等所有实质性要求和条件以及拟签合同的主要条款。建设项目施工招标文件是由招标人(或其委托的咨询机构)编制,由招标人发布的,既是投标单位编制投标文件的依据,也是招标人与将来中标人签订工程承包合同的基础,招标文件中提出的各项要求,对整个招标工作乃至承包发包双方都有约束力。

5. 踏勘现场与召开投标预备会

招标人根据招标项目的具体情况,可以组织投标人踏勘项目现场,向其介绍工程场地和相关环境的有关情况。招标人不得单独或者分别组织任何一个投标人进行现场踏勘。

投标人在领取招标文件、图纸和有关技术资料及踏勘现场后提出的疑问,招标人可通过书面形式或投标预备会进行解答。投标预备会在招标管理机构监督下,由招标单位组织并主持召开,在预备会上对招标文件和现场情况作介绍或解释,并解答投标单位提出的疑问。在投标预备会上,招标单位还应该对图纸进行交底和解释。

6. 建设项目施工投标

投标人按照招标文件的要求编制投标文件,在招标文件规定的提交投标文件的截止时间前,将投标文件密封送达投标地点。招标人收到投标文件后,应当向投保人出具标明签收人和签收时间的凭证。在招标文件要求提交投标文件的截止时间后送达或未送达指定地点的投标文件,为无效的投标文件,招标人不予受理。

7. 评标工作

评标应由招标人依法组建的评标委员会负责,其目的是根据招标文件确定的标准和方法，对每一个投标人的标书进行评审和比较，以选出最优的投标人。评标工作一般分为开标和评标。

（1）开标。我国《招标投标法》规定，开标应当在招标文件确定的提交投标文件截止时间的同一时间公开进行。开标由招标人主持，并邀请所有投标人的法定代表人或其委托代理人准时参加。

（2）评标。评标活动遵循公平、公正、科学、择优的原则，招标人应当采取必要的措施，保证评标在严格保密的情况下进行。

招标人组建评标委员会，评标委员会由招标人的代表及在专家库中随机抽取的技术、经济、法律等方面的专家组成，总人数一般为 5 人以上且总人数为单数，其中受聘的专家不得少于总人数的 2/3。与投标人有利害关系的人员不得进入评标委员会。

评标委员会按照招标文件的规定对投标文件进行评审和比较。除招标人授权直接确定中标人外，评标委员会按照经评审的价格由低到高的顺序推荐中标候选人。评标委员会完成评标后，应当向招标人提交书面评标报告，并抄送有关行政监督部门。评标报告由评标委员会全体成员签字。

某些省市为了更好地进行商务标的评审，先由招标代理公司的造价人员进行回标分析。回标分析一般在开标后、评标前对各家投标书的内容进行审查分析，其目的是保证投标文件能响应招标文件所要求的基本点以及行业相关规定，起到把关的作用。这一步如果做不好将会给评标和中标后的工作都带来巨大的影响。商务标回标分析的内容包括对分部分项工程量清单报价的分析、对措施项目清单报价的分析和对其他项目清单报价的分析。

工程量清单计价模式下的回标分析一般由招标人（或招标代理机构）把各投标单位的清单报价进行汇总分析，得出各项目的相对报价，依据工程量清单招标文件、招标方编制的招标控制价进行对比审查，对投标文件分析中发现的疑问和需要澄清、说明和补充的事项，要求有关投标人向评标委员会作出澄清、说明和补正后，作为评标委员会认可的"经评审的投标价"方可作为评标的依据。

8. 签订合同

除招标文件中特别规定了授权评标委员会直接确定中标人外，招标人依据评标委员会推荐的中标候选人确定中标人，评标委员会推荐中标候选人的人数应符合招标文件的要求，一般应当限定在 1～3 人，并标明排列顺序。

中标人确定后，招标人向中标人发出中标通知书，并同时将中标结果通知所有未中标的投标人。招标人和中标人应当自中标通知书发出之日起 30 天内，根据招标文件和中标人的投标文件订立书面合同。

3.1.7　建设项目施工投标程序

任何一个施工项目的投标报价都是一项复杂的系统工程，需要周密思考，统筹安排，并遵循一定的程序。

1. 通过资格预审及获取招标文件

在取得招标信息后，投标人首先要决定是否参加投标，如果确定参加投标，则要进行资格预审并获取招标文件。为了能顺利地通过资格预审，承包人申报资格预审时应当注意：

（1）平时对资格预审有关资料注意积累，随时存入计算机内，经常整理，以备填写资格预审表格之用。

（2）填表时应重点突出，除满足资格预审要求外，还应适当地反映出本企业的技术管理水平、财务能力、施工经验和良好业绩。

（3）如果资格预审准备中，发现本公司某些方面难以满足投标要求时，则应考虑组成联合体参加资格预审。

2. 组织投标报价班子

组织一个专业水平高、经验丰富、精力充沛的投标报价班子是投标获得成功的基本保证。班子中应包括企业决策层人员、估价人员、工程计量人员、施工计划人员、采购人员、设备管理人员、工地管理人员等。

一般来说，班子成员可分为三个层次，即报价决策人员、报价分析人员和基础数据采集和配备人员。各类专业人员之间应分工明确、通力合作配合，协调发挥各自的主动性、积极性和专长，完成既定投标报价工作。

另外，还要注意保持报价班子成员的相对稳定，以便积累经验，不断提高其素质和水平，提高报价工作效率。

3. 研究招标文件

投标人取得招标文件后，为保证工程量清单报价的合理性，应对投标人须知、合同、技术规范、图纸和工程量清单等重点内容进行分析，深刻而正确地理解招标文件和发包人的意图。

（1）投标人须知。投标人须知反映了招标人对投标的要求，在对其进行分析时特别要注意项目的资金来源、投标书的编制和递交、投标保证金、更改或备选方案、评标方法等，重点在于防止废标。

（2）合同。合同分析的内容包括合同背景分析、合同形式分析、合同条款分析、施工工期分析和发包人责任分析。

1）合同背景分析。投标人有必要了解与自己承包的工程内容有关的合同背景，了解监理方式，了解合同的法律依据，为报价和合同实施及索赔提供依据。

2）合同形式分析。主要分析承包方式（如分项承包、施工承包、设计与施工总承包和管理承包等）；计价方式（如固定合同价格、可调合同价格和成本加酬金确定的合同价格等）。

3）合同条款分析。主要包括承包商的任务、工作范围和责任；工程变更及相应的合同价款调整；付款方式、时间。应注意合同条款中关于工程预付款、材料预付款的规定。根据这些规定和预计的施工进度计划，计算出占用资金的数额和时间，从而计算出需要支付的利息数额并计入投标报价。

4）施工工期分析。合同条款中关于合同工期、竣工日期、部分工程分期交付工期等规定，是投标人制定施工进度计划的依据，也是报价的重要依据。要注意合同条款中有无工期奖罚的规定，尽可能做到在工期符合要求的前提下报价有竞争力，或在报价合理的前提下工期有竞争力。

5）发包人责任分析。投标人所制定的施工进度计划和做出的报价，都是以发包人履行责任为前提的。所以应注意合同条款中关于发包人责任措辞的严密性，以及关于索赔的有关规定。

（3）技术规范。工程技术规范是按建设项目类型来描述工程技术和工艺内容特点，对设备、材料、施工和安装方法等所规定的技术要求，有的是对工程质量进行检验、实验和验收所规定的方法和要求，它们与工程量清单中各子项工作密不可分，报价人员应在准确理解招标人要求的基础上对有关工程内容进行报价。任何忽视技术标准的报价都是不完整、不可靠的，有时可能导致工程承包重大失误和亏损。

（4）图纸。图纸是确定建设项目范围、内容和技术要求的重要文件，也是投标者确定施工方法等施工计划的主要依据。

图纸的详细程度取决于招标人提供的施工图设计所达到的深度和所采用的合同形式。详细的设计图纸可使投标人比较准确的估价，而不够详细的图纸则需要估价人员采用综合估价方法，其结果一般不很精确。

4. 工程现场调查

招标人在招标文件中一般会明确进行工程现场踏勘的时间和地点。投标人对一般区域进行调查时应重点注意以下几个方面：

（1）自然条件调查。如气象资料，水文资料，地震、洪水及其他自然灾害情况，地质情况等。

（2）施工条件调查。包括工程现场的用地范围、地形、地物、高程，地上或地下障碍物，现场的三通一平情况；工程现场周围的道路、进出场条件、有无特殊交通限制；工程现场施工临时设施、大型施工机具、材料堆放场地安排的可能性，是否需要二次搬运；工程现场临近建筑物与招标工程的间距、结构形式、基础埋深、新旧程度、高度；市政给水及污水、雨水排放管线位置、高程、管径、压力、废水、污水处理方式，市政、消防供水管道管径、压力、位置等；当地供电方式、方位、距离、电压等；当地煤气供应能力，管线位置、高程等；工程现场通信线路的连接和铺设；当地政府有关部门对施工现场管理的一般要求、特殊要求及规定，是否允许节假日和夜间施工等。

（3）其他条件调查。主要包括各种构件、半成品及商品混凝土的供应能力和价格，以及现场附近的生活设施、治安情况等。

5. 收集与分析投标信息

在投标竞争中，投标信息是一种非常宝贵的资源，正确、全面、可靠的信息，对于投标决策起着至关重要的作用。投标信息包括影响投标决策的各种主观因素和客观因素。

（1）主观因素。主观因素信息包括以下内容：

1）企业技术方面的实力。即投标者是否拥有各类专业技术人才、熟练工人、技术装备以及类似工程经验等，来解决工程施工中可能遇到的技术难题。

2）企业经济方面的实力。包括垫付资金的能力、购买项目所需新的大型机械设备的能力、支付施工用款的周转资金的能力、支付各种担保费用以及办理纳税和保险的能力等。

3）企业的管理水平。是指投标者是否拥有足够的管理人才、运转灵活的组织机构、各种完备的规章制度、完善的质量和进度保证体系等。

4）企业的社会信誉。投标者拥有良好的信誉，是获取承包合同的重要因素，而社会信誉的建立不是一朝一夕的事，要靠平时按期优质完成建设项目而逐步建立。

（2）客观因素。客观因素信息包括以下内容：

1）发包人和监理工程师的情况。主要是指发包人的合法地位、支付能力及履约信誉情况；监理工程师处理问题的公正性、合理性、是否易于合作等。

2）建设项目的社会环境。主要是国家的政治形势，建筑市场是否繁荣，竞争激烈程度，与建筑市场或该项目有关的国家的政策、法令、法规、税收制度以及银行贷款利率等方面的情况。

3）建设项目的自然条件。指项目所在地及其气候、水文、地质等影响项目进展和费用的因素。

4）建设项目的社会经济条件。包括交通运输、原材料及构配件供应、工程款的支付、劳动力的供应等各方面条件。

5）竞争环境。竞争对手的数量，其实力与自身实力的对比，对方可能采取的竞争策略等。

6）建设项目的难易程度。如工程的质量要求、施工工艺难度的高低，是否采用了新结构、新材料，是否有特种结构施工以及工期是否紧迫等。

6. 调查询价

投标报价之前，投标人必须通过各种渠道，采用各种手段对工程所需各种材料、设备等的价格、质量、供应时间、供应数量等进行系统全面的调查，同时还要了解分包项目的分包形式、分包范围、分包人报价、分包人履约能力及信誉等。

询价是投标报价的基础，其为投标报价提供可靠的依据。询价时要特别注意两个问题，一是产品质量必须可靠，并满足招标文件的有关规定；二是供货方式、时间、地点，有无附加条件和费用。

7. 复核工程量

在实行工程量清单计价的施工工程中，工程量清单应作为招标文件的组成部分，由招标人提供。工程量的多少是投标报价最直接的依据。

复核工程量的准确程度，将从两方面影响承包人的经营行为：

（1）根据复核后的工程量与招标文件提供的工程量之间的差距，而考虑相应的投标策略，决定报价尺度；

（2）根据工程量的大小采取合适的施工方法，选择适用、经济的施工机具设备，确定投入使用的劳动力数量等，从而影响到投标人的询价过程。

8. 制定项目管理规划

项目管理规划是工程投标报价的重要依据，项目管理规划应分为项目管理规划大纲和项目管理实施规划。根据《建设工程项目管理规范》（GB/T 50326—2001），当承包人以编制施工组织设计代替项目管理规划时，施工组织设计应满足项目管理规划的要求。制定项目管理规划大纲和项目管理实施规划。

9. 确定投标报价策略

承包人参加投标竞争，能否战胜对手而获得施工合同，在很大程度上取决于自身能否运用正确灵活的投标策略，来指导投标全过程的活动。

正确的投标策略，来自实践经验的积累、对客观规律的不断深入的认识以及对具体情况的了解。同时，决策者的能力和魄力也是不可缺少的。概括起来讲，投标策略可以归纳为四大要素，即"把握形势，以长胜短，掌握主动，随机应变"。

10. 编制投标报价

投标报价的编制主要是投标人对承建项目所要发生的各种费用的计算。作为投标计算的必要条件，应预先确定施工方案和施工进度，此外，投标计算还必须与采用的合同形式相协调。报价是投标的关键性工作，报价是否合理直接关系到投标的成败。

3.2　建设项目招标控制价的确定

3.2.1　招标控制价的概念

招标控制价是指根据国家或省级建设行政主管部门颁发的有关计价依据和办法，依据拟订的招标文件和招标工程量清单，结合工程具体情况发布的招标工程的最高投标限价。

《中华人民共和国招标投标法》第二十二条第二款规定"招标人设有标底的，标底必须保密"。但是，在实行工程量清单招标后，由于招标方式的改变，标底保密这一法律规定已不能起到有效遏止哄抬标价的作用。为此，相关部门出台了控制最高限价的规定，仅在名称上有所不同，并要求在招标文件中将其公布。清单计价规范为了避免与招投标法关于标底必须保密的规定相违背，决定将其命名为招标控制价。

《建设工程工程量清单计价规范》（GB 50500—2013）规定：

（1）国有资金投资的建设工程招标，招标人必须编制招标控制价。

（2）招标控制价应由具有编制能力的招标人或受其委托具有相应资质的工程造价咨询人编制和复核。

（3）工程造价咨询人接受招标人委托编制招标控制价，不得再就同一工程接受投标人委托编制投标报价。

（4）招标控制价应按照编制依据规定编制，不应上调或下浮。

（5）当招标控制价超过批准的概算时，招标人应将其报原概算审批部门审核。

（6）招标人应在发布招标文件时公布招标控制价，同时应将招标控制价及有关资料报送工程所在地或有该工程管辖权的行业管理部门工程造价管理机构备查。

3.2.2　招标控制价的计价依据

（1）《建设工程工程量清单计价规范》（GB 50500—2013）。

（2）国家或省级、行业建设主管部门颁发的计价定额和计价办法。

（3）建设工程设计文件及相关资料。

（4）招标文件中的工程量清单及有关要求。

（5）与建设项目相关的标准、规范、技术资料。

（6）施工现场情况、工程特点及常规施工方案。

（7）工程造价管理机构发布的工程造价信息；如果工程造价信息没有发布的，则参照市场价。

（8）其他相关资料。

3.2.3　招标控制价的编制方法和计算步骤

3.2.3.1　编制方法

招标控制价有传统定额计价和工程量清单计价两种计价模式。自工程量清单计价规范颁布后，我国建设项目计价应以工程量清单计价为主，但考虑定额计价在我国已经实行了几十年，虽然有其不适应的地方，但并不影响其计价的准确性，这种计价模式在一定时期内还有其发挥作用的市场。

3.2.3.2 计算步骤

在工程量清单计价模式下，招标控制价的编制可按照下列步骤完成：

(1) 根据工程量清单计价规范和工程实际情况，编写招标文件的清单计价说明和补充规定。

(2) 根据施工图纸和工程量清单计价规范、清单计价说明和补充规定进行清单列项。

(3) 根据施工图纸准确计算工程量。

(4) 根据相应计价规定计算清单项目综合单价。

(5) 根据清单的工程量及综合单价计算分部分项工程费、措施项目费和其他项目费，编制招标控制价。

3.2.4 招标控制价的编制内容

招标控制价的编制内容包括分部分项工程量、措施项目费、其他项目费、规费和税金，各个部分有不同的计价要求。

1. 分部分项工程费的编制要求

(1) 分部分项工程的单价项目，应根据拟定的招标文件和招标工程量清单项目中的特征描述及有关要求确定综合单价计算；

(2) 采用的工程量应是招标工程量清单提供的工程量；

(3) 综合单价应按《建设工程工程量清单计价规范》(GB 50500—2013)第 5.2.1 条规定的依据确定；

(4) 招标文件提供了暂估单价的材料，应按招标文件确定的暂估单价计入综合单价；

(5) 综合单价应当包括招标文件中招标人要求投标人所承担的风险内容及其范围(幅度)产生的风险费用。

2. 措施项目费的编制要求

(1) 措施项目的单价项目，应根据拟定的招标文件和招标工程量清单项目中的特征描述及有关要求确定综合单价计算；

(2) 措施项目中的总价项目应根据拟定的招标文件和常规施工方案按《建设工程工程量清单计价规范》(GB 50500—2013)的规定计价；

(3) 措施项目中的安全文明施工费应当按照国家或省级、行业建设主管部门的规定标准计算。

3. 其他项目费的编制要求

(1) 暂列金额。暂列金额应按招标工程量清单中列出的金额填写。

(2) 暂估价。暂估价中的材料、工程设备单价、控制价应按招标工程量清单列出的单价计入综合单价；暂估价专业工程金额应按招标工程量清单中列出的金额填写。

(3) 计日工。计日工中的人工单价和施工机械台班单价应按省级、行业建设主管部门或其授权的工程造价管理机构公布的单价计算；材料应按工程造价管理机构发布的工程造价信息中的材料单价计算，工程造价信息未发布材料单价的材料，其价格应按市场调查确定的单价计算。

(4) 总承包服务费。总承包服务费应按照省级或行业建设主管部门的规定计算。

4. 规费和税金的编制要求

规费和税金应按国家或省级、行业建设主管部门的规定计算。

3.2.5 招标控制价的审查

3.2.5.1 概述

招标控制价的编制单位应当将其成果文件、编审依据文件、计算书等技术资料和其他相关材料按有关规定保管并归档备查。有些地区要求同时提供招标文件、设计概算批准文件和招标控制价编制人资质（格）证明等。招标人办理招标备案时，应将经备案的招标控制价与招标文件一并公布，招标投标监督机构应对招标人实施情况进行监督。

3.2.5.2 招标控制价的审查内容

（1）工程量清单编制范围是否与招标文件规定范围一致，是否按招标文件、招标图纸、清单规范、定额、造价文件，本单位出台的《工程量清单编制指引》等有关文件规定执行。

（2）工程量清单是否准确、齐全、有无漏项、清单项目特征描述是否清晰，是否与工程量清单计价说明及补充规定一致。

（3）工程量清单的数量是否准确。

（4）工程量清单的综合单价套价是否正确，人工、材料、机械台班的价格取定是否合理，规费、税金的费率及计价程序是否正确。

（5）措施项目费的列项和计算是否正确合理。

（6）现场因素费用、不可预见费（特殊情况）、对于采用固定价格的工程所测算的在施工周期内价格波动的风险系数等。

3.3 建设项目投标报价的确定

3.3.1 投标报价的概念

投标价是在工程采用招标发包的过程中，由投标人按照招标文件的要求和招标工程量清单，根据工程特点，并结合自身的施工技术、装备和管理水平，依据有关计价规定自主确定的工程造价，是投标人希望达成工程承包交易的期望价格，它不能高于招标人设定的最高投标限价，即招标控制价。

3.3.2 投标报价的编制原则

投标价的编制过程应遵循以下原则：

（1）投标价应由投标人或受其委托具有相应资质的工程造价咨询人员编制；

（2）投标人应依据《建设工程工程量清单计价规范》（GB 50500—2013）的强制性规定自主确定投标报价；

（3）投标报价不得低于工程成本；

（4）投标人必须按招标工程量清单填报价格。项目编码、项目名称、项目特征、计量单位、工程量必须与招标工程量清单一致；

（5）投标人的投标报价高于招标控制价的应予废标。

3.3.3 投标报价的计价依据

（1）《建设工程工程量清单计价规范》（GB 50500—2013）。

（2）国家或省级、行业建设主管部门颁发的计价办法。

（3）企业定额，国家或省级、行业建设主管部门颁发的计价定额。

（4）招标文件、工程量清单及其补充通知、答疑纪要。

（5）建设工程设计文件及相关资料。

（6）施工现场情况、工程特点及拟定的投标施工组织设计或施工方案。

（7）与建设项目相关的标准、规范等技术资料。

（8）市场价格信息或工程造价管理机构发布的工程造价信息。

（9）其他相关资料。

3.3.4 投标报价的编制方法和计算步骤

3.3.4.1 编制方法

投标报价的编制方法与招标控制价的编制方法基本相同。

3.3.4.2 计算步骤

投标价的编制可按照以下步骤进行：

（1）做好投标价计算前的准备工作。在计算报价前首先要熟悉、研究招标文件，掌握市场信息，在广泛收集资料、了解竞争对手实力的基础上，确定计算报价的基本原则。另外，还应做好施工现场的实地勘察工作，因为不同的施工场地和环境，发生的费用也不同。

（2）计算或复核工程量。如果需要计算工程量，则应根据施工图、工程量计算规则认真、详尽地计算，并且要注意以下几点：

1）在定额计价方式下，所划分的分部分项工程项目要与（概）预算定额中的项目一致。

2）在工程量清单计价方式下，所划分的分部分项工程项目要与工程量清单计价规范中的项目一致。

3）严格按设计图纸规定的数据和说明计算。

4）计算的工程量要与拟定的施工方案相呼应。

5）认真检查和复核，避免重算或漏算工程项目。

如果招标文件提供了工程量清单，也应根据施工图认真复核，以便发现问题后在投标书中说明。

（3）确定工程单价。在定额计价方式下，分项工程单价（基价）一般可以直接从计价定额、概算定额、单位估价表及单位估价汇总表中查得。但是，各施工企业为了增强在投标中的竞争能力，可以根据本企业的劳动效率、技术水平、材料供应渠道、管理水平等状况自己编制分项工程综合单价表，为计算投标价提供依据。

（4）计算人工费、材料费、施工机具使用费。在定额计价方式下，工程量乘以分项工程单价汇总成单位工程人工费、材料费、施工机具使用费。在工程量清单计价下，清单工程量乘以综合单价，然后汇总成分部分项工程量清单项目与计价表。

（5）计算企业管理费。在定额计价方式下，根据计算基数和规定的费率计算企业管理费。在工程量清单计价方式下，管理费、风险费已包括在综合单价内。

（6）计算利润、规费和税金。在定额计价方式下，根据计算基数、费率和有关规定计算利润、规费和税金。在工程量清单计价方式下，利润已包括在综合单价内。

（7）在工程量清单计价方式下，还应计算措施项目费、其他项目费、规费和税金。

（8）确定基础投标价和工程实际投标价。

（9）上述费用汇总后，就构成该工程的基础投标价，再运用投标策略，调整有关费用，确定工程实际投标价。

3.3.5 投标报价的编制内容

投标报价的编制内容包括分部分项工程量清单与计价表的编制、措施项目清单与计价表的编制、其他项目与清单计价表的编制、规费和税金项目清单与计价表的编制以及投标报价的汇总。

3.3.5.1 分部分项工程量清单与计价表的编制

承包人投标价中的分部分项工程中的单价项目，应根据招标文件和招标工程量清单项目中的特征描述确定综合单价计算。因此，确定综合单价是分部分项工程工程量清单与计价表编制过程中最主要的内容。

分部分项工程量清单综合单价中应包括招标文件中划分的应由投标人承担的风险范围及其费用，招标文件中没有明确的，应提请招标人明确。

1. 确定分部分项工程综合单价时的注意事项

（1）以特征描述为确定依据。确定分部分项工程中的单价项目综合单价的最重要依据之一是该清单项目的特征描述，投标人投标报价时应依据招标工程量清单项目的特征描述确定清单项目的综合单价。在招投标过程中，当出现招标工程量清单特征描述与设计图纸不符时，投标人应以招标工程量清单的项目特征描述为准，确定投标报价的综合单价。当施工中施工图纸或设计变更与招标工程量清单项目特征描述不一致时，发承包双方应按实际施工的项目特征依据合同约定重新确定综合单价。

（2）材料、工程设备暂估价的处理。招标工程量清单中提供了暂估单价的材料、工程设备，按其暂估的单价进入综合单价。

（3）考虑合理的风险。招标文件中要求投标人承担的风险内容和范围，投标人应考虑进入综合单价。在施工过程中，当出现的风险内容及其范围（幅度）在招标文件规定的范围内时，合同价款不作调整。

2. 确定分部分项工程单价的步骤和方法

（1）确定计算基础。计算基础主要包括消耗量的指标和生产要素的单价。应根据本企业的企业实际消耗量水平，并结合拟定的施工方案确定完成清单项目需要消耗的各种人工、材料、机械台班的数量。计算时应采用企业定额，在没有企业定额或企业定额缺项时，可参照与本企业实际水平相近的国家、地区、行业定额，通过调整来确定清单项目的人工、材料、机械台班的单价，并应根据询价的结果和市场行情综合确定。

（2）分析每一清单项目的工程内容。在招标文件提供的工程量清单中，招标人已对项目特征进行了准确、详细的描述，投标人根据这一描述，再结合施工现场情况和拟定的施工方案确定完成各清单项目实际应发生的工程内容。必要时可参照《建设工程工程量清单计价规范》（GB 50500—2013）中提供的工程内容，有些特殊的工程也可能出现规范列表之外的工程内容。

（3）计算工程内容的工程数量与清单单位的含量。每一项工程内容都应根据所选定额的工程量计算规则计算其工程数量，当定额的工程量计算规则与清单的工程量计算规则相一致时,可直接以工程量清单中的工程量作为工程内容的工程数量。

当采用清单单位含量计算人工费、材料费、施工机具使用费时,还需要计算每一计量单位的清单项目所分摊的工程内容的工程数量,即清单单位含量,如下公式所示。

$$清单单位含量 = \frac{某工程内容的定额工程量}{清单工程量}$$

(4) 计算分部分项工程人工、材料、施工机具使用费。以完成每一计量单位的清单项目所需的人工、材料、施工机具用量为基础计算,如下公式所示。

$$\begin{array}{l}每一计量单位清单项目 \\ 某种资源的使用量\end{array} = \begin{array}{l}该种资源的 \\ 定额单位用量\end{array} \times \begin{array}{l}相应定额条目的 \\ 清单单位含量\end{array}$$

再根据预先确定的各种生产要素的单位价格可计算出每一计量单位清单项目的分部分项工程的人工费、材料费与施工机具使用费,如下公式所示。

$$人工费 = \begin{array}{l}完成单位清单项目 \\ 所需人工的工日数量\end{array} \times 每工日的人工日工资单价$$

$$材料费 = \sum \begin{array}{l}完成单位清单项目所需 \\ 各种材料、半成品的数量\end{array} \times 各种材料、半成品单价$$

$$施工机械使用费 = \sum \begin{array}{l}完成单位清单项目所需 \\ 各种机械的台班数量\end{array} \times 各种机械的台班单价$$

$$仪器仪表使用费 = 工程使用的仪器仪表摊销费 + 维修费$$

$$施工机具使用费 = 施工机械使用费 + 仪器仪表使用费$$

当招标人提供的其他项目清单中列示了材料暂估价时,应根据招标提供的价格计算材料费,并在分部分项工程量清单与计价中表现出来。

(5) 管理费可以分部分项工程费或人工费或人工费与机械费之和为计算基数,取费计算得到。

(6) 利润可以人工费或人工费与机械费之和为计算基数,其费率根据历年工程造价积累的资料,并结合建筑市场实际确定,以单位(单项)工程测算,利润在税前建筑安装工程费的比重可按不低于5%且不高于7%的费率计算。

(7) 将上述费用汇总,并考虑合理的风险费用后,即可得到分部分项工程量清单综合单价。

根据计算出的综合单价,可编制分部分项工程量清单与计价分析表,如表 3-1 所示。

分部分项工程量清单与计价表　　　　　　　　　　表 3-1

工程名称:某住宅工程　　　　　　标段:　　　　　　　　　第　页　共　页

序号	项目编码	项目名称	项目特征描述	计量单位	工程量	金额(元)		
						综合单价	合价	其中:暂估价
			······					
		A.4 混凝土及钢筋混凝土工程						
6	010403001001	基础梁	C30 混凝土基础梁,梁底标高-1.55m,梁截面300mm×600mm,250mm×500mm	m	208	356.14	74077	

序号	项目编码	项目名称	项目特征描述	计量单位	工程量	金额（元）		
						综合单价	合价	其中：暂估价
7	010416001001	现浇混凝土钢筋	螺纹钢 Q235，φ14	t	98	5857.16	574002	490000
		......						
		分部小计					2532419	490000
		合计					3758977	1000000

3. 工程量清单综合单价分析表的编制

为表明分部分项工程量综合单价的合理性，投标人应对其进行单价分析，以作为评标时判断综合单价合理性的主要依据。

综合单价分析表的编制应反映出上述综合单价的编制过程，并按照规定的格式进行，如表 3-2 所示。

工程量清单综合单价分析表　　　　　表 3-2

工程名称：某住宅工程　　　　　　　　标段：　　　　　　　　　第　页　共　页

项目编码	010416001001	项目名称	现浇构件钢筋	计量单位	t

清单综合单价组成明细

定额编号	定额名称	定额单位	数量	单价（元）				合价（元）			
				人工费	材料费	施工机具使用费	管理费和利润	人工费	材料费	施工机具使用费	管理费和利润
AD0899	现浇螺纹钢筋制安	t	1.000	294.75	5397.70	62.42	102.29	294.75	5397.70	62.42	102.29
人工单价			小计					294.75	5397.70	62.42	102.29
38 元/工日			未计价材料费								
清单项目综合单价								5857.16			

	主要材料名称、规格、型号	单位	数量	单价（元）	合价（元）	暂估单价（元）	暂估合价（元）
材料费明细	螺纹钢 Q235，φ14	t	1.07			5000.00	5350.00
	焊条	kg	8.64	4.00	34.56		
	其他材料费				13.14		
	材料费小计				47.70		5350.00

3.3.5.2　措施项目清单与计价表的编制

1. 概述

编制内容主要是计算各项措施项目费，措施项目费应根据招标文件中的措施项目清单及投标时拟定的施工组织设计或施工方案按不同报价方式自主报价。

2. 编制原则

（1）措施项目中的单价项目，应根据招标文件和招标工程量清单项目中的特征描述确定综合单价计算。

（2）措施项目中的总价项目金额应根据招标文件及投标时拟定的施工组织设计或施工方案，按《建设工程工程量清单计价规范》（GB 50500—2013）的有关规定自主确定。

（3）措施项目中的总价项目应根据拟定的招标文件和常规施工方案按《建设工程工程量清单计价规范》（GB 50500—2013）的有关规定计价。

（4）措施项目中的安全文明施工费应按照国家或省级、行业建设主管部门的规定计算确定。

3.3.5.3 其他项目清单与计价表的编制

1. 概述

其他项目费主要包括暂列金额、暂估价、计日工以及总承包服务费。

2. 编制原则

（1）暂列金额应按照其他项目清单中列出的金额填写，不得变动。

（2）暂估价不得变动和更改。

（3）计日工应按照其他项目清单列出的项目和估算的数量，自主确定各项综合单价并计算费用。

（4）总承包服务费应根据招标人在招标文件中列出的分包专业工程内容和供应材料、设备情况，按照招标人提出的协调、配合与服务要求和施工现场管理需要自主确定。

3.3.5.4 规费、税金项目清单与计价表的编制

规费和税金应按国家或省级、行业建设主管部门的规定计算，不得作为竞争性费用。这是由于规费和税金的计取标准是依据有关法律、法规和政策规定制定的，具有强制性。因此，投标人在投标报价时必须按照国家或省级、行业建设主管部门的有关规定计算规费和税金。

3.3.5.5 投标报价的汇总

投标人的投标总价应当与组成工程量清单的分部分项工程费、措施项目费、其他项目费和规费、税金的合计金额相一致，即投标人在进行工程量清单招标的投标报价时，不能进行投标总价优惠（或降价、让利），投标人对投标报价的任何优惠（或降价、让利）均应反映在相应清单项目的综合单价中。

3.4 建设项目投标报价控制方法

合理控制投标报价是投标人在投标竞争中的系统工作部署及其参与投标竞争的方式和手段。投标报价的控制作为投标取胜的方式、手段和艺术，贯穿于投标竞争的始终，内容十分丰富。

3.4.1 根据招标项目的不同特点采用高低不同的报价

投标报价时，既要考虑自身的优势和劣势，也要分析招标项目的特点。按照建设项目的不同特点、类别、施工条件等来选择报价策略。

3.4.1.1 报高价的情况

（1）施工条件差的工程，专业要求高的技术密集型工程，而投标人在这方面又有专长、声望也较高。

（2）总价低的小工程，以及自己不愿做又不方便不投标的工程。

（3）特殊的工程，如港口码头、地下开挖工程等。

（4）工期要求急的工程。

（5）投标对手少的工程。

（6）支付条件不理想的工程。

3.4.1.2 报低价的情况

（1）施工条件好的工程。

（2）工作简单、工程量大而其他投标人都可以做的工程。

（3）投标人目前急于打入某一市场、某一地区，或在该地区面临工程结束，机械设备等无工地转移时。

（4）投标人在附近有工程时，而本项目又可利用该工程的设备、劳务，或有条件短期内突击完成的工程。

（5）投标对手多，竞争激烈的工程。

（6）非急需工程。

（7）支付条件好的工程。

3.4.2 用企业定额确定工程消耗量

3.4.2.1 概述

目前，一般以预算定额的消耗量作为投标价的计算依据。如果采用比预算定额水平更高的企业定额来编制报价，就能有根据地降低工程成本，编制出合理的工程报价。

施工企业内部使用的定额，称为施工定额。施工定额是企业根据自身的生产力水平和管理水平制定的内部定额。显然，为了能使施工定额从客观上起到提高劳动生产率和管理水平的作用，其定额水平必然要高于预算定额。

我们知道，预算定额可用来确定建筑产品价格。建筑产品也是商品，按照马克思主义政治经济学劳动价值论的有关理论，商品的价值是由生产这个商品的社会必要劳动时间确定的，因此，预算定额的水平定格在平均先进水平上。很明显，施工企业应该编制出劳动效率高、消耗量低的施工定额用于企业管理的基础工作，并促使企业内部通过技术革新、采用新材料、采用新工艺及新的操作方法，努力降低成本，不断降低各种消耗，使自己处于低报价而又较好收益的有利地位。所以，针对各企业实际情况编制的施工定额称为企业定额，无疑是控制工程报价的有效手段。

用企业定额编制工程报价应完成两个阶段的工作，一是不断编制和修订企业定额，二是根据企业定额计算工程消耗量。

3.4.2.2 报价计算中企业定额与预算定额的对比分析

企业定额反映了本企业的技术和管理水平，采用该定额确定消耗量，计算投标价，不仅可以使企业生产成本低于行业平均成本，而且还能使企业在投标中处于价格优势地位。下面通过某地区预算定额和某企业定额在计算标价时的消耗量对比分析来说明企业定额的运用带来的报价优势，如表3-3、表3-4、表3-5所示。

某投标工程砖石部分（预算定额）工料分析表 表3-3

序号	预算定额编号	项目名称	单位	工程量	定额工日	工日小计	M5 水泥砂浆（m³）	标准砖（块）	M2.5 混合砂浆（m³）	M5 混合砂浆（m³）
1	1C003	M5 水泥砂浆砌砖基础	m³	145.00	1.36	197.20	0.263	523		
							34.22	75835		
2	1C0011	M2.5 混合砂浆砌砖墙	m³	264.90	1.76	466.22		526	0.224	
								139337	59.338	
3	1C0035	M5 混合砂浆砌砖柱	m³	22.00	2.37	52.14		545		0.228
								11990		5.016
		小计				715.56	34.22	227162	59.338	5.016

某投标工程砖石部分（企业定额）工料分析表 表3-4

序号	施工定额编号	项目名称	单位	工程量	定额工日	工日小计	M5 水泥砂浆（m³）	标准砖（块）	M2.5 混合砂浆（m³）	M5 混合砂浆（m³）
1	4-1-1	M5 水泥砂浆砌砖基础	m³	145.00	1.056	153.12	0.248	512		
							35.96	74240		
2	4-2-13	M2.5 混合砂浆砌砖内墙	m³	84.70	1.39	117.73		520	0.229	
								44044	19.396	
3	4-2-18	M5 混合砂浆砌砖外墙	m³	180.20	1.39	250.48		523	0.229	
								94245	41.266	
4	4-3-37	M5 混合砂浆砌砖柱	m³	22.00	2.25	49.50		542		0.218
								11924		4.796
5	4-2注	立皮数杆加工	m³	264.90	0.025	6.62				
		小计				577.45	35.96	224453	60.662	4.796

某投标工程砖石部分人工、材料费对比分析 表3-5

序号①	项目名称②	单位③	预算定额④	施工定额⑤	节约或超支⑥＝④－⑤	单价（元）⑦	节约或超支金额（元）⑧＝⑥×⑦	预算定额消耗量的金额（元）⑨＝④×⑦	节约和超支占预算定额百分比（％）⑩＝⑧÷⑨
1	人工	工日	715.56	577.45	138.11	15.80	2182.14	11305.85	19.30
2	M5 水泥砂浆	m³	34.22	35.96	－1.74	124.32	－216.32	4254.23	－5.08
3	标准砖	块	227162	224453	2709	0.14	379.26	31802.68	1.19
4	M2.5 混合砂浆	m³	59.338	60.662	－1.324	102.30	－135.45	6070.28	－2.23
5	M5 混合砂浆	m³	5.016	4.796	0.22	120.0	26.40	601.92	4.39
							2236.03	54034.96	4.14

　　通过表3-3～表3-5 的分析，最后结果为：该投标工程砖石部分的人工、材料费报价

可以在预算定额的基础上降低 2236.03 元，降低率为 4.14%。

3.4.3　不平衡报价法

3.4.3.1　概述

不平衡报价是指一个工程项目总报价基本确定后，通过调整内部各个项目的报价，以期既不提高总报价、不影响中标，又能在结算时得到更理想的经济效益。

3.4.3.2　不平衡报价的原则

不平衡报价总的原则是保持正常报价的总额不变，而人为地调整某些项目的工程单价。

（1）能够早日结算的项目（如前期措施费、基础工程、土石方工程等）可以适当提高报价，以利资金周转，提高资金时间价值。后期工程项目如设备安装、装饰工程等的报价可适当降低。

（2）经过工程量复核，预计今后工程量会增加的项目，单价适当提高，这样在最终结算时可多盈利，而将来工程量有可能减少的项目，单价适当降低，这样在工程结算时可减少损失。但是，上述两种情况要统筹考虑，具体分析后再定。

（3）设计图纸不明确、估计修改后工程量要增加的，可以适当提高单价；而工程内容说明不清楚的，则可以适当降低单价，在工程实施阶段进行索赔时再寻求提高单价的机会。

（4）暂定项目又叫任意项目或选择项目，对这类项目要作具体分析。因这一类项目要开工后由发包人研究决定是否实施，以及由哪一家投标人实施。如果工程不分标，不会另由一家投标人施工，则其中肯定要施工的单价可适当提高，而不一定要施工的单价可适当降低。如果工程分标，该暂定项目也可能由其他投标人施工时，则不宜报高价，以免抬高总报价。

（5）在单价与包干混合制合同中，招标人要求有些项目采用包干报价时，宜报高价。一则这类项目多半有风险，二则这类项目在完成后可全部按报价结算，其余单价项目则可适当降低。

（6）有时招标文件要求投标人对工程量大的项目报"综合单价分析表"，投标时可将单价分析表中的人工费及机械设备费报的较高，而材料费报的较低。这主要是为了在今后补充项目报价时，可以参考选用"综合单价分析表"中较高的人工费和机械费，而材料往往采用市场价，因而可获得较高的收益。

3.4.3.3　不平衡报价的数学模型

假设在工程量清单中存在 x 个分项工程可以进行不平衡报价，其工程量为 A_1，A_2，A_3……A_x，正常报价为 V_1，V_2，V_3……V_x；在工程量清单中存在 m 个分项工程可以调增工程单价，其工程量为 B_1，B_2，B_3……B_m，工程单价经不平衡调增为 P_1，P_2，P_3……P_m；在工程量清单中存在 n 个分项工程可以调减工程单价，其工程量为 C_1，C_2，C_3……C_n，工程单价经不平衡调减为 Q_1，Q_2，Q_3……Q_n，则不平衡报价的数学模型如下公式所示。

$$\sum_{i=1}^{x}(A_i \times V_i) = \sum_{i=1}^{m}(B_i \times P_i) + \sum_{i=1}^{n}(C_i \times Q_i)$$

3.4.3.4 不平衡报价的计算方法与步骤

（1）分析工程量清单，确定调增工程单价的分项工程项目。例如，根据某招标工程的工程量清单，将早期完成的基础垫层、混凝土满堂基础、混凝土挖孔桩的工程单价适当提高；将清单中工程量少算的外墙花岗岩贴面、不锈钢门安装的工程单价适当提高。

（2）分析工程量清单，确定调减工程单价的分项工程项目。根据上述招标工程的工程量清单，将后期完成的混合砂浆抹内墙面、混合砂浆抹顶棚、塑钢窗、屋面保温层的工程单价适当降低；将清单中工程量多算的铝合金卷帘门的工程单价适当降低。

（3）根据数学模型，用不平衡报价计算表分析计算。不平衡报价计算分析表，如表3-6所示。

不平衡报价计算分析表　　　　　　　　　　　　　　　　表 3-6

序号	项目名称	单位	平衡报价			不平衡报价			差额（元）
			工程量	工程单价（元）	合价（元）	工程量	工程单价（元）	合价（元）	
1	C15 混凝土挖孔桩护壁	m³	303.60	272.63	82770.47	303.60	299.89	91046.60	8276.13
2	C20 挖孔桩桩芯	m³	1079.90	194.61	210159.34	1079.90	214.07	231174.19	21014.85
3	C10 混凝土基础垫层	m³	139.69	169.20	23635.55	139.69	186.12	25999.10	2363.55
4	C20 混凝土满堂基础	m³	2016.81	196.64	396585.52	2016.81	216.30	436236.00	39650.48
5	不锈钢门安装	m²	265.72	237.47	63100.52	265.72	291.50	78040.38	14939.86
6	花岗石贴外墙面	m²	77.35	377.00	29160.95	77.35	810.76	63176.39	34015.44
7	混合砂浆抹内墙面	m²	13685.00	6.71	91826.35	13685.00	5.21	71298.85	−20527.50
8	混合砂浆抹顶棚	m²	8016.00	6.01	48176.16	8016.00	4.32	34629.12	−13546.60
9	铝塑钢材安装	m²	981.00	216.00	211896.00	981.00	160.00	156960.00	−54936.00
10	屋面珍珠岩混凝土保温层	m³	285.41	212.46	60638.21	285.41	150.00	42811.50	−17826.71
11	铝合金卷帘门	m²	235.50	185.00	43567.50	235.50	128.00	30144.00	−13423.50
	小计				1261516.13			1261516.13	0.00

（4）不平衡报价效果分析。不平衡报价效果分析，如表3-7所示。

通过上述分析可以看出，该项目实行不平衡报价后，比平衡报价增加了157711.92元（7130.51＋150581.41）的工程直接费，比平衡报价直接费提高了12.5%（157711.92/1261516.13×100%），其效果是显著的。

不平衡报价效果分析表　　　　　　　　　　　　　　　　表 3-7

早期施工项目			预计工程量增加项目						
项目名称	提高工程单价后可多结算费用（元）	多结算费用带来利润收入（10%）（元）	项目名称	预计增加工程量（m²）	平衡报价金额（元）		不平衡报价金额（元）		增加金额（元）
					工程单价	小计	工程单价	小计	
C15 混凝土挖孔桩护壁	8276.13	827.61	不锈钢门安装	105.0	237.47	25076.38	291.50	30782.40	5705.57
C20 挖孔桩桩芯	21014.85	2101.49	花岗石贴外墙面	334.00	377.00	125918.00	810.76	270793.84	144875.84

早期施工项目			预计工程量增加项目					
项目名称	提高工程单价后可多结算费用（元）	多结算费用带来利润收入（10%）	项目名称	预计增加工程量（m²）	平衡报价金额（元）		不平衡报价金额（元）		增加金额（元）
					工程单价	小计	工程单价	小计	
C10混凝土基础垫层	2363.55	236.36							
C20混凝土满堂基础	39650.48	3965.05							
合计		7130.51							150518.41

【例3-1】 某承包商参与某高层商用办公楼土建工程的投标（安装工程由业主另行招标）。为了既不影响中标，又能在中标后取得较好的收益，决定采用不平衡报价法对原估价作了适当调整如表3-8所示。

某投标工程调整前和调整后的投标价 表3-8

	桩基围护工程	主体结构工程	装饰工程	总价
调整前（投标估价）	1480	6600	7200	15280
调整后（正式报价）	1600	7200	6480	15280

现假设桩基围护工程、主体结构工程、装饰工程的工期分别为4个月、12个月、8个月，贷款月利率为1%，并假设各分部工程每月完成的工作量相同且能按月度及时收到工程款（不考虑工程款结算所需要的时间）。试采用不平衡报价法后，该承包商所得工程款的现值比原估价增加多少（以开工日期为折现点）？

【解】（1）计算单价调整前的工程款现值

桩基围护工程每月工程款＝1480÷4＝370（万元）

主体结构工程每月工程款＝6600÷12＝550（万元）

装饰工程每月工程款＝7200÷8＝900（万元）

单价调整前的工程款现值＝$370(P/A, 1\%, 4)+550(P/A, 1\%, 12)(P/F, 1\%, 4)$
$+900(P/A, 1\%, 8)(P/F, 1\%, 16)$
＝13265.45（万元）

（2）计算单价调整后的工程款现值

桩基围护工程每月工程款＝1600÷4＝400（万元）

主体结构工程每月工程款＝7200÷12＝600（万元）

装饰工程每月工程款＝6480÷8＝810（万元）

单价调整后的工程款现值＝$400(P/A, 1\%, 4)+600(P/A, 1\%, 12)(P/F, 1\%, 4)+$
$810(P/A, 1\%, 8)(P/F, 1\%, 16)$
＝13336.04（万元）

（3）两者的差额＝13336.04－13265.45＝70.59（万元）

所以采用不平衡报价法后，该承包商所得工程款的现值比原估价增加70.59万元。

3.4.4 相似程度估算法

相似程度估算法是指利用已办竣工结算的资料估算投标工程造价的方法。

3.4.4.1 相似程度估算法的适用范围

1. 工程报价的时间紧迫。

2. 定额缺项较多。

3. 建筑装饰工程。

3.4.4.2 相似程度估算法的计算思路

在一定地区的一定时期内，同类建筑或装饰工程在建筑物层高、开间、进深等方面具有一定的相似性；在建筑物的结构类型、各部位的材料使用及装饰方案上具有一定的可比性。因此，可以采用已完同类工程的结算资料，通过相似程度系数计算的方法来确定投标工程报价。

3.4.4.3 采用相似程度估价法的基本条件

1. 投标工程要与类似工程的结构类型基本相同。

2. 投标工程要与类似工程的施工方案基本相同。

3. 投标工程要与类似工程的装饰材料基本相同。

4. 投标工程的建筑面积、层高、进深、开间等特征要素应与类似工程基本相同。

5. 投标工程的施工工期与类似工程基本相同。

3.4.4.4 相似程度估算法的计算公式

用相似程度估价法确定工程报价的计算公式如下所示。

$$\frac{投标}{工程} = \frac{投标工程}{建筑面积} \times \frac{类似工程每}{平方米造价} \times \frac{投标工程相}{似程度系数}$$

$$式中 \quad \frac{投标工程相}{似程度系数} = \Sigma\left(\frac{类似工程的分部工程}{造价占总造价的百分比} \times \frac{投标工程的分部工程}{造价相似程度百分比}\right)$$

$$其中 \quad \frac{类似工程的分部工程}{造价占总价百分比} = \frac{类似工程的分部工程造价}{类似工程总造价} \times 100\%$$

$$\frac{投标工程的分部工程}{造价相似程度百分比} = \frac{投标工程主要材料单价}{类似工程主要材料单价} \times 100\%$$

$$或 \qquad = \frac{投标工程的分部工程主要项目定额基价}{类似工程的分部工程主要项目定额基价} \times 100\%$$

【例 3-2】 根据表 3-9 中类似住宅工程和投标住宅工程的有关资料，估算住宅装饰工程报价。

住宅装饰工程有关资料汇总表　　　　　　　　　　　　　表 3-9

有关资料\\工程对象	每平方米造价（元/m²）	建筑面积（m²）	主房间开间（m）	主房间进深（m）	层高（m）	地面装饰材料单价（元/m²）	顶棚装饰材料单价（元/m²）	墙面装饰材料单价（元/m²）	灯饰（元/套）	卫生洁具（元/户）
类似工程	346	2000	3.90	5.10	3.10	30	34.87	48	800	5000
投标工程		2300	3.60	4.80	3.00	36	59.03	51	750	5200
类似工程分部造价占总造价百分比（%）						22	30	24	10	14

【解】 （1）计算投标工程与类似工程相似程度百分比

$$\text{地面装饰分部}\atop\text{相似程度百分比} = \frac{\text{投标工程地面装饰材料单价}}{\text{类似工程地面装饰材料单价}} \times 100\% = \frac{36}{30} \times 100\% = 120\%$$

$$\text{顶棚装饰分部}\atop\text{相似程度百分比} = \frac{\text{投标工程顶棚装饰材料单价}}{\text{类似工程顶棚装饰材料单价}} \times 100\% = \frac{59.03}{34.87} \times 100\% = 169\%$$

$$\text{墙面装饰分部}\atop\text{相似程度百分比} = \frac{\text{投标工程墙面装饰材料单价}}{\text{类似工程墙面装饰材料单价}} \times 100\% = \frac{51}{48} \times 100\% = 106\%$$

$$\text{灯饰分部}\atop\text{相似程度百分比} = \frac{\text{投标工程每户灯具估算费用}}{\text{类似工程每户灯具结算费用}} \times 100\% = \frac{750}{800} \times 100\% = 94\%$$

$$\text{卫生洁具}\atop\text{相似程度百分比} = \frac{\text{投标工程每户卫生洁具估算费用}}{\text{类似工程每户卫生洁具结算费用}} \times 100\% = \frac{5200}{5000} \times 100\% = 104\%$$

（2）计算投标工程相似程度系数

投标工程相似程度系数，如表 3-10 所示。

投标工程相似程度系数计算表　　　　　　　　　　表 3-10

分部工程名称 ①	类似工程各分部工程 造价占总造价百分比（%） ②	投标工程各分部相似 程度百分比（%） ③	投标工程相似 程度系数 ④=②×③
地面	22	120	0.2640
顶棚	30	169	0.5070
墙面	24	106	0.2544
灯饰	10	94	0.0940
卫生洁具	14	104	0.1456
小计	100	—	1.2650

（3）计算投标工程估算造价

投标工程估算造价＝2300×346×1.2650＝1006687.00（元）

（4）确定投标工程报价

按照企业确定的投标策略，考虑其他不可预见费用和该工程的竞争情况，根据估算造价确定工程投标报价。

3.4.5　用决策树法确定投标项目

3.4.5.1　概述

施工企业在投标过程中，不可能也没有必要对每一个招标项目花大量的精力准备投标，一般选择部分有把握的项目精心准备投标，确保投标项目的中标率。在选择投标项目时，可采用决策树的方法进行筛选，选择中标概率较大的项目进行投标。

3.4.5.2　用决策树法确定投标项目的步骤

（1）列出准备投标的项目，分析各投标项目的投标策略，绘制出决策树。

（2）从右到左计算各机会点上的期望值。

（3）在同一时间点上，对所有投标项目的各投标策略方案进行比较，选择期望值最大的方案作为重点投标项目的最佳投标策略方案。

【例 3-3】 某承包商面临 A、B 两项工程投标，因受本单位资源条件限制，只能选择其中一项工程投标，或者两项工程均不投标。根据过去类似工程投标的经验数据，A工程投高标的中标概率为0.3，投低标的中标概率为0.6，编制投标文件的费用为3万元；B工程投高标的中标概率为0.4，投低标的中标概率为0.7，编制投标文件的费用为2万元。各方案承包的效果、概率及损益情况如表3-11所示。运用决策树法进行投标方案选择。

各方案承包的效果、概率及损益情况 表3-11

方案	效果	概率	损益值（万元）
投A高标	好	0.3	150
	中	0.5	100
	差	0.2	50
投A低标	好	0.2	110
	中	0.7	60
	差	0.1	0
投B高标	好	0.4	110
	中	0.5	70
	差	0.1	30
投B低标	好	0.2	70
	中	0.5	30
	差	0.3	−10
不投标			0

【解】 （1）画决策树，如图3-2所示，标明各方案的概率和损益值

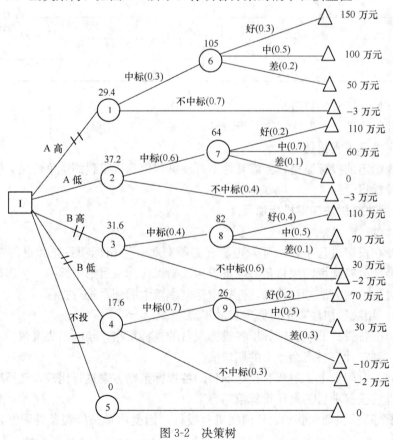

图3-2 决策树

（2）计算各机会点的期望值

点⑥：$150 \times 0.3 + 100 \times 0.5 + 50 \times 0.2 = 105$（万元）

点⑦：$110 \times 0.2 + 60 \times 0.7 + 0 \times 0.1 = 64$（万元）

点⑧：$110 \times 0.4 + 70 \times 0.5 + 30 \times 0.1 = 82$（万元）

点⑨：$70 \times 0.2 + 30 \times 0.5 - 10 \times 0.3 = 26$（万元）

点①：$105 \times 0.3 - 3 \times 0.7 = 29.4$（万元）

点②：$64 \times 0.6 - 3 \times 0.4 = 37.2$（万元）

点③：$82 \times 0.4 - 2 \times 0.6 = 31.6$（万元）

点④：$26 \times 0.7 - 2 \times 0.3 = 17.6$（万元）

点⑤：0

（3）因为点②的期望值最大，所以应投 A 工程低标。

3.5　建设项目中标价控制方法

招投标的实质就是价格竞争，价格是作为招投标的核心而存在的。因此，有效控制招投标中的中标价，可以避免中标价的不合理，从而使建筑市场进入有序竞争、健康、持续发展的轨道，以利于我国经济建设。

3.5.1　经评审的最低投标价法

3.5.1.1　概述

经评审的最低投标价法是指评标委员会对满足招标文件实质要求的投标文件，根据详细评审标准规定的量化因素及量化标准进行价格折算，按照经评审的投标价由低到高的顺序推荐中标候选人。经评审的投标价相等时，投标报价低的优先；投标报价也相等的，由招标人自行确定。

3.5.1.2　适用范围

按照《评标委员会和评标方法暂行规定》的规定，经评审的最低投标价法一般适用于具有通用技术、性能标准或招标人对其技术、性能没有特殊要求的招标项目，也就是该招标项目主要进行商务标的评审。

3.5.1.3　评审标准及规定

采用经评审的最低投标价法的，评标委员会应当根据招标文件中规定的量化因素和标准进行价格折算，对所有投标人的投标报价以及投标文件的商务部分作必要的价格调整。根据《标准施工招标文件》的规定，主要的量化因素包括单价遗漏和付款条件等，招标人可以根据项目具体特点和实际需要，进一步删减、补充或细化量化因素和标准。

另外，如果世界银行贷款项目采用此种方法，通常考虑的量化因素和标准包括：一定条件下的优惠（借款国国内投标人有 7.5％的评标优惠）；工期提前的效益对报价的修正；同时投多个标段的评标修正等。所有的这些修正因素都应当在招标文件中有明确的规定。对同时投多个标段的评标修正，一般的做法是，如果投标人的某一个标段已被确定为中标，则在其他标段的评标中按照招标文件规定的百分比（通常为 4％）乘以报价额后，在评标价中扣减此值。

根据经评审的最低投标价法完成详细评审后，评标委员会应当拟定一份"价格比较一览表"，连同书面评标报告提交招标单位。"价格比较一览表"应当载明投标单位的投标报价、对商务偏差的价格调整和说明以及已评审的最终投标价。

【例 3-4】 某建设单位对拟建项目进行公开招标，现有 6 个单位通过资格预审领取招标文件，编写投标文件并在规定时间内向招标方递交了投标文件。

各投标单位投标文件的报价和工期　　　　　　　表 3-12

投标人	A	B	C	D	E	F	单位
投标报价	3684.3	3000	2760	2700	3100	2807.5	万元
计划工期	12	14	15	14	12	12	月

招标文件中规定：(1) 项目计划工期为 15 个月，投标人实际工期比计划工期减少 1 个月，则在其投标报价中减少 50 万元(不考虑资金时间价值条件下)。(2) 该项目招标控制价为 3500 万元。

问题： 假定 6 个投标人技术标得分情况基本相同，不考虑资金时间价值，按照经评审的最低报价法确定中标人顺序。

【解】 投标人 A 投标报价为 3684.3 万元超过了招标控制价 3500 万元，A 投标项目为废标；其余投标项目的投标报价均未超出招标控制价，B、C、D、E、F 投标项目均为有效标。

如经评审后，B、C、D、E、F 投标项目报价组成均符合评审要求时，则：

B 投标项目经评审的报价＝3000－(15－14)×50＝2950(万元)

C 投标项目经评审的报价＝2760(万元)

D 投标项目经评审的报价＝2700－(15－14)×50＝2650(万元)

E 投标项目经评审的报价＝3100－(15－12)×50＝2950(万元)

F 投标项目经评审的报价＝2807.5－(15－12)×50＝2657.5(万元)

在不考虑资金时间价值的条件下，采用经评审的最低报价中标原则确定中标人顺序为 D、F、C、B(E)。

3.5.2　综合评估法

3.5.2.1　概述

综合评估法是指评标委员会对满足招标文件实质性要求的投标文件，按照规定的评分标准进行打分，并按得分由高到低顺序推荐中标候选人，但投标报价低于其成本的除外。综合评分相等时，以投标报价低的优先；投标报价也相等的，由招标人自行确定。

3.5.2.2　适用范围

不宜采用经评审的最低投标报价法的招标项目，一般应当采取综合评分法进行评审。综合评估法既适用商务标的评审，也适用技术标的评审。

3.5.2.3　分值构成与评分标准

综合评估法下评标分值构成分为四个方面，即施工组织设计，项目管理机构，投标报价，其他评分因素。总计分值为 100 分。各方面所占比例和具体分值由招标人自行确定，并在招标文件中明确载明。上述的四个方面标准具体评分因素如表 3-13 所示。

综合评估法下的评分因素和评分标准　　　　　　　　　　表 3-13

分值构成	评分因素	评分标准
施工组织设计评分标准	内容完整性和编制水平	……
	施工方案与技术措施	……
	质量管理体系与措施	……
	安全管理体系与措施	……
	环境保护管理体系与措施	……
	工程进度计划与措施	……
	资源配备计划	……
项目管理机构评分标准	项目经理任职资格与业绩	……
	技术责任人任职资格与业绩	……
	其他主要人员	……
投标报价评分标准	偏差率	……
	……	……
其他因素评分标准	……	……

各评审因素的权重由招标人自行确定。例如，可设定施工组织设计占 25 分，项目管理机构占 10 分，投标报价占 60 分，其他因素占 5 分。施工组织设计部分可进一步细分为：内容完整性和编制水平 2 分，施工方案与技术措施 12 分，质量管理体系与措施 2 分，安全管理系统与措施 3 分，环境保护管理体系与措施 3 分，工程进度计划与措施 2 分，其他因素 1 分等。

各评审因素的标准由招标人自行确定。例如，对施工组织设计中的施工方案与技术措施可规定如下的评分标准：施工方案及施工方法先进可行，技术措施针对工程质量、工期和施工安全生产有充分保障 11～12 分；施工方案先进，方法可行，技术措施针对工程质量、工期和施工安全生产有保障 8～10 分；施工方案及施工方法可行，技术措施针对工程质量、工期和施工安全生产基本有保障 6～7 分；施工方案及施工方法基本可行，技术措施针对工程质量、工期和施工安全生产基本有保障 1～5 分。

3.5.2.4　投标报价偏差率的计算

在评标过程中，可以对各个投标文件按如下公式计算投标报价偏差率。

$$偏差率 = \frac{投标人报价 - 评标基准价}{评标基准价} \times 100\%$$

评标基准价的计算方法应在投标人须知前附表中予以明确。招标人可以依据招标项目的特点、行业管理规定给出评标基准价的计算方法，确定时也可以适当考虑投标人的投标报价。

3.5.2.5　步骤

评标委员会按分值构成与评分标准规定的量化因素和分值进行打分，计算各标书综合得分。

（1）按规定的评审因素和标准对施工组织设计计算出得分 A。

（2）按规定的评审因素和标准对项目管理机构计算出得分 B。

（3）按规定的评审因素和标准对投标报价计算出得分 C。

以经评审的最低投标价为基准进行比较，高于最低投标价按比例扣减的一种评标办法，称为比例法。此种方法是工程量清单招标项目评标中的常用方法之一。其计算公式如下所示。

C＝商务标权数分值×［1－（经评审的投标价－经评审的最低投标价）÷经评审的最低投标价］

（4）按规定的评审因素和标准对其他部分计算出得分 D。

评分分值计算保留小数点后两位，小数点后第三位"四舍五入"。投标人得分计算公式为：投标人得分＝A＋B＋C＋D。由评委对各投标人的标书进行评分后加以比较，最后以总得分最高的投标人为中标候选人。

根据综合评估法完成评标后，评标委员会应当拟定一份"综合评估比较表"，连同书面评分报告提交招标人。"综合评分比较表"应当载明投标人的投标报价、所作的任何修正、对商务偏差的调整、对技术偏差的调整、对各评审因素的评分以及对每一投标的最终评审结果。

【例 3-5】 某大型工程，由于技术难度较大，工期较紧，业主邀请了 3 家国有一级施工企业参加投标，并预先与咨询单位和该 3 家施工单位共同研究确定了施工方案。3 家施工企业按规定分别报送了技术标和商务标。经招标领导小组研究确定的评标规定如下：

（1）技术标总分为 30 分，其中施工方案 10 分（因已确定施工方案，各投标单位均得 10 分）、施工总工期 10 分、工程质量 10 分。满足业主总工期要求（36 个月）者得 4 分，每提前 1 个月加 1 分，不满足者不得分。自报工程质量合格者得 2 分，自报工程质量优良者得 4 分（若实际工程质量未达到优良将扣罚合同价的 2%），自报工程质量有奖罚措施者得 2 分，近三年内获鲁班工程奖每项加 2 分，获省优工程奖每项加 1 分。

（2）商务标总分为 70 分。本项目招标控制价为 36000 万元。假定 3 家单位的投标报价均符合评审要求。项目评标方法采用比例法。各投标单位的有关数据资料，如表 3-14 所示。

各投标单位的有关数据资料　　　　　　　　　　　　　　　　表 3-14

投标单位	报价（万元）	总工期（月）	自报工程质量	质量奖罚措施	鲁班工程奖	省优工程奖
A	35642	33	优良	有	1	1
B	34364	31	优良	有	0	2
C	33867	32	合格	有	0	1

用综合评分法确定中标单位。

【解】 （1）计算各投标单位技术标得分，如表 3-15 所示。

各投标单位技术标得分　　　　　　　　　　　　　　　　表 3-15

投标单位	施工方案	总工期	工程质量	合计得分
A	10	4＋（36－33）×1＝7	4＋2＋2＋1＝9	26
B	10	4＋（36－31）×1＝9	4＋2＋1×2＝8	27
C	10	4＋（36－32）×1＝8	2＋2＋1＝5	23

（2）计算各投标单位商务标得分：

A 投标单位商务标得分＝70×[1－（35642－33867）÷33867]＝66.33

B 投标单位商务标得分＝70×[1－（34364－33867）÷33867]＝68.97

C 投标单位商务标得分＝70×[1－（33867－33867）÷33867]＝70

（3）计算各投标单位综合得分：

A 投标单位综合得分＝26＋66.33＝92.33

B 投标单位综合得分＝27＋68.97＝95.97

C 投标单位综合得分＝23＋70＝93

因为 B 投标单位综合得分最高，所以 B 投标单位为中标单位。

本 章 小 结

建设项目招标投标概述
- 建设项目招标投标的概念
- 建设项目招标投标的理论基础
- 建设项目招标的范围
- 建设项目招标的方式
  - 公开招标
  - 邀请招标
- 建设项目的招标内容
- 建设项目施工招标程序
  - 招标活动的准备工作
  - 资格预审公告或招标公告的编制与发布
  - 资格审查
  - 编制和发售招标文件
  - 踏勘现场与召开投标预备会
  - 建设项目施工投标
  - 评标工作
  - 签订合同
- 建设项目施工投标程序
  - 通过资格预审及获取招标文件
  - 组织投标报价班子
  - 研究招标文件
  - 工程现场调查
  - 收集与分析投标信息
  - 调查询价
  - 复核工程量
  - 制定项目管理规划
  - 确定投标报价策略
  - 编制投标报价

建设项目招标控制价的确定
- 招标控制价的概念
- 招标控制价的计价依据
- 招标控制价的编制方法和计算步骤
- 招标控制价的编制内容
  - 分部分项工程费的编制要求
  - 措施项目费的编制要求
  - 其他项目费的编制要求
  - 规费和税金的编制要求
- 招标控制价的审查

建设项目投标报价的确定
- 投标报价的概念
- 投标报价的编制原则
- 投标报价的计价依据
- 投标报价的编制方法和计算步骤
- 投标报价的编制内容
  - 分部分项工程量清单与计价表的编制
  - 措施项目清单与计价表的编制
  - 其他项目清单与计价表的编制
  - 规费、税金项目清单与计价表的编制
  - 投标报价的汇总

……
……

建设项目投标报价控制方法
- 根据招标项目的不同特点采用高低不同的报价
- 用企业定额确定工程消耗量
- 不平衡报价法
- 相似程度估算法
- 用决策树法确定投标项目

建设项目中标价控制方法
- 经评审的最低投标价法
- 综合评估法

习　题

一、判断题

1. 使用国际组织或者外国政府贷款、援助资金的项目必须实行招标。（　　）

2. 建设项目招标方式一般采取公开招标和邀请招标两种方式进行。（　　）

3. 公开招标优点是可以缩短招标有效期，节约招标费用，提高投标人的中标机会。（　　）

4. 投标人的投标报价高于招标控制价的，其投标可以接受。（　　）

5. 招标控制价是承包商采取投标方式承揽建设项目时，计算和确定承包该建设项目的投标总价格。（　　）

6. 能够早日结算的项目应适当降低报价。（　　）

7. 分部分项工程量清单综合单价，包括完成单位分部分项工程所需的人工费、材料费、机具使用费、管理费、利润及风险因素。（　　）

8. 措施项目清单中的安全文明施工费可以作为竞争性费用。（　　）

9. 企业定额的定额水平高于预算定额。（　　）

10. 不平衡报价总的原则是保持正常报价的总额不变，而人为地调整某些项目的工程单价。（　　）

二、单选题

1. 被邀请参加投标的施工企业不得少于（　　）个。

A. 2　　　　　　　B. 3　　　　　　　C. 4　　　　　　　D. 5

2. 投标人在领取招标文件、图纸和有关技术资料及踏勘现场后提出的疑问，招标人可通过书面形式或（　　）进行解答。

A. 口头形式　　　B. 现场勘察　　　C. 网络形式　　　D. 投标预备会

3. 关于建设项目施工招标的程序正确的是（　　）

A. 资格审查——踏勘现场——签订合同——评标

B. 资格审查——评标——踏勘现场——签订合同

C. 资格审查——踏勘现场——评标——签订合同

D. 踏勘现场——资格审查——评标——签订合同

4. 投标人的投标总价（　　）组成工程量清单的分部分项工程费、措施项目费、其他项目费和规费、税金的合计金额。

A. 大于　　　　　B. 小于　　　　　C. 等于　　　　　D. 不确定

5. 对报价、质量、施工组织设计、项目管理机构、工期、社会信誉等几个方面分别评分，然后选择总分最高的为中标单位的评标方法称为（　　）。

A. 不低于工程成本价确定中标单位

B. 综合评估法确定中标单位

C. 工程单价法确定中标单位

D. 工程主材法确定中标单位

6. 在编制投标报价时，下列工作应首先完成的是（　　）。

A. 审核工程量清单

B. 编制施工方案或施工组织设计

C. 熟悉招标文件和施工图等技术资料

D. 现场勘察

7. 以下说法错误的是（　　）。

A. 除招标文件另有规定外，进行资格预审的，一般应进行资格后审。

B. 建设项目施工招标前，招标人应当办理有关的审批手续、确定招标方式以及划分标段等工作。

C. 若在公开招标过程中采用资格预审程序，可用资格预审公告代替招标公告，资格预审后不再单独发布招标公告。

D. 在投标预备会上，招标单位还应该对图纸进行交底和解释。

8. 经评审（　　）的一般适用于具有通用技术、性能标准或招标人对其技术、性能没有特殊要求的招标项目。

A. 综合评估法　　　B. 突然降价法　　　C. 不平衡报价法　　　D. 最低投标价法

9. 评标委员会由招标人的代表及在专家库中随机抽取的技术、经济、法律等方面的专家组成，总人数一般为（　　）人以上且总人数为单数。

A. 3　　　　　　　B. 5　　　　　　　C. 7　　　　　　　D. 9

10. 用决策树方法确定的投标方案是该方案（　　）。

A. 净收益最大　　　B. 期望值最大　　　C. 期望值最小　　　D. 总费用最小

三、多选题

1. 建设项目招标投标的理论基础是（　　）。

A. 市场机制　　　B. 竞争机制　　　C. 供求机制

D. 公平机制　　　E. 价格机制

2. 在确定投标报价策略时，应根据招标项目的不同特点采用高低不同的报价，（　　）可以报高价。

A. 特殊的工程，如港口码头、地下开挖工程等

B. 工作简单、工程量大而其他投标人都可以做的工程

C. 工期要求急的工程

D. 投标对手少的工程

E. 支付条件不理想的工程

3. 其他项目费主要包括（　　）。

A. 措施费　　　　B. 暂列金额　　　C. 暂估价

D. 计日工　　　　E. 总承包服务费

4. 相似程度估算法的适用范围（　　）。

A. 工程报价的时间紧迫　　　　　　B. 工程报价的时间宽松

C. 建筑装饰工程　　　　　　　　　D. 定额缺项较多

E. 无定额缺项

5. 建设项目招标控制价编制的依据有（　　）。

A.《建设工程工程量清单计价规范》（GB 50500—2013）

B. 国家或省级、行业建设主管部门颁发的计价办法

C. 企业定额，国家或省级、行业建设主管部门颁发的计价定额

D. 招标文件、工程量清单及其补充通知、答疑纪要

E. 建设工程设计文件及相关资料

6. 措施项目的总价项目应按《建设工程工程量清单计价规范》（GB 50500—2013）有关规定的依据计价，包括除（　　）以外的全部费用。

A. 直接费   B. 利润   C. 规费

D. 风险   E. 税金

7. 确定分部分项工程综合单价时的注意事项（　　）。

A. 以项目特征描述为依据

B. 材料、工程设备暂估价的处理

C. 考虑合理的风险

D. 许诺优惠条件

E. 不考虑利润而去夺标

8. 研究招标文件时，合同分析的内容包括（　　）。

A. 合同背景分析   B. 合同形式分析   C. 合同条款分析

D. 施工工期分析   E. 承包人责任分析

9. 在制定投标报价策略时，可选择报高价的情况有

A. 总价低的小工程

B. 投标人在该地区面临工程结束，机械设备等无工地转移时

C. 竞争激烈的工程

D. 地下开挖工程

E. 施工条件差的工程

10. 在计算综合单价时，管理费的计算可按照（　　）的一定费率取费计算。

A. 直接费   B. 间接费   C. 人工费

D. 材料费   E. 人工费和机具使用费之和

四、简答题

1. 简述建设项目招标投标的理论基础。

2. 什么是公开招标？

3. 什么是邀请招标？

4. 简述招标控制价的计价依据。

5. 投标报价的计价依据有哪些？

6. 简述其他项目清单与计价表的编制原则。

7. 综合评估法如何确定中标价？

8. 哪些情况适用于报高价？

9. 哪些情况适用于报低价？

10. 简述不平衡报价法的原理。

五、计算分析题

1. 某承包商参与某工程投标，在施工图预算基础上采用不平衡报价法，对原估价作适当调整，如表3-16所示。

某投标工程调整前和调整后的投标价（单位：万元）　　　　　表 3-16

	打桩工程	主体结构	装饰工程	总价
调整前（投标估价）	1250	6400	7200	14850
调整后（正式报价）	1330	7000	6520	14850

现假设打桩工程、主体结构工程、装饰工程的工期分别为 3 个月、10 个月、6 个月，贷款月利率 1%。并假设各分部工程每月完成的工作量相同且能按月度及时收到工程款（不考虑工程结算所需的时间）。

试计算采用不平衡报价法后该承包商所得的工程款的现值比原估价增加多少？（以开工日期为折现点）。

2. 根据表 3-17 所示，某类似住宅工程和投标住宅工程的有关资料，试用相似程度估价法估算住宅装饰工程报价。

某类似住宅工程和投标住宅工程的有关资料　　　　　表 3-17

有关资料 工程对象	每平方米造价（元/m²）	建筑面积（m²）	主房间开间（m）	主房间进深（m）	层高（m）	地面装饰材料平均单价（元/m²）	顶棚装饰项目材料平均单价（元/m²）	墙面装饰材料平均单价（元/m²）	灯饰（元/套）	卫生洁具（元/户）
类似工程	464	5000	3.90	5.40	3.00	80	44.44	58	1200	8000
投标工程		5300	3.60	4.80	2.90	56	39.03	61	1350	9200
类似工程分部造价占总造价百分比（%）						24	28	22	12	14

3. 某承包商经研究决定参与某工程投标。根据过去类似工程投标经验，拟投高、中、低三个报价方案的中标概率分别为 0.3、0.6、0.9。编制投标文件的费用为 5 万元。该工程投高、中、低三个报价方案的效果、概率和利润情况，如表 3-18 所示。

该工程投高、中、低三个报价方案的效果、概率和利润情况　　　　　表 3-18

方案	效果	概率	利润（万元）
高标	好	0.6	150
	差	0.4	123
中标	好	0.6	105
	差	0.4	78
低标	好	0.6	60
	差	0.4	33

运用决策树方法，该承包商应按哪个方案投标？

4. 某建设项目实行公开招标，经资格预审 5 家单位参加投标，招标方确定的评标原则如下：

采取综合评估法选择综合分值最高单位为中标单位。评标中，技术性评分占总分的40%，投标报价占 60%。技术性评分中包括施工工期、施工方案、质量保证措施、企业信誉四项内容各 10 分。

计划工期为 40 个月，施工工期基本得分 5 分；每减少一个月加 0.5 分；超过 40 个月为废标。

该项目招标控制价为 6200 万元。假定 5 家单位的投标报价均符合评审要求。以经评审的最低投标价作为投标基准价，投标报价得分采用比例法计算。

企业信誉评分原则是：通过资格预审的投标单位基本分为 5 分；如有省级或以上获奖工程的，加 3 分；如近三年来承建过类似工程并获好评的，加 2 分。各投标单位相关数据如表 3-19 所示。

各投标单位相关数据   表 3-19

项目 投标单位	报价 （万元）	工期 （月）	省级或以上 工程获奖	近三年承建 类似工程	施工方案 得分	质保措施 得分
A	5970	36	有	无	8.5	9.0
B	5880	37	无	有	8.0	8.5
C	5850	34	有	有	7.5	8.0
D	6150	38	无	有	9.5	8.5
E	6090	35	无	无	9.0	8.0

采用综合评估法确定中标人。

4 建设项目施工阶段工程造价控制

教学目标

- 了解建设项目施工阶段与工程造价的关系
- 了解施工阶段造价控制的影响因素
- 了解施工阶段造价控制的基本方法
- 了解工程变更的含义及其发生的原因
- 熟悉合同价款的确定和调整方法
- 熟悉工程索赔的含义及索赔费用的构成
- 掌握工程索赔的计算方法
- 掌握工程价款的支付与核算
- 熟悉造价使用计划的编制和应用

教学要求

能力要求	知识要点	权 重
施工阶段造价控制的影响因素与基本方法	施工阶段与工程造价的关系、施工阶段造价控制的影响因素、施工阶段造价控制的基本方法	0.10
产生工程变更的原因	工程变更的概念、产生的原因	0.10
调整合同价款	合同价款的确定方法、合同价款的调整	0.20
处理工程索赔	工程索赔的概念和分类、工程索赔的处理和索赔费用的计算	0.20
工程价款支付与核算	工程价款支付的主要方式、工程预付款的计算、工程进度款的支付与核算	0.25
编制造价使用计划	造价使用计划的编制、造价偏差分析	0.15

4.1 施工阶段工程造价控制概述

4.1.1 建设项目施工阶段与工程造价的关系

每个建设项目都是从酝酿、构想和策划开始，进而通过可行性研究、论证决策、计划立项之后，进入项目设计和施工阶段，直至竣工验收交付使用或生产运营。由于项目的性质和特点不同，这个过程所需的时间也不一样。在这一过程中，各阶段各个环节的工作，彼此相互联系，承前启后，有其内在的规律。在长期工程建设实践过程中，人们对这种活动规律总结概括为建设程序。

建设项目经批准开工，项目便进入施工阶段，也就是图 4-1 中的"工程施工"阶段，这是项目决策实施、建成投产发挥效益的关键环节。工程施工是使工程设计意图最终实现并形成工程实体的阶段，也是最终形成工程产品质量和工程使用价值的重要阶段。

在整个建设阶段，从造价的角度分析项目各阶段投入的资金（不含土地费）和造价变动可能，如图 4-1 所示，从图中我们可以清楚地看到，施工阶段消耗了大量的人、材、物等资源，花费了大量的造价，施工阶段是花费造价最大的一个阶段，建设项目的造价主要发生在施工阶段，在这一阶段中，造价目标都已经非常明确，造价分解也比较深入、可靠，尽管节约造价的可能性已经很小，但浪费造价的可能性却很大，因而要在这个阶段对造价控制给予足够的重视。当然是工程造价控制的重要方面。

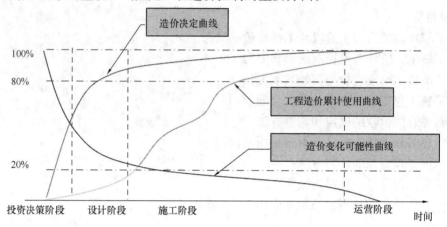

图 4-1　建设项目各阶段的造价发生及影响示意图

4.1.2　施工阶段造价控制的工作流程

工程建设的施工阶段涉及的面很广，涉及的人员也很多，与造价控制有关的工作也很多。我们不能一一加以说明，只能对实际情况加以适当简化，借用框图形式表述。详见图 4-2 所示。

4.1.3　影响造价要素的集成控制

4.1.3.1　施工阶段影响造价的要素

在施工阶段影响造价的基本要素有三个方面：一是资源投入（工程造价自身）要素，二是质量要素，三是工期要素。在工程建设的过程中，这三个方面的要素可以相互影响和相互转化。工期与质量的变化在一定条件下可以影响和转化为造价的变化，造价的变动同样会直接影响和转化成质量与工期的变化。例如，当需要缩短建设工期时，就需要增加额外的资源投入，从而发生一些赶工费之类的费用，这样"工期的缩短"就会转化成"造价的增加"；而当需要提高工程质量时，也需要增加资源的投入，这样"质量的提高"就会转化成"造价的增加"；相反，当削减一个项目的造价时，其工期和质量就会受到直接影响，既可能会造成质量的降低，也可能会造成工期的推延。

建设项目的工期、质量和造价三大要素是相互影响和相互依存的，它们对于项目工程造价的影响主要表现在以下几个方面。

1. 资源投入要素对工程造价的影响

资源投入要素受两个方面的影响，其一是在项目建设全过程中各项活动消耗和占用的资源数量变化的影响，如设计使用的管线直径、管线长度、施工中对标准规格材料进行断料的损耗等；其二是各项活动消耗与占用资源的价格变化的影响，如材料、人工等价格上涨。

2. 工期要素对工程造价的影响

工期是指项目或项目的某个阶段、某项具体活动所需要的，或者实际花费的工作时间周期。在一个项目的全过程中，实现活动所消耗或占用的资源发生以后就会形成项目的造

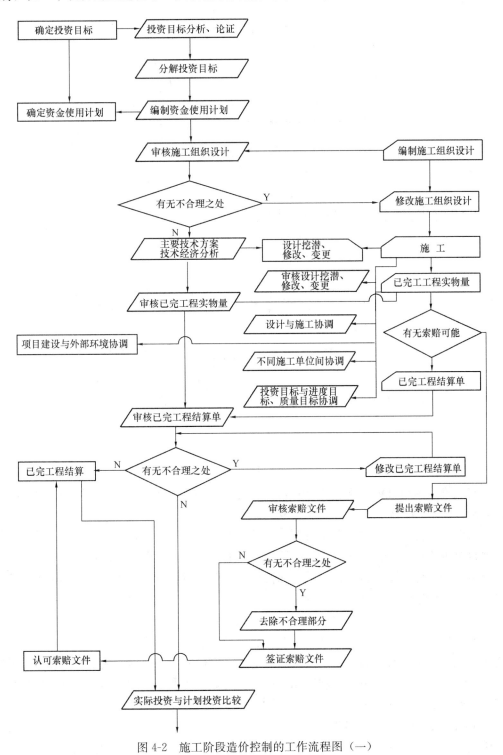

图 4-2　施工阶段造价控制的工作流程图（一）

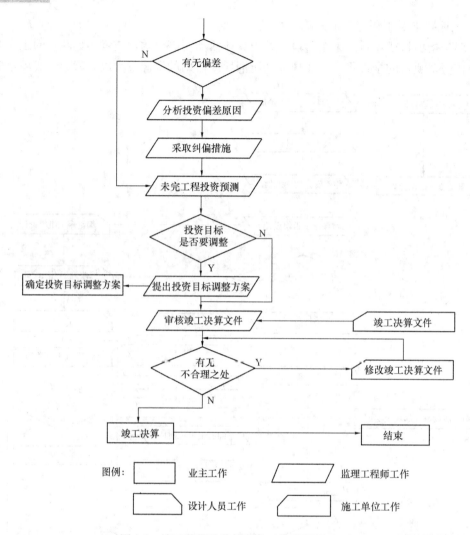

图 4-2　施工阶段造价控制的工作流程图（二）

价，这些造价不断地沉淀下来、累积起来，最终形成了项目的全部造价，因此工程造价是时间的函数，造价是随着工期的变化而变化的。

项目消耗与占用的各种资源都具有一定的时间价值。工程造价实际上可以被看成是在建设项目全生命周期中整个项目实现阶段所占用的资金。这种资金的占用，不管占用的是自有资金还是银行贷款都有其自身的时间价值。资金的时间价值既是构成工程造价的主要因素之一，又是造成工程造价变动的原因之一。当项目工期延长对造价影响的最直接表现是增加项目的银行贷款利息支出或减少存款的利息收入。

另外，如果不合理的压缩工期，虽然可以减少资金的占用而付出的资金时间价值，但可能会造成项目实际消耗和占用的资源量的增加或价格的上升而增加造价，如要求混凝土提早达到强度，需要添加早强剂和增加养护措施投入；要求工人加班需要额外支付加班费用等。当然压缩工期也使项目能早投入使用，可能早出效益。

3. 质量要素对工程造价的影响

质量是指项目交付后能够满足使用需求的功能特性与指标。项目的实现过程就是该项目质量的形成过程，在这一过程中为达到项目的质量要求，需要开展两个方面的工作。一是质量的检验与保障工作；二是项目质量失败的补救工作。这两项工作都要消耗和占用资源，从而都会产生质量造价。这两种造价分别是：项目质量检验与保障造价，它是为保障项目的质量而发生的造价；项目质量失败补救造价，它是由质量保障工作失败后为达到质量要求而采取各种质量补救措施（返工、修补）所发生的造价。另外项目质量失败的补救措施的实施还会造成工期延迟，引发工期要素对工程造价的影响。

4.1.3.2　影响造价要素的集成控制理念

根据上述分析可以看出，对于工程造价管理必须从影响造价的三大要素入手，根据工期、质量与造价三要素的相互影响和相互依存的关系，需要从全要素集成控制出发，综合考虑影响工程造价的各个因素，全面管理好项目的工程造价。要实现工程造价的有效控制，我们在造价控制中不能只对工程造价进行单一要素的管理，而要树立对项目工期、质量和造价三个要素的集成管理的理念。

从全要素造价集成控制的角度上说，工程造价的控制首先必须管理好建设项目消耗和占用资源的数量和消耗与占用资源的价格这两大要素。因为通过管理而降低项目全过程资源消耗与占用的数量和降低所消耗与占用资源的价格，都可以直接降低项目的工程造价。在这两个要素之中，资源消耗与占用量是第一位的，消耗与占用资源的价格是第二位的。因为项目的资源消耗与占用数量是一个内部控制要素，对项目组织而言是一个相对可控的要素；而项目消耗与占用资源价格是一个外部控制要素，主要是由外部条件决定的，所以对项目组织而言是一个相对不可控的因素。

另外要对工程造价进行全要素集成管理，就必须同时考虑项目造价自身与工期两大要素的集成管理。只控制项目消耗和占用资源的数量和消耗与占用资源的价格这个自身要素，不考虑工期要素的影响，就无法实现对项目造价的全面管理。因为工期要素的变化会直接造成项目造价的变化，还会增加或减少造价的利息负担（这是资金时间价值的表现），会造成造价的节约或损失。

一个项目的造价不仅与造价自身要素和工期要素有关，而且与质量要素直接相关。根据上述分析可以看出，要实现工程造价的全面管理，就必须开展对项目工期、质量和造价三个要素的集成管理。

4.1.3.3　影响造价要素的控制要点

造价控制应该是一个发现问题、分析问题、解决问题的过程，它始终围绕着造价控制目标展开，是一个循环往复，不断深入的过程。

1. 资源投入要素的控制

在施工阶段设计已经基本完成，资源投入的数量已基本确定，对资源投入的控制主要在价格方面和管理方面，为实现对资源投入的有效控制重点是抓好以下几个关键环节。

（1）积极引入竞争机制，在相对平等的条件下进行招标承包，选择合适的施工单位和材料设备供应单位，订立一个严密的合同。实践证明，引入市场机制，实行工程招标投标，推行公平、公正、公开竞争，是降低建设项目造价、缩短建设工期、保证工程质量的有效措施。

（2）加强对建安工程材料、设备价格的控制。材料、设备费在建设工程总造价中占有相当的比例，据最新资料，在建筑工程中，材料费占总造价的比例为50%左右；在安装工程中，材料、设备费占总造价的比例为 70% 左右。材料、设备价格的控制，对于控制建设项目造价具有非常重要的现实意义。

（3）加强工程项目管理，做好施工方案技术经济比较，严格控制工程变更，是施工阶段控制资源投入量的主要手段。施工方案是施工组织设计中的一项重要工作内容，合理的施工方案，可以缩短工期，保证工程质量，提高经济效益。对施工方案从技术和经济上进行对比评价，通过定性分析和定量分析，通过对质量、工期、造价三项技术经济指标比较，选择合理的施工方案，可以有效地利用人力、物力等资源的投入。

（4）加强对工程合同、变更、签证等工程档案管理，是造价管理的重要依据。文件和工程档案等的整理、归档，建立价格数据库，将为造价管理、工程结算和可能出现的索赔提供信息、数据和证据。

2. 质量要素的控制

质量对造价的影响主要表现在质量标准超过实际需要而造成造价增加，对此主要在设计阶段进行控制，项目施工阶段的重点是控制项目质量偏离合同和质量失败的补救工作。质量要素的控制重点要抓好以下几个关键环节。

（1）评估质量偏离合同要求状况。分析已经产生的质量偏离引起的质量损失费用的多少，以及此种偏离采取预防措施费用的多少，对照结果，得出预防措施费用与质量损失费用的关系。

（2）分析造成质量要求偏离的因素，把引起质量偏离的因素进行逐个分析，对应施工技术方案中的质量保证措施，找出偏离的原因。工程中能引起质量偏离合同要求的因素较多，有外部因素，也有内部因素。外部因素如自然条件的变化、建设单位要求的变化、地质条件的变化、设计变更、材料质量问题等；内部因素如质量管理不善、材料检验频率不足、施工方法不得当等。

（3）采取技术经济的措施纠正质量偏离，对执行不力的质量保证措施再进行分析、加强。质量出了问题，就要及时纠正，既要将已发生问题的部分进行纠正，又要对可能影响下一步工作质量的问题进行纠正。

3. 工期要素的控制

控制工期延误造成的项目造价增加的重点是加强工程项目管理，严格控制工程变更，合理选择施工工艺和材料使用。工期要素的控制重点要抓好以下几个关键环节。

（1）在过程控制中定期检查工期执行情况，对应网络计划的要求，检查特定时间点上工程量的完成情况。

（2）找出影响当前工期执行不力的主要工序内容。对执行不力的工期保证措施进行分析，及时纠正与强化，避免此类问题的继续出现。

（3）发生工期延误时，分析造成工期延误的工序对整个工期的影响程度，及时调整施工进度网络计划，尽量将损失的工期在以后工序中去抓回来，避免总工期的拖延，并计算确定这种调整而产生的工期造价，对工期保证措施费用与工期损失费用进行对比，决定是否采取赶工措施。

4.1.4 施工阶段过程控制的基本方法

施工阶段的过程控制，事关工程施工的正常进行、工程最终造价的经济合理性，涉及各方面的工作。如何在这些错综复杂的管理工作中做好控制工作，应以合同管理为核心、信息管理为必要辅助手段，明确过程控制工作目标，熟悉工程项目特点、难点、关键点，建立健全过程控制管理体系，做好沟通协调，并按法律法规、合同规定协调处理好业主和承包单位的责权利关系，抓好对承包单位的管理。

4.1.4.1 制定造价控制目标计划

造价控制应该是一个发现问题、分析问题、解决问题的过程，它始终围绕着计划造价展开，是一个循环往复，不断深入的过程。在造价计划制定过程中，我们尽可能地考虑有可能发生的各种有利不利的情况。当造价计划调整得比较完善，并且能与现有的技术装备水平、施工管理水平和外界环境相匹配时，就形成了计划造价。它的编制，使造价控制有了明确的目标，便于实施。但从其编制过程来看，它也不是一成不变的，有了新问题的产生，必然会对计划造价产生影响，就必须对它进行修正。

4.1.4.2 建立健全造价控制组织、分解落实目标责任

在充分考虑以上自身有利和不利、外部机遇和风险等不确定性因素的基础上，确定出一个先进可行的质量、进度与造价控制总目标。在确定控制总目标后，我们应根据项目特性确定项目管理的机构组成以及各有关方面的职责分工、信息流转、决策与授权关系，并结合不同管理人员的工作任务，将有关控制目标分解到相关工作部门或岗位。

4.1.4.3 建立过程控制程序和管理制度

及时建立、完善相关过程控制的程序和管理制度，做到规范化、标准化管理，用程序和制度规范工作要求、保证工作质量。

施工过程造价控制有关的主要控制程序有：①工程进度款计量支付程序；②现场签证程序；③工程变更费用的上报审核审批程序；④工程主要材料单价审查审批程序；⑤工程索赔与应对索赔程序；⑥工程竣工结算程序等。

与造价控制程序相配套的主要造价控制管理制度有：①造价控制管理制度；②合同管理制度；③采购管理制度；④工程变更管理制度；⑤信息管理制度等。

4.1.4.4 实行过程动态控制

对造价形成过程进行控制监督，发现计划造价与实际造价的差异，应认真分析是哪一块费用发生了差异，差异的大小，并以此分析出产生差异的原因，在下一步控制工作中及时纠正，使偏差控制在最小范围内。需要指出的是：我们指的控制监督是针对每一个子项和每一特定时间段而言，只有这样，才能实现动态控制。

4.1.4.5 强化造价控制资料管理

施工过程造价控制的主要依据是工程合同，工程施工过程中的支付、索赔、结算等都需要有依据，如果发生仲裁或诉讼更需要用证据说话，因此资料管理是施工过程造价控制的基础。可以说施工过程中形成的所有资料都是造价控制相关资料，其中最主要的资料包括：招投标文件（招标文件、招标清单、招标答疑；承包单位投标的技术标书、商务标书）、合同协议、施工图纸、业主指令、设计变更资料、现场签证、施工联系单、价格核定、进度款资料、竣工结算资料等。

做好资料管理必须做到资料在手续上齐全、合法；内容上完整、详尽、真实；格式上统一规范；时间上及时、有效。在资料保存中应做到按单位工程、专业分类逐一统一编号，建立相应造价控制资料目录台账。

4.2 工程变更与合同价款调整

4.2.1 工程变更概述

建设工程合同是基于合同签订时静态的承发包范围、设计标准、施工条件为前提的，由于工程建设的周期长、工程建设的不确定性、涉及的经济关系和法律关系复杂以及受自然条件和客观因素的影响，导致项目的实际情况与项目招标投标时的情况相比会发生一些变化，这种静态前提往往会被各种变更所打破。在工程项目实施过程中，工程变更可分为设计图纸发生修改，招标工程量清单存在错、漏，对施工工艺、顺序和时间的改变，为完成合同工程所需要追加的额外工作等。因此，工程的实际施工情况与招标投标时或合同签订时的情况相比往往会有一些变化，常常会出现设计、工程量、计划进度、使用材料等方面的变化，这些变化统称为工程变更。

《建设工程施工合同（示范文本）》（GF—2013—0201）规定的变更范围为："除专用合同条款另有约定外，合同履行过程中发生以下情形的，应按照本条约定进行变更：①增加或减少合同中任何工作，或追加额外的工作；②取消合同中任何工作，但转由他人实施的工作除外；③改变合同中任何工作的质量标准或其他特性；④改变工程的基线、标高、位置和尺寸；⑤改变工程的时间安排或实施顺序。"

建设工程工程量清单计价规范（GB 50500—2013）对工程变更的定义是："合同工程实施过程中由发包人提出或由承包人提出经发包人批准的合同工程任何一项的增、减、取消或施工工艺、顺序、时间的改变，设计图纸的修改，施工条件的改变，招标工程量清单的错、漏，从而引起合同条件的改变或工程量的增减变化。"

4.2.1.1 工程变更的分类

工程变更按变更的内容划分，一般可分为工程量变更、工程项目的变更（如发包人提出增加或者删减原项目内容）、进度计划的变更、施工条件的变更等。在实际工程中，上述某种变更会引起另一种或几种变更，如工程项目的变更会引起工程量的变更甚至进度计划的变更。

工程变更如按变更起因也可以分为：业主方原因引起的变更，包括业主对工程有了新的要求、业主修改项目计划、业主削减预算、业主对项目进度有了新的要求等；招标文件和工程量清单不准确引起的变更；设计方原因引起的变更，如因设计错误必须对设计图纸作修改；施工方原因引起的变更，包括施工中由于施工质量、施工技术、施工机械调配以及原材料供应等方面遇到需要处理的问题而要求改变进度计划或具体的施工做法；外部条件变化引起的变更，如新的法律、法规、标准、规范的实施以及发生其他不可预见的事件导致工程环境变化等引起的变更。

在工程施工合同中一般将工程变更分为设计变更和其他变更两大类。

1. 设计变更

能够构成设计变更的事项一般包括以下变更：①更改有关部分的标高、基线、位置和尺寸；②增减合同中约定的工程量；③改变有关工程的施工时间和顺序；④其他有关工程变更需要的附加工作。

如变更超过原批准的建设规模或设计标准的，须经原审批部门审查批准，并由原设计单位提供变更的相应图纸和说明。发包人办妥上述事项后，通过监理人向承包人发出变更指示，承包人根据变更指示要求进行变更。因变更导致合同价款的增减及造成的承包人损失，由发包人承担，延误的工期相应顺延。

2. 其他变更

合同履行中除设计变更外，其他能够导致合同内容变更的都属于其他变更。如双方对工程质量要求的变化（当然是高于强制性标准的变化）、双方对工期要求的变化、施工条件和环境的变化导致施工机械和材料的变化等。

4.2.1.2 工程变更控制的要求

在施工过程中如果发生工程变更，将对工程造价产生很大的影响。因此，应尽量减少工程变更，如果必须对工程进行变更，应严格按照有关规定和合同约定的程序进行。在施工阶段加强对变更的控制，是工程造价控制的主要工作。

1. 对工程中出现的必要变更应及时更改

如果出现了必须变更的情况，应当尽快变更。变更早，损失小。

2. 对发出的变更指令应及时落实

工程变更指令一旦发出后，应当迅速落实指令，全面修改相关的各种文件。承包人也应当抓紧落实，如果承包人不能全面落实变更指令，则扩大的损失将由承包人承担。

3. 对工程变更的影响应当作深入分析

对变更大的项目应坚持先算后变的原则。即不得突破标准，造价不得超过批准的限额。

工程变更会增加或减少工程量，引起工程价格的变化，影响工期，甚至质量，造成不必要的损失，因而要进行多方面严格控制，控制时可遵循以下原则：①不随意提高建设标准；②不扩大建设范围；③加强建设项目管理，避免对施工计划的干扰；④制定工程变更的相关制度；⑤明确合同责任；⑥建立严格的变更程序。

4.2.2 工程变更的处理

4.2.2.1 《建设工程施工合同（示范文本）》条件下的工程变更处理

发包人和监理人均可以提出变更。变更指示均通过监理人发出，监理人发出变更指示前应征得发包人同意。承包人收到经发包人签认的变更指示后，方可实施变更。未经许可，承包人不得擅自对工程的任何部分进行变更。涉及设计变更的，应由设计人提供变更后的图纸和说明。如变更超过原设计标准或批准的建设规模时，发包人应及时办理规划、设计变更等审批手续。

1. 工程变更的程序

工程变更程序一般由合同规定。另外合同相关各方还会基于合同规定程序制定变更管理程序，对合同规定程序进行延伸和细化，对于建设单位而言一个好的变更管理程序必须要保证变更的必要性、可控性和责权明确，实现变更决策科学、费用计取清晰和变更执行有效。一般而言尽量在变更执行前，承发包方就工程变更的范围、内容、质量要求、完成时间以及所涉及的费用增加和/或造成损失的补偿达成一致为好，以免因费用补偿的争议影响工程的进度。

《建设工程施工合同（示范文本）》有关变更的程序规定是：

（1）发包人提出变更的，应通过监理人向承包人发出变更指示，变更指示应说明计划变更的工程范围和变更的内容。

（2）监理人提出变更建议的，需要向发包人以书面形式提出变更计划，说明计划变更工程范围和变更的内容、理由，以及实施该变更对合同价格和工期的影响。发包人同意变更的，由监理人向承包人发出变更指示。发包人不同意变更的，监理人无权擅自发出变更指示。

（3）承包人提出合理化建议的，应向监理人提交合理化建议说明，说明建议的内容和理由，以及实施该建议对合同价格和工期的影响。承包人的合理化建议也可视为承包人要求对原工程进行变更。

除专用合同条款另有约定外，监理人应在收到承包人提交的合理化建议后 7 天内审查完毕并报送发包人，发现其中存在技术上的缺陷，应通知承包人修改。发包人应在收到监理人报送的合理化建议后 7 天内审批完毕。合理化建议经发包人批准的，监理人应及时发出变更指示，由此引起的合同价格调整按照变更估价的约定执行。发包人不同意变更的，监理人应书面通知承包人。

合理化建议降低了合同价格或者提高了工程经济效益的，发包人可对承包人给予奖励，奖励的方法和金额在专用合同条款中约定。

施工中承包人不得擅自对原工程设计进行变更。因承包人擅自变更设计发生的费用和由此导致发包人的直接损失，由承包人承担，延误的工期不予顺延。承包人在施工中提出的合理化建议涉及设计图纸或施工组织设计的更改以及对原材料、设备的换用，须经监理人同意。未经同意擅自更改或换用时，承包人承担由此发生的费用，并赔偿发包人的有关损失，延误的工期不予顺延。

（4）变更执行

承包人收到监理人下达的变更指示后，认为不能执行，应立即提出不能执行该变更指示的理由。承包人认为可以执行变更的，应当书面说明实施该变更指示对合同价格和工期的影响，且合同当事人应当按照合同约定确定变更估价。

工程变更的控制程序如图 4-3 所示。

2. 工程变更后合同价款确定的程序

《建设工程施工合同（示范文本）》的通用合同条款中规定的变更估价程序为：承包人应在收到变更指示后 14 天内，向监理人提交变更估价申请。监理人应在收到承包人提交的变更估价申请后 7 天内审查完毕并报送发包人，监理人对变更估价申请有异议，通知承包人修改后重新提交。发包人应在承包人提交变更估价申请后 14 天内审批完毕。发包人逾期未完成审批或未提出异议的，视为认可承包人提交的变更估价申请。

因变更引起的价格调整应计入最近一期的进度款中支付。

3. 工程变更后合同价款的确定方法

《建设工程施工合同（示范文本）》的通用合同条款中有关变更估价的规定是：除专用合同条款另有约定外，变更估价的处理原则为：

（1）已标价工程量清单或预算书有相同项目的，按照相同项目单价认定；

（2）已标价工程量清单或预算书中无相同项目，但有类似项目的，参照类似项目的单价认定；

（3）变更导致实际完成的变更工程量与已标价工程量清单或预算书中列明的该项目工

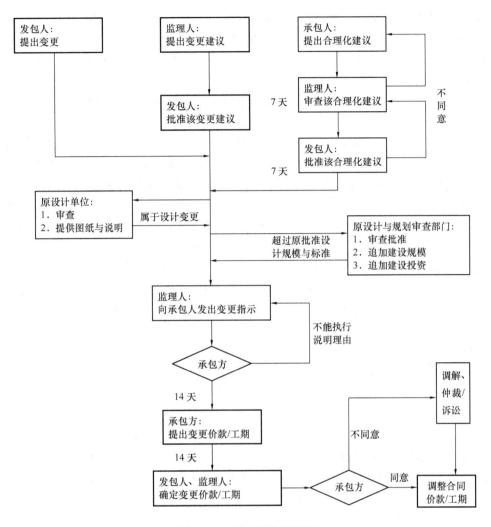

图 4-3　工程变更控制程序

程量的变化幅度超过 15％的，或已标价工程量清单或预算书中无相同项目及类似项目单价的，按照合理的成本与利润构成的原则，由合同当事人按合同中"商定或确定"条款的约定确定变更工作的单价。

《建设工程施工合同（示范文本）》的通用合同条款中"商定或确定"的条款规定是：合同当事人进行商定或确定时，总监理工程师应当会同合同当事人尽量通过协商达成一致，不能达成一致的，由总监理工程师按照合同约定审慎作出公正的确定。合同当事人对总监理工程师的确定没有异议的，按照总监理工程师的确定执行。任何一方合同当事人有异议，按照争议解决条款的约定处理。争议解决前，合同当事人暂按总监理工程师的确定执行；争议解决后，争议解决的结果与总监理工程师的确定不一致的，按照争议解决的结果执行，由此造成的损失由责任人承担。

4. 建设工程工程量清单计价规范中工程变更后的计价

执行建设工程工程量清单计价规范的合同，按《建设工程工程量清单计价规范》（GB 50500—2013）规定：承包人应按照发包人提供的设计图纸实施合同工程，若在合同履行期间出现设计图纸（含设计变更）与招标工程量清单任一项目的特征描述不符，且该变化引起该项目工程造价增减变化的，应按照实际施工的项目特征，按本规范相关条款的规定重新确定相应工程量清单项目的综合单价，并调整合同价款。按该规范工程变更后合同价款的确定方法为：

（1）因工程变更引起已标价工程量清单项目或其工程数量发生变化时，应按照下列规定调整：

1）已标价工程量清单中有适用于变更工程项目的，应采用该项目的单价；但当工程变更导致该清单项目的工程数量发生变化，当工程量增加 15％以上时，增加部分的工程量的综合单价应予调低；当工程量减少 15％以上时，减少后剩余部分的工程量的综合单价应予调高。

2）已标价工程量清单中没有适用但有类似于变更工程项目的，可在合理范围内参照类似项目的单价。

3）已标价工程量清单中没有适用也没有类似于变更工程项目的，应由承包人根据变更工程资料、计量规则和计价办法、工程造价管理机构发布的信息价格和承包人报价浮动率提出变更工程项目的单价，并应报发包人确认后调整。承包人报价浮动率可按下列公式计算：

招标工程．

$$承包人报价浮动率 L＝（1－中标价/招标控制价）×100％$$

非招标工程：

$$承包人报价浮动率 L＝（1－报价/施工图预算）×100％$$

4）已标价工程量清单中没有适用也没有类似于变更工程项目，且工程造价管理机构发布的信息价格缺价的，应由承包人根据变更工程资料、计算规则、计价办法和通过市场调查等取得有合法依据的市场价格提出变更工程项目的单价，并应报发包人确认后调整。

（2）工程变更引起施工方案改变并使措施项目发生变化时，承包人提出调整措施项目费的，应事先将拟实施的方案提交发包人确认，并应详细说明与原方案措施项目相比的变化情况。拟实施的方案经发承包双方确认后执行，并应按照下列规定调整措施项目费：

1）安全文明施工费应按照实际发生变化的措施项目按国家或省级、行业建设主管部门的规定计算。

2）采用单价计算的措施项目费，应按照实际发生变化的措施项目，按上条所述的规定确定单价。

3）按总价（或系数）计算的措施项目费，按照实际发生变化的措施项目调整，但应考虑承包人报价浮动因素，即调整金额按照实际调整金额乘以上条所述的承包人报价浮动率计算。

如果承包人未事先将拟实施的方案提交给发包人确认，则应视为工程变更不引起措施项目费的调整或承包人放弃调整措施项目费的权利。

（3）当发包人提出的工程变更非因承包人原因删减了合同中的某项原定工作或工程，致使承包人发生的费用或（和）得到的收益不能被包括在其他已支付或应支付的项目中，也未被包含在任何替代的工作或工程中时，承包人有权提出并应得到合理的费用及利润补偿。

5. 变更引起的工期调整

《建设工程施工合同（示范文本）》的通用合同条款中规定：因变更引起工期变化的，合同当事人均可要求调整合同工期，由合同当事人按合同中"商定或确定"条款规定处理，并参考工程所在地的工期定额标准确定增减工期天数。

4.2.2.2　FIDIC 合同条件下的工程变更

FIDIC 合同条件授予工程师很大的工程变更权力。只要工程师认为必要，便可对工程的项目、质量或数量作出变更。同时又规定，没有工程师的指示，承包商不得作任何变更（工程量表上规定的增加或减少工程量除外）。

1. FIDIC 合同条件下工程变更的范围

由于工程变更属于合同履行过程中的正常管理工作，工程师可以根据施工进展的实际情况，在认为必要时就以下几个方面发布变更指令：

（1）对合同中任何工作工程量的改变。由于招标文件中的工程量清单中所列的工程量是依据招标图纸的量值，是为承包人编制投标书时编制施工组织设计及报价之用，因此实施过程中会出现实际工程量与计划值不符的情况。为了便于合同管理，当事人双方应在专用条款内约定工程量变化较大时可以调整单价的百分比（视工程具体情况，可在 15% ～ 25% 范围内确定）。

（2）任何工作质量或其他特性的变更。如在合同规定的标准基础上提高或者降低质量标准。

（3）工程任何部分标高、位置和尺寸的改变。这方面的改变无疑会增加或者减少工程量，因此也属于工程变更。

（4）删减任何合同约定的工作内容。省略的工作应是不再需要的工程，不允许用变更指令的方式将承包范围内的工作变更给其他承包商实施。

（5）改变原定的施工顺序或时间安排。此类属于合同工期的变更，既可能由于增加工程量、增加工作内容等情况，也可能源于工程师为了协调几个承包人施工的干扰而发布的变更指示。

（6）新增工程。变更指令应是增加与合同工作范围性质一致的新增工作内容，而且不应以变更指令的形式要求承包人使用超过他目前正在使用或计划使用的施工设备范围去完成新增工程。除非承包人同意此项工作按变更对待，一般应将新增工程按一个单独的合同来对待。但进行合同约定的永久工程施工所必需的任何附加工作、设备、材料供应或其他服务，包括联合调试、竣工检验、钻孔和其他检验以及勘察工作等不作为新增工程。

2. FIDIC 合同条件下工程变更的程序

在颁发工程接收证书前的任何时间，工程师可以通过发布变更指示或以要求承包商递交建议书的任何一种方式提出变更。基本程序如下：

（1）提出变更要求。工程变更可由承包商提出，也可由业主或工程师提出。承包商提出的变更多数是从方便施工出发，业主提出设计变更大多是由于使用功能的需要；工程师提出工程变更大多是发现设计错误或不足。

（2）工程师审查变更。无论是哪一方提出工程变更，均需由工程师审查批准。工程师审批工程变更时应与业主和承包商进行适当的协商。尤其是一些费用增加较多的工程变更项目，更要与业主进行充分的协商，征得业主同意后才能批准。

（3）编制工程变更文件。工程变更文件包括：①工程变更令，主要说明变更的理由和工程变更的概况，工程变更估价及对合同价的影响；②工程量清单，工程变更的工程量清单与合同中的工程量清单相同，并附工程量的计算式及有关确定工程单价的资料；③设计图纸及说明；④其他有关文件。

（4）发出变更指示。工程师的变更指示应以书面形式发出。如果工程师有必要以口头形式发出指示，当口头指示发出后应尽快加以书面确认。

工程变更申请表　　　　　　　　　　　　　　　　　　　表 4-1

申请人：		申请表编号：		合同号：
变更的分项工程内容及技术资料说明：				
工程号： 施工段号：			图号：	
变更依据			变更说明	
变更所涉及 的资料				
变更的影响：		工程成本：		
技术要求：		材　料：		
对其他工程的影响：		机　械：		
		劳 动 力：		
计划变更实施日期				
变更申请人（签字）				
变更批准人（签字）				
备　注				

3. FIDIC 合同条件下工程变更的计价

工程变更后需按 FIDIC 合同条件的规定对变更影响合同价格的部分进行计价。如果工程师认为适当，应以合同中规定的费率及价格进行估价。

当合同中未包括适用于该变更项目的价格和费率时，则应在合理的范围内使用合同中的费率和价格作为计价基础。若工程量清单中既没有与变更项目相同的项目，也没有相似的项目时，由工程师与业主和承包商适当协商后确定一个合适的费率或价格作为结算的依据；当双方意见不一致时，工程师有权单方面确定其认为合适的费率或价格。为了支付方便，在费率和价格没有取得一致意见前，工程师应确定暂行费率和价格，列入期中暂付款中支付。

4.2.3　合同价款调整

由于建设工程的特殊性，除了在施工中通常会出现的工程变更带来合同价款的调整外，当发生工程量清单特征描述不符、清单缺项、工程量偏差、现场签证、暂估价和暂列金额与实际有偏差、物价变化、法律法规变化、提前竣工（赶工补偿）、误期赔偿、索赔以及不可抗力等情况都可能带来合同价款的调整。因此，在施工过程中，合同价款的调整是十分正常的现象。对此《建设工程工程量清单计价规范》和《建设工程施工合同（示范文本）》的通用合同条款均有相近的约定。

4.2.3.1　工程变更的价款调整

在变更发生后对变动部分单价的确定，首先应当考虑适用合同中已有的、能够适用或者能够参照适用的分项单价，其原因在于在合同中已经订立的价格（一般是通过招标投标）是较为公平合理的，因此应当尽量采用。具体工程变更的价款调整方法见"4.2.2 工程变更的处理"。

4.2.3.2　综合单价的调整

当工程量清单中工程量有误或工程变更引起实际完成的工程量增减超过合同中约定的幅度时，增加部分或减少后剩余部分工程量清单项目的综合单价应予调整。

《建设工程工程量清单计价规范》（GB 50500—2013）中的相关规定是：

（1）若在合同履行期间出现设计图纸（含设计变更）与工程量清单项目的特征描述不符，以及工程量清单缺项，新增分部分项工程清单项目，包括可能引起的措施项目发生变化，均按工程变更的处理办法重新确定相应工程量清单项目的综合单价和相应调整措施项目费，并调整合同价款。

（2）如实际工程量（包括变更等原因导致工程量偏差）与招标工程量清单出现超过15％的偏差，当工程量增加15％以上时，增加部分的工程量的综合单价应予调低；当工程量减少15％以上时，减少后剩余部分的工程量的综合单价应予调高。如出现此类超过15％的偏差引起相关措施项目相应发生变化时，按系数或单一总价方式计价的，工程量增加的措施项目费调增，工程量减少的措施项目费调减。

4.2.3.3　现场签证

《建设工程工程量清单计价规范》（GB 50500—2013）中规定：

（1）承包人应发包人要求完成合同以外的零星项目、非承包人责任事件等工作的，发包人应及时以书面形式向承包人发出指令，并应提供所需的相关资料。承包人在收到指令后，应及时向发包人提出现场签证要求。

（2）当承包人在施工过程中，发现合同工程内容因场地条件、地质水文、发包人要求等不一致时，承包人应提供所需的相关资料，并提交发包人签证认可，作为合同价款调整的依据。

（3）承包人应在收到发包人指令后的 7 天内向发包人提交现场签证报告，发包人应在收到签证报告后的 48 小时内对报告内容进行核实，予以确认或提出修改意见。

（4）现场签证的工作如已有相应的计日工单价，现场签证中应列明完成该类项目所需的人工、材料、工程设备和施工机械台班的数量。如现场签证的工作没有相应的计日工单价，应在现场签证报告中列明完成该签证工作所需的人工、材料设备和施工机械台班的数量及单价。

（5）现场签证工作完成后的 7 天内，承包人应按照现场签证内容计算价款，报送发包人确认后，作为增加合同价款与进度款同期支付。

（6）合同工程发生现场签证事项，未经发包人签证确认，承包人便擅自施工的，除非征得发包人书面同意，否则发生的费用应由承包人承担。

4.2.3.4 物价变化的调整

由承包人采购的材料，材料价格以承包人在投标报价书中的价格进行控制。当施工期内材料价格发生波动超过合同约定时，承包人采购材料前应报经发包人复核采购数量，确认用于本合同工程时，发包人应认价并签字同意，发包人在收到资料后，在合同约定日期到期后，不予答复的可视为认可，作为调整该种材料价格的依据。如果承包人未报经发包人审核即自行采购，再报发包人调整材料价格，如发包人不同意，不作调整。

《建设工程工程量清单计价规范》（GB 50500—2013）中的相关规定是：合同履行期间，因人工、材料、工程设备、机械台班价格波动影响合同价款时，应根据合同约定调整合同价款。承包人采购材料和工程设备的，应在合同中约定主要材料、工程设备价格变化的范围或幅度；当合同没有约定，且材料、工程设备单价变化超过 5% 时，超过部分的价格应调整材料、工程设备费。按下述调整方法之一予以调整：

（1）价格指数调整价格差额法

因人工、材料和工程设备、施工机械台班等价格波动影响合同价格时，按如下所示计算公式计算差额并调整合同价款：

$$\Delta P = P_0[A + (B_1 \times F_{t1}/F_{01} + B_2 \times F_{t2}/F_{02} + B_3 \times F_{t3}/F_{03} + \cdots + B_n \times F_{tn}/F_{0n}) - 1]$$

式中　　　　　　　ΔP——需调整的价格差额；

P_0——约定的付款证书中承包人应得到的已完成工程量的金额。此项金额应不包括价格调整、不计质量保证金的扣留和支付、预付款的支付和扣回。约定的变更及其他金额已按现行价格计价的，也不计在内；

A——定值权重（即不调部分的权重）；

B_1、B_2、B_3……B_n——各可调因子的变值权重（即可调部分的权重），为各可调因子在投标函投标总报价中所占的比例；

F_{t1}、F_{t2}、F_{t3}……F_{tn}——各可调因子的现行价格指数，指约定的付款证书相关周期最后一天的前 42 天的各可调因子的价格指数；

F_{01}、F_{02}、F_{03}……F_{0n}——各可调因子的基本价格指数，指基准日期的各可调因子的价格指数。

以上价格调整公式中的各可调因子、定值和变值权重，以及基本价格指数及其来源在投标文件中的"承包人提供主要材料和工程设备一览表"所列的价格指数和权重中约定。价格指数应首先采用工程造价管理机构提供的价格指数，缺乏上述价格指数时，可采用工程造价管理机构提供的价格代替。

在计算调整差额时得不到现行价格指数的，可暂用上一次价格指数计算，并在以后的付款中再按实际价格指数进行调整。

变更导致原定合同中的权重不合理时，由承包人和发包人协商后进行调整。

由于承包人原因未在约定的工期内竣工的，对原约定竣工日期后继续施工的工程，在使用上述价格调整公式时，应采用原约定竣工日期与实际竣工日期的两个价格指数中较低的一个作为现行价格指数。

【例 4-1】 某建筑工程合同总价为 1100 万元，合同签订日期为 2011 年 8 月，工程于 2012 年 8 月建成交付使用。该工程各项费用构成比重以及有关价格指数如表 4-2 所示。

各项费用构成比重以及有关价格指数表　　　　表 4-2

项目	人工	钢材	木材	水泥	骨料	砂	固定费用
比重（%）	11	20	6	18	12	8	25
11.8 指数（%）	110.1	98.0	117.9	112.9	95.9	91.1	—
12.8 指数（%）	115.2	100.2	116.5	111.4	98.4	94.3	—

计算该工程需要调整的价格差额。

【解】 调整的价格差额 $= P_0 [A + (B_1 \times F_{t1}/F_{01} + B_2 \times F_{t2}/F_{02} + B_3 \times F_{t3}/F_{03} + \cdots\cdots + B_n \times F_{tm}/F_{0n}) - 1]$

$= 1100 \times [0.25 + (0.11 \times 115.2\%/110.1\% + 0.20 \times 100.2\%/98.0\% + 0.06 \times 116.5\%/117.9\% + 0.18 \times 111.4\%/112.9\% + 0.12 \times 98.4\%/95.9\% + 0.08 \times 94.3\%/91.1\%) - 1]$

$= 18.91$ 万元

该工程 2012 年 8 月需要调整的价格差额为 18.91 万元。

（2）造价信息调整价格差额法

施工期内，因人工、材料和工程设备、施工机械台班价格波动影响合同价格时，人工、机械使用费按照国家或省、自治区、直辖市建设行政管理部门、行业建设管理部门或其授权的工程造价管理机构发布的人工成本信息、机械台班单价或机械使用费系数进行调整；需要进行价格调整的材料，其单价和采购数应由发包人复核，发包人确认需调整的材料单价及数量，作为调整合同价款差额的依据。

人工单价发生变化且承包人的报价不高于省级或行业建设主管部门发布的人工费或人工单价，发承包双方应按省级或行业建设主管部门或其授权的工程造价管理机构发布的人工成本文件调整合同价款。

材料、工程设备价格变化按照投标文件中的"承包人提供主要材料和工程设备一览表"，根据发承包双方约定的风险幅度范围，按下列方法调整合同价款：

1）承包人投标报价中材料单价低于基准单价：施工期间材料单价涨幅以基准单价为基础超过合同约定的风险幅度值，或材料单价跌幅以投标报价为基础超过合同约定的风险幅度值时，其超过部分按实调整。

2）承包人投标报价中材料单价高于基准单价：施工期间材料单价跌幅以基准单价为基础超过合同约定的风险幅度值时，或材料单价涨幅以投标报价为基础超过合同约定的风险幅度值时，其超过部分按实调整。

3）承包人投标报价中材料单价等于基准单价：施工期间材料单价涨、跌幅以基准单价为基础超过合同约定的风险幅度值时，其超过部分按实调整。

4）承包人应在采购材料前将采购数量和新的材料单价报送发包人核对，确认用于本合同工程时，发包人应确认采购材料的数量和单价。发包人在收到承包人报送的确认资料后3个工作日不予答复的视为已经认可，作为调整合同价款的依据。如果承包人未报经发包人核对即自行采购材料，再报发包人确认调整合同价款的，如发包人不同意，则不作调整。

施工机械台班单价或施工机械使用费发生变化超过省级或行业建设主管部门或其授权的工程造价管理机构规定的范围时，按其规定调整合同价款。

发生合同工程工期延误的，因非承包人原因导致工期延误的，计划进度日期后续工程的价格，应采用计划进度日期与实际进度日期两者的较高者；因承包人原因导致工期延误的，计划进度日期后续工程的价格，应采用计划进度日期与实际进度日期两者的较低者。

发包人供应材料和工程设备的，不适用上述规定，由发包人按照实际变化调整，列入合同工程的工程造价内。

4.2.3.5　措施费用调整

施工期内，措施费用按承包人在投标报价书中的措施费用进行控制，有下列情况之一者，措施费用应予调整：

（1）发包人招标文件中未编列的措施项目，投标人中标的施工组织设计或施工方案中编列的且实际施工中采用的措施项目，其措施费用另行计算；

（2）发包人更改承包人的施工组织设计（修正错误除外）造成措施费用增加的应予调整；

（3）实际完成的工作量超过工程量清单的工作量如造成措施费用增加的应予调整；

（4）因发包人原因并经发包人同意顺延工期，造成措施费用增加的应予调整。

措施费用具体调整办法在合同中约定，合同中没有约定或约定不明的，由发、承包双方协商，双方协商不能达成一致的，可以按工程造价管理部门发布的有关办法计算，也可按合同约定的争议解决办法处理。

4.2.3.6　暂估价、暂列金额的调整

暂估价专业分包工程、服务、材料和工程设备的明细由合同当事人在专用合同条款中约定。依法必须招标的暂估价项目，应通过招标方式签订暂估价合同予以确定。

不属于依法必须招标的暂估价项目，承包人应根据施工进度计划，在签订暂估价项目的采购合同、分包合同前28天向监理人提出书面申请，监理人应当在收到申请后3天内报送发包人，发包人应当在收到申请后14天内给予批准或提出修改意见，承包人根据发包人的批准或修改意见确定暂估价合同；另外也可通过招标方式签订暂估价合同予以确定。

暂列金额应按照发包人的要求使用，发包人的要求应通过监理人发出。合同当事人可以在专用合同条款中协商确定有关事项。

4.2.3.7 法律法规变化引起的调整

施工期间因国家法律、行政法规以及有关政策变化导致工程造价增减变化的合同价款应予相应调整。在《建设工程工程量清单计价规范》（GB 50500—2013）中的相关规定是：

招标工程以投标截止日前 28 天、非招标工程以合同签订前 28 天为基准日，其后因国家的法律、法规、规章和政策发生变化引起工程造价增减变化的，发承包双方应按照省级或行业建设主管部门或其授权的工程造价管理机构据此发布的规定调整合同价款。因承包人原因导致工期延误的，在合同工程原定竣工时间之后，合同价款调增的不予调整，合同价款调减的予以调整。

4.2.3.8 不可抗力

因不可抗力事件导致的人员伤亡、财产损失及其费用增加，《建设工程工程量清单计价规范》（GB 50500—2013）中规定发承包双方应按下列原则分别承担并调整合同价款和工期：

（1）合同工程本身的损害、因工程损害导致第三方人员伤亡和财产损失以及运至施工场地用于施工的材料和待安装的设备的损害，应由发包人承担；

（2）发包人、承包人人员伤亡应由其所在单位负责，并应承担相应费用；

（3）承包人的施工机械设备损坏及停工损失，应由承包人承担；

（4）停工期间，承包人应发包人要求留在施工场地的必要的管理人员及保卫人员的费用应由发包人承担；

（5）工程所需清理、修复费用，应由发包人承担。

不可抗力解除后复工的，若不能按期竣工，应合理延长工期。发包人要求赶工的，赶工费用应由发包人承担。

4.3 工 程 索 赔

4.3.1 工程索赔的概念和分类

4.3.1.1 工程索赔的概念

《中华人民共和国民法通则》第一百一十一条规定："当事人一方不履行合同义务或履行合同义务不符合约定条件的，另一方有权要求履行或者采取补救措施，并有权要求赔偿损失"。这即是索赔的法律依据。

工程索赔是在工程承包合同履行中，对于并非自己的过错，而是应由对方承担责任的情况造成的实际损失向对方提出经济补偿和（或）时间补偿的要求。按《建设工程工程量清单计价规范》（GB 50500—2013）的定义：索赔是指在工程合同履行过程中，合同当事人一方因非己方的原因而遭受损失，按合同约定或法律法规规定应由对方承担责任，从而向对方提出补偿的要求。

索赔是工程承包中经常发生的正常现象。由于施工现场条件、气候条件的变化，施工进度、物价的变化，以及合同条款、规范、标准文件和施工图纸的变更、差异、延误等因素的影响，使得工程承包中不可避免地出现索赔。

对于施工合同的双方来说，索赔是维护自身合法利益的权利，对于索赔我们要把握以下几个重要的特性：

（1）"索赔"是双向的，它同合同条件中双方的合同责任一样，构成严密的合同制约关系。承包商可以向业主提出索赔；业主也可以向承包商提出索赔。在工程承包界也有将承包商向业主的施工索赔称为"索赔"，而将业主向承包商的索赔称为"反索赔"的说法。

（2）索赔是一种损失补偿行为，而非惩罚，是对非自身原因造成的工程延期、费用增加或经济损失而要求给予补偿的一种权利要求。

（3）工程索赔的发生可以概括为以下三个方面：①一方违约使另一方蒙受损失，受损方向对方提出赔偿损失的要求；②发生应由业主承担责任的特殊风险或遇到不利自然条件等情况，使承包商蒙受较大损失而向业主提出补偿损失要求；③承包商本人应当获得的正当利益，由于没能及时得到监理工程师的确认和业主应给予的支付而提出索赔。

（4）索赔成立的条件：①并非自己的过错。即造成费用增加或工期损失的原因不是由于自己一方的过失；②已经造成实际损失。与合同相比较已经造成了实际额外费用增加或工期损失；③该事件属合同以外的风险；④在规定的期限内，提出索赔书面要求。

索赔成立的三要素是：①正当的索赔理由；②有效的索赔证据；③在合同约定的时间内提出。

4.3.1.2 工程索赔产生的原因

1. 当事人违约

当事人违约常常表现为没有按照合同约定履行自己的义务。如发包人的违约常常表现为没有为承包人提供合同约定的施工条件、未按照合同约定的期限和数额付款、未能及时提供可施工的图纸、错误的指令、甲供材料到现场的时间拖延或质量不符合要求以及其他应由发包人承担的风险。承包人违约的则主要是没有按照合同约定的质量、期限完成施工，或者由于不当行为给发包人造成其他损害等。

《建设工程施工合同（示范文本）》通用合同条款规定，在合同履行过程中发生下列情形属于发包人违约：①因发包人原因未能在计划开工日期前7天内下达开工通知的；②因发包人原因未能按合同约定支付合同价款的；③发包人违反变更的范围项约定，自行实施被取消的工作或转由他人实施的；④发包人提供的材料、工程设备的规格、数量或质量不符合合同约定，或因发包人原因导致交货日期延误或交货地点变更等情况的；⑤因发包人违反合同约定造成暂停施工的；⑥发包人无正当理由，没有在约定期限内发出复工指示，导致承包人无法复工的；⑦发包人明确表示或者以其行为表明不履行合同主要义务的；⑧发包人未能按照合同约定履行其他义务的。

《建设工程施工合同（示范文本）》通用合同条款规定，在合同履行过程中发生的下列情形属于承包人违约：①承包人违反合同约定进行转包或违法分包的；②承包人违反合同约定采购和使用不合格的材料和工程设备的；③因承包人原因导致工程质量不符合合同要求的；④承包人违反约定未经批准，私自将已按照合同约定进入施工现场的材料或设备撤离施工现场的；⑤承包人未能按施工进度计划及时完成合同约定的工作，造成工期延误的；⑥承包人在缺陷责任期及保修期内，未能在合理期限对工程缺陷进行修复，或拒绝按发包人要求进行修复的；⑦承包人明确表示或者以其行为表明不履行合同主要义务的；⑧承包人未能按照合同约定履行其他义务的。

2. 不可抗力事件

不可抗力又可分为自然事件和社会事件。自然事件主要是不利的自然条件和客观障碍，如在施工过程中遇到了经现场调查无法发现、业主提供的资料中也未提到的、无法预料的情况，如地质条件的变化、发现了淤泥、膨胀土、流砂、暗浜、地质断层等，还比如遇到了特大、罕见、恶劣、异常等天气变化。社会事件则包括国家政策、法律、法令的变更，战争、罢工等。

3. 合同缺陷

合同缺陷表现为合同文件规定不严谨，如措辞不当、说明不清楚、有二义性甚至矛盾以及遗漏等，合同缺陷会导致双方在实施合同中对责任、义务和权力的争议，而这些往往都与工期、成本、价格等经济利益相联系。

4. 合同理解的差异

双方对合同责任理解的差异也是引起索赔的主要原因之一。由于合同文件十分复杂，内容又多，再加双方看问题的立场和角度不同，会造成对合同权利和义务的范围界限划分的理解不一致，特别是在国际承包工程中，合同双方来自不同的国度，使用不同的语言，使用不同的法律参照系，有不同的工程施工习惯，更容易因合同理解的差异造成争议引起索赔。在这种情况下，工程师应当给予解释，如果这种解释将导致成本增加或工期延长，发包人应当给予补偿。

5. 合同变更

合同变更表现为设计变更、施工方法变更、追加或者取消某些工作、合同其他规定的变更等，通常表现为业主对建筑功能、造型、质量、标准、实施方式以及工期等方面提出合同以外的要求。

6. 工程师指令

工程师指令有时也会产生索赔，如工程师指令承包人加速施工、进行某项工作、更换某些材料、采取某些措施等。

7. 其他第三方原因

其他第三方原因常常表现为与工程有关的合同当事人之外的其他方的原因对合同某个当事人造成不利影响，如设计单位、监理单位、其他独立承包商以及政府管理部门等各类其他第三方。

4.3.1.3 工程索赔的分类

工程索赔依据不同的分类标准可以进行不同的分类。

1. 按索赔的合同依据分类

按索赔的合同依据可以将工程索赔分为合同中明示的索赔和合同中默示的索赔。

（1）明示索赔。合同中明示的索赔是指承包人所提出的索赔要求，在该工程项目的合同文件中有文字依据，承包人可以据此提出索赔要求，并取得工期、经济补偿。这些因文件中有文字规定的合同条款，称为明示条款。

（2）默示索赔。默示条款是一个广泛的合同概念，它包含合同明示条款中没有写入、但符合双方签订合同时设想的愿望和当时环境条件的一切推定。在合同管理工作中被称为"默示条款"或称为"推定条款"。

工程合同中默示的索赔，指虽然在工程合同条款中没有专门的文字叙述，但可以根据该合同的某些条款的含义以及合同的执行，推论出合同当事人有索赔权。这种索赔要求，同样有法律效力，有权得到相应的补偿。如在工程合同中推定：

1）业主应在适当的时间提供施工场地，他应提供所有必要的设计文件，以及在合理的时间内提供其他的详细内容，他不得阻碍承包人执行工作。如果没有约定价格，他应对已做的工作支付公平合理的价格。

2）承包商以熟练的工作状态、使用符合预期目的的合适材料、达到商业上可接受的质量，并在合理的时间内完成工作。

3）如业主或工程师指定材料或者没有让承包商知道材料使用的意图时，有关使用适当材料的保证将被排除在外，但这不免除承包商保证这些材料本身质量的责任。

2. 按发生索赔的原因分类

由于发生索赔的原因很多，根据工程施工索赔实践，通常可分为：

（1）增加（或减少）工程量索赔；

（2）地基变化索赔；

（3）工期延长索赔；

（4）加速施工索赔；

（5）工程质量缺陷索赔；

（6）不利自然条件及人为障碍索赔；

（7）工程范围变更索赔；

（8）合同文件错误索赔；

（9）暂停施工索赔；

（10）合同违约索赔；

（11）终止合同索赔；

（12）设计图纸提供拖延索赔；

（13）拖延付款索赔；

（14）物价上涨索赔；

（15）业主风险索赔；

（16）法规、标准与规范变更索赔等；

（17）特殊风险索赔；

（18）不可抗拒天灾索赔。

3. 按索赔目的分类

就工程索赔的目的而言，施工索赔出不了以下两类的范畴，即工期索赔和经济索赔。

（1）工期索赔。由于非承包人的原因而导致施工进度延误，要求批准顺延合同工期的索赔，称之为工期索赔。工期索赔形式上是对权利的要求，如承包人以避免在原定合同竣工日不能完工时，被发包人追究拖期违约责任。一旦获得批准合同工期顺延后，承包人不仅免除了承担拖期违约赔偿的责任，而且可能得到提前竣工奖励，最终仍反映在经济收益上。

（2）经济索赔。经济索赔就是一方合同当事人向另一方要求补偿不应该由自己承担的经济损失或额外开支，也就是取得合理的经济补偿，以挽回不应由他承担的经济损失。工程合同中承包商取得经济补偿的前提是：在实际施工过程中发生的施工费用超过了投标报价书中该项工作所预算的费用；而这些费用超支的责任不在承包商方面，也不属于承包商的风险范围。具体地说主要来自两种情况：①施工受到了干扰，导致工作效率降低；②业主指令工程变更或额外工程，导致工程成本增加。

4. 按索赔的处理方式分类

（1）单项索赔

单项索赔就是采取一事一索赔的方式，即在每一件索赔事项发生后，报送索赔通知书，编报索赔报告书，要求单项解决支付，不与其他的索赔事项混在一起。单项索赔是施工索赔通常采用的方式。它避免了多项索赔的相互影响制约，所以解决起来比较容易。

（2）综合索赔

综合索赔又称总索赔，俗称一揽子索赔。即对整个工程（或某项工程）中所发生的数起索赔事项，综合在一起进行索赔。采取这种方式进行索赔，是在特定的情况下被迫采用的一种索赔方法。

有时，在施工过程中受到非常严重的干扰，以致承包商的全部施工活动与原来的计划大不相同，原合同规定的工作与变更后的工作相互混淆，承包商无法为索赔保持准确而详细的成本记录资料，无法分辩哪些费用是原定的，哪些费用是新增的，在这种条件下，无法采用单项索赔的方式，因此对整个工程（或某项工程）的实际总成本与原预算成本之差额提出索赔。

承包商采取综合索赔时，承包商必须提出以下证明：①承包商的投标报价是合理的；②实际发生的总成本是合理的；③承包商对成本增加没有任何责任；④不可能采用其他方法准确地计算出实际发生的损失数额。

虽然如此，承包商应该注意，采取综合索赔的方式应尽量避免，因为它涉及的争议因素太多，一般很难成功。

【例 4-2】 某厂（甲方）与某建筑公司（乙方）订立了某工程项目施工合同，同时与某降水公司（丙方）订立了工程降水合同。建筑公司编制了施工网络计划，工作 B、E、G 为关键线路上的关键工作，工作 D 有总时差 8 天。工程施工中发生如下事件：

（1）降水方案错误，致使工作 D 推迟 2 天，乙方人员配合用工 5 个工日，窝工 6 个工日；

（2）因供电中断，停工 2 天，造成人员窝工 16 个工日；

（3）因设计变更，工作 E 工程量由招标文件中的 300m³ 增至 350m³，原计划工期为 6 天；

（4）为保证施工质量，乙方在施工中将工作 B 原设计尺寸扩大，增加工程量 15m³；

（5）在工作 D、E 均完成后，甲方指令增加一项临时工作 K，经核准，完成该工作需要 1 天时间，机械 1 台班，人工 10 个工日。

问题：上述哪些事件乙方可以提出索赔要求？哪些事件不能提出索赔要求？为什么？

【解】

事件 1 可提出索赔要求，因为降水工程由甲方另外发包，是甲方的风险。

事件 2 可提出索赔要求，因为外部停电、停水属不可抗力。

事件 3 可提出索赔要求，因为设计变更是甲方的责任。

事件 4 不应提出索赔要求，因为保证施工质量的技术措施费应由乙方承担。

事件 5 可提出索赔要求，因为甲方指令增加工作，是甲方的责任。

4.3.2 工程索赔的处理

4.3.2.1 工程索赔的处理原则

1. 索赔必须以合同为依据

不论索赔事件的发生属于哪一种原因，都必须在合同中找到相应的依据，当然，有些依据可能是合同中隐含的。工程师依据合同和事实对索赔进行处理是其公平性的重要体现。在不同的合同条件下，这些依据很可能是不同的。如因为不可抗力导致的索赔，在国内《建设工程施工合同（示范文本）》条件下，承包人机械设备损坏的损失，是由承包人承担的，不能向发包人索赔；但在 FIDIC 合同条件下，不可抗力事件一般都列为业主承担的风险，损失都应当由业主承担。

2. 索赔按规定程序提出与回复

索赔事件发生后，索赔的提出应当及时，索赔的处理也应当及时。索赔处理不及时对双方都会产生不利的影响，如承包人的索赔长期得不到合理解决，索赔堆积的结果会导致其资金困难，同时会影响工程进度，给双方都带来不利的影响。处理索赔既要考虑到合同的有关规定，也应当考虑到工程的实际情况。

3. 认真审核索赔理由和依据

对索赔方提出的索赔要求进行评审、反驳与修正。首先是审核这项索赔要求有无合同依据，即有没有该项索赔权。审核过程中要全面参阅合同文件中的所有有关合同条款，客观评价、实事求是、慎重对待。对不符合合同文件规定的索赔要求，则应被认为没有索赔权，但要防止有意轻率否定的倾向，避免合同争端的发生。根据工程索赔的实践，判断是否有索赔的权利时，主要依据以下几方面：

（1）此项索赔是否具有合同依据。即工程施工合同文件规定的索赔权是否适用于该类事件，否则可以拒绝这项索赔要求。

（2）索赔报告中引用索赔理由不充分，论证索赔权漏洞较多，缺乏说服力。在这种情况下可以驳回该项索赔要求。

（3）索赔事项的发生是否因索赔方的责任引起。凡是属于索赔方原因造成的索赔事项，都应予以反驳拒绝，甚至采取反索赔措施。凡是属于双方都有一定责任的情况，则要分清谁是主要责任者，或按各方责任的后果，确定承担责任的比例。

（4）在索赔事项初发时，索赔方是否采取了力所能及的一切措施以防止事态扩大。如确有事实证明索赔方在当时未采取任何措施，则可拒绝索赔方要求的损失补偿。

（5）此项索赔是否属于索赔方承担的合同风险范畴。在工程承包合同中，业主和承包商都承担着风险，凡属于合同风险的内容，可拒绝接受这些索赔要求。

（6）索赔方没有在合同规定的时限内（一般为发生索赔事件后的 28 天内）报送索赔意向通知的，可拒绝接受这类索赔要求。

4. 认真核定索赔款额

在审核确定索赔方具有索赔权的前提下，要对索赔方提出的索赔报告进行详细审核，对索赔款的各个部分逐项审核、查对单据和证明文件，确定哪些不能列入索赔款额，哪些款额偏高，哪些在计算上有错误和重复。通过检查，确定认可的索赔款额。

5. 加强主动控制，减少工程索赔

对于工程索赔应当加强主动控制，尽量减少索赔。这就要求在工程管理过程中，应当将工作做在前面，减少索赔事件的发生。这样能够使工程更顺利地进行，降低工程造价，减少施工工期。

4.3.2.2　工程索赔程序

1. 索赔的基本程序

在工程项目施工阶段，每出现一个索赔事件，都应按照国家有关规定、国际惯例和工程项目合同条件的规定，认真及时地协商解决，通常对承包人提出索赔的控制程序如图4-4所示。

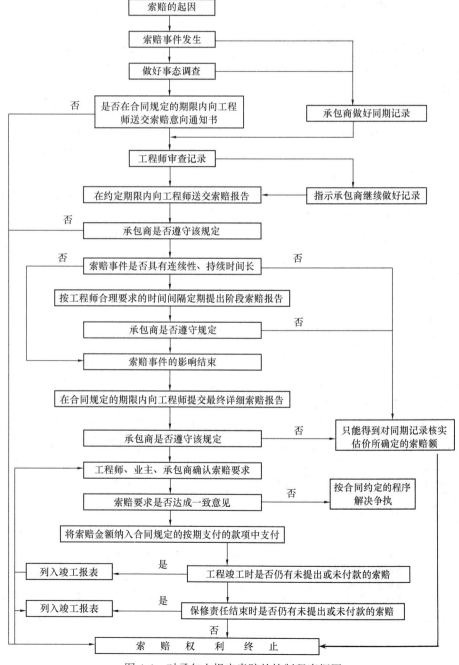

图 4-4　对承包人提出索赔的控制程序框图

2. 《建设工程施工合同（示范文本）》对索赔程序和时限的规定

（1）承包人的索赔

根据合同约定，承包人认为有权得到追加付款和（或）延长工期的，主要包括发包人未能按合同约定履行自己的各项义务或发生错误以及应由发包人承担责任的其他情况，造成工期延误和（或）向承包人延期支付合同价款及承包人的其他经济损失，按以下程序处理：

1）承包人应在知道或应当知道索赔事件发生后 28 天内，向监理人递交索赔意向通知书，并说明发生索赔事件的事由；承包人未在前述 28 天内发出索赔意向通知书的，丧失要求追加付款和（或）延长工期的权利；

2）承包人应在发出索赔意向通知书后 28 天内，向监理人正式递交索赔报告；索赔报告应详细说明索赔理由以及要求追加的付款金额和（或）延长的工期，并附必要的记录和证明材料；

3）索赔事件具有持续影响的，承包人应按合理时间间隔继续递交延续索赔通知，说明持续影响的实际情况和记录，列出累计的追加付款金额和（或）工期延长天数；

4）在索赔事件影响结束后 28 天内，承包人应向监理人递交最终索赔报告，说明最终要求索赔的追加付款金额和（或）延长的工期，并附必要的记录和证明材料。

5）监理人应在收到索赔报告后 14 天内完成审查并报送发包人。监理人对索赔报告存在异议的，有权要求承包人提交全部原始记录副本；

6）发包人应在监理人收到索赔报告或有关索赔的进一步证明材料后的 28 天内，由监理人向承包人出具经发包人签认的索赔处理结果。发包人逾期答复的，则视为认可承包人的索赔要求；

7）承包人接受索赔处理结果的，索赔款项在当期进度款中进行支付；承包人不接受索赔处理结果的，按照争议解决条款的约定处理。

承包人同意了最终的索赔决定，这一索赔事件即告结束。若承包人不接受，就会导致合同纠纷。通过谈判和协调双方达成互让的解决方案是处理纠纷的理想方式。如果双方不能达成谅解，就只能按合同约定的争议解决方式办理，诉诸仲裁或者诉讼。

对上述这些具体规定，可将其归纳如图 4-5 所示。

另外《建设工程施工合同（示范文本）》通用合同条款规定：承包人按合同约定接收竣工付款证书后，应被视为已无权再提出在工程接收证书颁发前所发生的任何索赔。承包

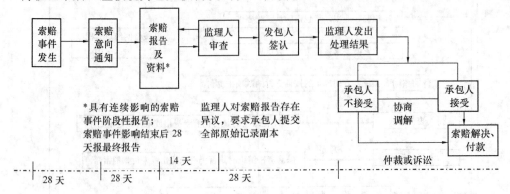

图 4-5　索赔处理的时限

人按合同约定提交的最终结清申请单中，只限于提出工程接收证书颁发后发生的索赔。提出索赔的期限自接受最终结清证书时终止。

（2）发包人的索赔

承包人未能按合同约定履行自己的各项义务和发生错误给发包人造成损失的，发包人也可向承包人提出索赔。根据合同约定，发包人认为有权得到赔付金额和（或）延长缺陷责任期的，监理人应向承包人发出通知并附有详细的证明。

1）发包人应在知道或应当知道索赔事件发生后 28 天内通过监理人向承包人提出索赔意向通知书，发包人未在前述 28 天内发出索赔意向通知书的，丧失要求赔付金额和（或）延长缺陷责任期的权利。发包人应在发出索赔意向通知书后 28 天内，通过监理人向承包人正式递交索赔报告；

2）承包人收到发包人提交的索赔报告后，应及时审查索赔报告的内容、查验发包人证明材料；

3）承包人应在收到索赔报告或有关索赔的进一步证明材料后 28 天内，将索赔处理结果答复发包人。如果承包人未在上述期限内作出答复的，则视为对发包人索赔要求的认可；

4）承包人接受索赔处理结果的，发包人可从应支付给承包人的合同价款中扣除赔付的金额或延长缺陷责任期；承包人不接受索赔处理结果的，按争议解决条款的约定处理。

4.3.2.3 索赔证据

任何索赔事件的确立，其前提条件是必须有正当的索赔理由。对正当索赔理由的说明必须具有证据，因为索赔的进行是靠证据说话。当合同一方向另一方提出索赔时，要有正当索赔理由，且有索赔事件发生时的有效证据。没有证据或证据不足，索赔是难以成功的。

1. 对索赔证据的要求

（1）真实性。索赔证据必须是在实施合同过程中确定存在和发生的，必须完全反映实际情况，能经得住推敲。

（2）全面性。所提供的证据应能说明事件的全过程。索赔报告中涉及的索赔理由、事件过程、影响、索赔值等都应有相应证据。

（3）关联性。索赔的证据应当能够互相说明，相互具有关联性，不能零乱和支离破碎，不能互相矛盾。

（4）及时性。索赔证据的取得及提出应当及时。

（5）具有法律证明效力。一般要求证据必须是书面文件，有关记录、协议、纪要必须是双方签署的；工程中重大事件、特殊情况的记录、统计必须由工程师签证认可。

2. 索赔证据的种类

（1）招标文件、工程合同及附件、发包人认可的施工组织设计、工程图纸、技术规范等；

（2）工程各项有关的设计交底记录、变更图纸、变更施工指令等；

（3）工程各项经发包人或合同中约定的发包人代表或工程师签认的签证；

（4）工程各项往来函件、指令、通知、答复等；

（5）各类工程会议纪要；

（6）经批准的施工进度计划及现场实施情况记录；

（7）工程使用的材料和设备的采购、订货、运输、进场、验收等方面的凭证；

（8）工程施工使用的机械、设备、材料及劳动力的进场、使用和出场等方面的凭据；

（9）施工日报及工长工作日志、备忘录；

（10）工程送电、送水、道路开通、封闭的日期及数量记录；

（11）工程停电、停水和干扰事件影响的日期及恢复施工的日期；

（12）工程现场气候记录，有关天气的温度、风力、雨雪等；

（13）工程预付款、进度款拨付的数额及日期记录；

（14）工程图纸、图纸变更、交底记录的送达份数及日期记录；

（15）工程有关施工部位的照片及录像等；

（16）工程验收报告及各项技术鉴定报告等；

（17）工程财务核算资料；

（18）国家和省级或行业建设主管部门有关影响工程造价、工期的文件、规定等。

4.3.2.4　索赔文件

索赔文件是合同当事人向对方提出索赔的正式书面文件，也是对方审议索赔请求的主要依据。索赔文件通常包括索赔函、索赔报告和附件二个部分。

1. 索赔函

索赔函是一封索赔方致合同对方或其代表的简短的信函，应包括以下内容：①说明索赔事件；②列举索赔理由；③提出的索赔金额和/或工期要求；④附件说明。整个索赔函是提纲挈领的材料，它把其他材料贯通起来。

2. 索赔报告

索赔报告是索赔材料的正文，其结构一般包含三个主要部分。①报告的标题，应言简意赅地概括索赔的核心内容；②事实与理由，这部分应该叙述客观事实，合理引用合同规定，建立事实与损失之间的因果关系，说明索赔的合理合法性；③损失计算与要求赔偿金额及工期，这部分应列举各项明细数字及汇总数据。

需要特别注意的是，索赔报告的表述方式对索赔的解决有重大影响。一般要注意：

（1）索赔事件要真实、证据确凿，令对方无可推却和辩驳。对事件叙述要清楚明确，避免使用"可能"、"也许"等估计猜测性语言，造成索赔说服力不强。

（2）计算索赔值要合理、准确。要将计算的依据、方法、结果详细说明列出，这样易于对方接受，可减少争议和纠纷。

（3）责任分析要清楚。一般索赔所针对的事件都是由于非索赔方责任而引起的，因此，在索赔报告中必须明确对方负全部责任，而不可用含糊的语言，这样会丧失自己在索赔中的有利地位，使索赔失败。

（4）要强调事件的不可预见性和突发性，说明索赔方对它不可能有准备，也无法预防，并且索赔方为了避免和减轻该事件的影响和损失已尽了最大的努力，采取了能够采取的措施，从而使索赔理由更加充分，更易于对方接受。

（5）明确表明索赔事件与索赔有直接的因果关系，阐述由于索赔事件的影响，使工程施工受到严重干扰，拖延了工期，使索赔方为此增加了支出或蒙受损失。

（6）索赔报告书写用语应尽量婉转，避免使用强硬、不客气的语言给索赔带来不利的影响。

3. 附件

（1）索赔报告中所列举事实、理由、影响等的证明文件和证据。

（2）详细计算书，这是为了支持索赔金额的真实性而设置的，为了简明可以选用图表等形式。

4.3.3 工程索赔的计算

4.3.3.1 可索赔的费用

1. 承包人提出索赔

承包人提出工程索赔时可索赔费用同施工承包合同价所包含的组成部分一样，包括直接费、间接费和利润。从原则上说，凡是承包人有索赔权的工程成本增加，都是可以索赔的费用。但是，对于不同原因引起的索赔，可索赔费用的具体内容有所不同。同一种新增的成本开支，在不同原因、不同性质的索赔中，有的可以肯定地列入索赔款额中，有的则不能列入，还有的在能否列入的问题上需要具体分析判断。具体的索赔费用内容一般可以包括以下几个方面：

（1）人工费。包括增加工作内容的人工费、停工损失费和工作效率降低的损失费等累计，一般工作量的增加、成本的增加，可按合同中的工日单价计，其他原因造成的窝工只能按双方约定的补贴计。

（2）施工机械使用费。属工程数量的增加，合同外工作内容，造成机械台班量增加时，可按合同中约定的机械台班单价计。由于发包人原因造成现场机械闲置时，承包人自有机械可按台班折旧费计，租赁机械按设备租赁每天费用计。

（3）材料费。

（4）管理费。包括现场管理费和（或）总部管理费。

（5）利润。属成本增加的索赔事项可按有关规定计取管理费和利润。

（6）保函手续费。工程延期时，保函手续费相应增加，反之，取消部分工程且发包人与承包人达成提前竣工协议时，承包人的保函金额相应折减，则计入合同价内的保函手续费也应扣减。

（7）贷款利息。

可索赔的费用，除了前述的人工费、材料、机械使用费、分包费、管理费、利息、利润等几个方面以外，有时，承包商还会提出要求补偿额外担保费用，尤其是当这项担保费的款额相当大时。对于大型工程，履行担保的额度款都很可观，由于延长履约担保所付的款额甚大，承包商有时会提出这一索赔要求，是符合合同规定的。如果履约担保的额度较小，或经过履约过程中对履约担保款额的逐步扣减，此项费用已无足轻重的，承包商亦会自动取消额外担保费的索赔，只提出主要的索赔款项，以利于整个索赔工作的顺利解决。

在具体分析费用的可索赔性时，应对各项费用的特点和条件进行审核论证。《施工索赔》一书（J. Adrian 著，1988 年）对承包商提出索赔款的组成部分进行了详细的具体划分，并指明在最常见的 4 种不同种类的施工索赔中，哪些费用是可以得到补偿的，哪些费用是需要通过分析而决定能否得到补偿的，哪些费用则一般不能得到补偿，见表 4-3 所示。

索赔费的组成部分及其可索赔性分析表　　　　　　　　　　　　　　表 4-3

施工索赔费的组成部分	不同原因引起的最常见的 4 种索赔			
	工程延期索赔	施工范围变更索赔	加速施工索赔	施工条件变化索赔
1. 由于工程量增大而新增现场劳动时间的费用	○	√	○	√
2. 由于工效降低而新增现场劳动时间的费用	√	*	√	*
3. 人工费提高	√	*	√	*
4. 新增的建筑材料用量	○	√	*	*
5. 建筑材料单价提高	√		*	*
6. 新增加的分包工程量	○	√	○	
7. 新增加的分包工程成本	√	*		*
8. 设备租赁费	*	√	√	√
9. 承包商原有设备的使用费	√	√	*	√
10. 承包商新增设备的使用费	*		*	*
11. 工地管理费（可变部分）	*	√	*	√
12. 工地管理费（固定部分）	√		○	*
13. 公司总部管理费（可变部分）	*	*	*	*
14. 公司总部管理费（固定部分）	*	*	*	*
16. 利润	*	√	*	√
17. 可能的利润损失	*	*	*	*

注：本表引自《施工索赔》，P60。

表 4-3 中对各项费用的可索赔性（是否应列入索赔款额中去）的分析意见，用三种符合标识："√"代表应该列入，"＊"代表有时可以列入，亦即应通过合同双方具体分析决定；"○"表示一般不应列入索赔款。这些分析意见系按一般的索赔而论。在施工索赔的计价工作中，要考虑的具体因素很多，在不同原因的索赔中哪一种费用可以列入，均应经过合同双方的分析论证，并审核各项费用的开支证明，才能最后商定。

2. 发包人提出索赔

发包人对承包人的索赔主要围绕着承包人履约过程中的违约责任进行索赔。承包人应承担因其违约行为而增加的费用和（或）延误的工期。此外，合同当事人可在专用合同条款中另行约定承包人违约责任的承担方式和计算方法。赔偿因其违约给发包人造成的损失。双方在专用条款内约定承包人赔偿发包人损失的计算方法或者承包人应当支付违约金的数额或计算方法。施工过程中业主索赔主要有下列几种情况：

（1）工期延误索赔。在工程项目的施工过程中，由于多方面的原因，往往使竣工日期拖后，影响到业主对该工程的利用，给业主带来经济损失，业主有权对承包商进行索赔，即由承包商支付延期竣工违约金。承包商支付这项违约金的前提是：这一工期延误的责任属于承包商方面。误期违约金通常由业主在招标文件中确定。

业主在确定违约金的费率时，一般要考虑以下因素：①业主盈利损失；②由于工期延长而引起的贷款利息增加；③工程拖期带来的附加监理费；④由于本工程拖期竣工不能使用，租用其他建筑物时的租赁费。至于违约金的计算方法，在每个合同文件中均有具体规定。一般按每延误一天赔偿一定的款额计算，累计赔偿额一般不超过合同总额的10％。

（2）施工缺陷索赔。当承包商的施工质量不符合施工技术规程的要求，或在保修期未满以前未完成应该负责修补的工程时，业主有权向承包商追究责任。如果承包商未在规定的时限内完成修补工作，业主有权雇佣他人来完成工作，发生的费用由承包商承担。

（3）承包商不履行的保险费用索赔。如果承包商未能按合同条款指定的项目投保，并保证保险有效，业主可以投保并保证保险有效，业主所支付的必要的保险费可在应付给承包商的款项中扣回。

（4）对超额利润的索赔。如果工程量增加很多（通常约定为超过有效合同价的15％），使承包商预期的收入增大，因工程量增加承包商并不增加任何固定成本，合同价应由双方讨论调整，收回部分超额利润。

由于法规的变化导致承包商在工程实施中降低了成本，产生了超额利润，应重新调整合同价格，收回部分超额利润。

（5）对指定分包商的付款索赔。在工程承包商未能提供已向指定分包商付款的合理证明时，业主可以直接按照工程师的证明书，将承包商未付给指定分包商的所有款项（扣除保留金）付给该分包商，并从应付给承包商的任何款项中如数扣回。

（6）业主合理终止合同或承包商不正当地放弃工程的索赔。如果业主合理地终止承包商的承包，或者承包商不合理地放弃工程，则业主有权从承包商手中收回，并按新的承包商完成工程所需的工程款与原合同未付部分的差额提出索赔。

（7）由于施工或质量安全事故给业主方人员和/或第三方人员造成的人身或财产损失的索赔，以及承包商运送建筑材料及施工机械设备时损坏了公路、桥梁或隧洞，道桥管理部门提出的索赔等。

在工程索赔的实践中，以下几项费用一般是不允许索赔的：

（1）索赔方对索赔事项的发生原因负有责任的有关费用。

（2）承包人对索赔事项未采取减轻措施因而扩大的损失费用。

（3）承包人进行索赔工作的准备费用。

（4）索赔款在索赔处理期间的利息。

（5）工程有关的保险费用。索赔事项涉及的一些保险费用，如工程一切险，人员工伤保险，第三方保险等费用，在计算索赔款时一般不予考虑，除非在合同条款中另有规定。

4.3.3.2 费用索赔的计算

在计算索赔款数额时，客观地分析索赔款的组成部分，采用正确的计价方法，对顺利解决索赔要求取得索赔成功起着决定性的作用。实践证明，在有权要求索赔时，如果采用不合适的计价方法，没有事实根据地扩大索赔数额，漫天要价，往往使本来可以顺利解决的索赔要求搁浅，甚至失败。

在工程索赔中，对索赔款的计算通常都遵循几种常用的原则，每次工程的索赔计价法通常是在这些原则的指导下具体地进行的。常用的索赔款计价方法有下列几种。

1. 实际费用法

实际费用法亦称为实际成本法，用于单项索赔形式，是工程索赔计价时最常用的计价方法。实际费用法计算的原则是，索赔方以为某项索赔事件所支付的实际开支为根据，向对方要求经济补偿。

承包商用实际费用法计价时，可针对某项索赔事件计算所发生的额外直接费（人工费、材料费、机械使用费等），并在此基础上加上应得的间接费和利润，即为承包商的索赔金额。实际费用法（即额外费用法）客观地反映了承包商的额外开支或损失，要求对索赔事件造成的额外开支或损失提供合适的证据。

由于实际费用法索赔计算是依据实际发生的成本记录或单据，所以在施工过程中系统而准确地积累记录资料是非常重要的。这些记录资料不仅是工程索赔所必不可少的，亦是工程项目施工总结的基础依据。

2. 总费用法

总费用法即总成本法，就是当发生多次索赔事项以后，重新计算出该工程项目的实际总费用，再从这个实际总费用中减去按投标报价所计算的总费用，即为要求补偿的索赔总款额，即：

索赔款额＝实际总费用－投标报价估算费用

在计算索赔款时，只有当实际费用法难以采用时，才使用总成本法。采用总成本法时，一般要有以下的条件。

（1）由于该项索赔在施工时难于或不可能精确地计算出承包商损失的款额。

（2）承包商对工程项目的报价（即投标时的估算总费用）是比较合理的。

（3）已开支的实际总费用经过逐项审核，认为是比较合理的。

（4）承包商对已发生的费用增加没有责任。

（5）承包商有较丰富的工程施工管理经验和能力。

在施工索赔工作中，一般不建议采用总费用法。因为实际发生的总费用中，可能包括了由于承包商的原因（如施工组织不善，工效太低，浪费材料等）而增加了的费用；同时，投标报价时的费用可能因想竞争中标而过低。因此，采用总费用法计算索赔款，往往涉及很多的争议因素，会遇到较大的困难。

虽然如此，总费用法仍然在一定的条件下被采用，在国际工程施工索赔中保留着它的地位。这是因为，对于某些索赔事项，要很精确地计算出索赔款额是很困难的，有时甚至是不可能的。在这种情况下，逐项核实已开支的实际总费用，取消其不合理的部分，然后减去报价时的报价估算费用，仍可以比较合理地进行索赔款的计算。

3. 修正的总费用法

修正的总费用法是对总费用法的改进，即在总费用计算的原则上，对总费用法进行相应的修改和调整，去掉一些比较不确切的可能因素，使其更合理。

用修正的总费用法进行的修改和调整内容，主要如下：

（1）将计算索赔款的时段仅局限于受到外界影响的时段（如雨季），而不是整个施工延期。

（2）只计算受影响时段内的某项工作（如土坝碾压）所受影响的损失，而不是计算该时段内所有施工工作所受的损失。

（3）在受影响时段内受影响的某项工程施工中，使用的人工、设备、材料等资源均有可靠的记录资料，如工程师的施工日志，现场施工记录等。

（4）与该项工作无关的费用，不列入总费用中。

（5）对投标报价时的估算费用重新进行核算：按受影响时段内该项工作的实际单价进行计算，乘以实际完成的该项工作的工程量，得出调整后的报价费用。

经过上述各项调整修正后的总费用，已相当准确地反映出实际增加的费用，作为给承包商补偿的款额。据此，按修正后的总费用法支付索赔款的计算公式是：

索赔款额＝某项工作调整后的实际总费用－该项工作的报价费用

修正的总费用法，与未经修正的总费用法相比较，有了实质性的改进，使它的准确程度接近于"实际费用法"，容易被业主及工程师所接受。

【例4-3】 某建设项目业主与承包商签订了工程施工承包合同，根据合同及其附件的有关条文，对索赔有如下规定：

因窝工发生的人工费以70元/工日计算，建设方提前一周通知承包人时不以窝工处理，以补偿费支付25元/工日。

机械台班费，汽车式起重机600元/台班，蛙式打夯机180元/台班，履带式推土机1100元/台班。因窝工而闲置时，只考虑折旧费，按台班费70％计算。

临时停工一般不补偿管理费和利润。

在施工过程中发生了以下情况：

（1）6月8日至6月21日，施工到第七层时，因业主提供的钢筋未到使一台汽车式起重机和35名钢筋工停工（业主已于5月30日通知承包人）。

（2）6月10日至6月21日，因场外停电停水使地面基础工作的一台履带式推土机、一台蛙式打夯机和30名工人停工。

（3）6月23日至6月25日，因一台汽车式起重机故障而使在第十层浇捣钢筋混凝土梁的35名钢筋工停工。

承包商及时提出了索赔要求。

问：（1）哪些事件可以索赔，哪些事件不可以索赔？说明理由。

（2）合理的索赔金额为多少？

【解】 （1）事件1：可以索赔。因业主提供的钢筋未到，属于当事人违约。

事件2：可以索赔。因场外停电停水，属于不可抗力。

事件3：不可以索赔。因设备出现故障，属于承包商的责任。

（2）合理的索赔金额如下：

事件1：机械闲置费：起重机一台：$600 \times 70\% \times 14 = 5880$（元）

窝工人工费：因业主已提前通知承包人，所以只能以补偿费支付。

钢筋工：$25 \times 35 \times 14 = 12250$（元）

事件1：合理的索赔费用为：$5880 + 12250 = 18130$（元）

事件2：机械闲置费：推土机一台：$1100 \times 70\% \times 12 = 9240$（元）

打夯机一台：$180 \times 70\% \times 12 = 1512$（元）

窝工人工费：$70 \times 30 \times 12 = 25200$（元）

事件2：合理的索赔费用为：$9240 + 1512 + 25200 = 35952$（元）

事件3：承包商原因造成机械设备故障，不能给予补偿。

该建设项目合理的索赔费用为：$18130 + 35952 = 54082$（元）

4.3.3.3　工期索赔的计算

1. 在工期索赔中特别应当注意的问题

（1）划清施工进度拖延的责任。因承包商的原因造成施工进度滞后，属于不可原谅的延期；只有承包商不应承担任何责任的延误，才是可原谅的延期。有时工期延期的原因中可能包含有双方责任，此时工程师应进行详细分析。

可原谅延期，又可细分为给工期延长又给费用补偿和只给工期延长但不给费用补偿两种。后者是指非承包人责任的影响并未导致施工成本的额外支出，如异常恶劣的气候条件影响的停工等。

（2）被延误的工作应是处于施工进度计划关键线路上的施工内容。只有位于关键线路上工作内容的滞后，才会影响到竣工日期。若属于非关键线路上的工作，又要详细分析这一延误对后续工作的可能影响，有没有时差可以被利用。因为若对非关键路线工作的影响时间较长，超过了该工作可用于自由支配的时间，也会导致进度计划中非关键路线转化为关键路线，其滞后将影响总工期的拖延。此时，应充分考虑该工作的自由时间，给予相应的工期顺延，并要求承包人修改施工进度计划。

2. 工期索赔的计算方法

（1）网络分析法

网络分析法是利用进度计划的网络图，分析其关键线路。如果延误的工作为关键工作，则总延误的时间为批准顺延的工期；如果延误的工作为非关键工作，当该工作由于延误超过时差限制而成为关键工作时，可以批准延误时间与时差的差值；若该工作延误后仍为非关键工作，则不存在工期索赔问题。

（2）比例计算法

在工程实施中，因业主原因影响的工期，通常可直接作为工期的延长天数。但是，当提供的条件能满足部分施工时，可用比例计算法来计算工期索赔值。其计算公式如下所示。

工期索赔值＝（受干扰部分工程的合同价÷原合同总价）×该受干扰部分工期拖延
　　　　　时间

工期索赔值＝（额外增加的工程量的价格÷原合同总价）×原合同总工期

比例计算法简单方便，但有时不尽符合实际情况，比例计算法不适用于变更施工顺序、加速施工、删减工程量等事件的索赔。

（3）其他方法

在实际工程中，工期补偿天数的确定方法可以是多样的。如以劳动力需用量作为相对单位，计算工期索赔值的相对单位法，因为工程的变更必然会引起劳动量的变化。在广义上它也是一种比例法。其计算公式如下所示。

工期索赔值＝（额外增加的工程量的劳动力需用量÷原合同工程量的劳动力需用量）
　　　　　×原合同总工期。

另外，在干扰事件发生前由双方商讨在变更协议或其他附加协议中直接确定补偿天数也是一种常用的方法。

【例 4-4】　某工程合同总价为 360 万元，总工期为 12 个月（制度工作日），现业主指令增加附属工程的合同价为 60 万元，计算承包商应提出的工期索赔时间。

【解】

$$总工期索赔 = \frac{增加工程量的合同价}{原合同总价} \times 原合同总工期$$

$$= \frac{60}{360} \times 12 = 2（月）（制度工作日）$$

$$作业天 = 2 \times 21 = 42（天）$$

答：承包商应提出 2 个月，作业天 42 天的工期索赔。

【例 4-5】 某厂（发包人）与某建筑公司（乙方）订立了某工程项目施工合同，同时与某降水公司（丙方）订立了工程降水合同。建筑公司编制了施工网络计划，工作 B、E、G 为关键线路上的关键工作，工作 D 有总时差 8 天。工程施工中发生如下事件：

(1) 降水方案错误，致使工作 D 推迟 2 天，乙方人员配合用工 5 个工日，窝工 6 个工日；

(2) 因供电中断，停工 2 天，造成人员窝工 16 个工日；

(3) 因设计变更，工作 E 工程量由招标文件中的 300m³ 增至 350m³，原计划工期为 6 天；

(4) 为保证施工质量，乙方在施工中将工作 B 原设计尺寸扩大，增加工程量 15m³；

(5) 在工作 E、G 均完成后，发包人指令增加一项临时工作 K，经核准，完成该工作需要 1 天时间，机械 1 台班，人工 10 个工日。

问题：

(1) 每项事件工期索赔各是多少？总工期索赔多少天？

(2) 若合同约定每一分项工程实际工程量增加超过招标文件的 10% 以上调整单价，E 工作原全费用单价为 110 元/m³，经协商调整后的全费用单价为 100 元/m³，则 E 工作结算价为多少？

(3) 假设人工工日单价为 70 元/工日，人工费补贴为 25 元/工日，因增加用工所需管理费为增加人工费的 20%，工作 K 的综合取费为人工费的 80%，台班费为 400 元/台班，台班折旧费为 240 元/台班。计算除事件 3 外合理的费用索赔总额。

【解】

(1) 事件 1：工作 D 有总时差 8 天，现推迟 2 天，不影响工期，因此可索赔工期 0 天。

事件 2：供电中断 2 天，可索赔工期 2 天。

事件 3：因为 E 工作为关键工作，可索赔工期：（350－300）/（300/6）= 1（天）

事件 4：因为保证施工质量所采取的措施，属于承包商的责任，不可索赔工期和费用。

事件 5：因为 E、G 均为关键工作，在该两项工作之间增加工作 K，K 工作也必为关键工作，所以索赔工期 1 天。

总计索赔工期：0＋2＋1＋1＝4（天）

(2) E 工作结算价：

按原单价结算的工程量 300×（1＋10%）＝330（m³）

按新单价结算的工程量：350－330＝20（m³）

总结算价：330×110+20×100 = 38300（元）

（3）事件1：人工费　6工日×25元/工日+5工日×70元/工日×（1+20%）=570（元）

事件2：人工费　16工日×25元/工日 = 400（元）

机械费　2台班×240元/台班 = 480（元）

事件5：人工费　10工日×70元/工日×（1+80%）= 1260（元）

机械费　1台班×400元/台班 = 400（元）

合理的索赔费用总额：570+400+480+1260+400 = 3110（元）

总之，索赔是利用经济杠杆促进项目管理的有效手段，对承包人、发包人和工程师来说，处理索赔问题水平的高低，反映了对项目管理水平的高低。由于索赔是合同管理的重要环节，也是计划管理的动力，是承包人增收的组成部分，是发包人控制工程造价的重要环节。所以随着建筑市场的建立和发展，它将成为项目管理中越来越重要的问题。

4.4　施工过程工程价款支付与核算

4.4.1　施工过程工程价款支付与核算概述

4.4.1.1　施工过程工程价款支付的作用

施工过程工程价款支付是指承包人在工程施工过程中，依据承包合同中关于付款的规定和已经完成的工程量，以预付备料款和工程进度款的形式，按照规定的程序向发包人收取工程价款的一项经济活动。工程价款支付与核算是工程项目管理中一项十分重要的工作，主要表现为：

1. 工程价款支付是反映工程进度的主要指标

在施工过程中，工程价款支付的依据之一就是已完成的工程量。承包人完成的工程量越多，所应结的工程价款就越多，根据累计已结的工程价款占合同总价款的比例，能够近似地反映出工程的进度情况，有利于准确掌握工程进度。

2. 工程价款的合理支付是发包人控制项目风险的重要手段

对于发包人来说，只有当支付的工程价款与已完成的工程量保持在合理的对应关系下，才能避免出现支付风险，准确核定应付工程款，不发生超付，可避免因此可能发生的被动和不必要的利息损失。

3. 工程价款收取是承包人加快资金周转的重要环节

对于承包商来说，只有当收到工程价款才意味着其获得了工程成本的回收和相应的利润，实现持续经营的目标。

4.4.1.2　工程价款的主要支付方式

1. 工程预付款

在目前的工程承发包中，大部分工程是实行包工包料的，这就意味着承包商必须有一定数量的备料周转金。工程预付款是针对承包商为该工程项目储备主要材料、结构构件提供所需的资金。

《建设工程施工合同（示范文本）》规定：预付款的支付按照专用合同条款约定执行，但至迟应在开工通知载明的开工日期7天前支付。预付款应当用于材料、工程设备、施工设备的采购及修建临时工程、组织施工队伍进场等。除专用合同条款另有约定外，预付款在进度付款中同比例扣回。在颁发工程接收证书前，提前解除合同的，尚未扣完的预付款应与合同价款一并结算。

发包人逾期支付预付款超过 7 天的，承包人有权向发包人发出要求预付的催告通知，发包人收到通知后 7 天内仍未支付的，承包人有权暂停施工，并按发包人违约条款约定执行。

《建设工程工程量清单计价规范》（GB 50500—2013）中的具体规定是：

承包人应将预付款专用于合同工程。包工包料工程的预付款的支付比例不得低于签约合同价（扣除暂列金额）的 10%，不宜高于签约合同价（扣除暂列金额）的 30%。承包人应在签订合同或向发包人提供与预付款等额的预付款保函后向发包人提交预付款支付申请。发包人应在收到支付申请的 7 天内进行核实，向承包人发出预付款支付证书，并在签发支付证书后的 7 天内向承包人支付预付款。发包人没有按合同约定按时支付预付款的，承包人可催告发包人支付；发包人在预付款期满后的 7 天内仍未支付的，承包人可在付款期满后的第 8 天起暂停施工。发包人应承担由此增加的费用和延误的工期，并应向承包人支付合理利润。

另外发包人应在工程开工后的 28 天内预付不低于当年施工进度计划的安全文明施工费总额的 60%，其余部分应按照提前安排的原则进行分解，并应与进度款同期支付。

预付款应按合同的约定从每一个支付期应支付给承包人的工程进度款中扣回，直到扣回的金额达到合同约定的预付款金额为止。承包人的预付款保函的担保金额根据预付款扣回的数额相应递减，但在预付款全部扣回之前一直保持有效。发包人应在预付款扣完后的 14 天内将预付款保函退还给承包人。

2. 工程进度款的支付（期中结算）

施工企业在施工过程中，按逐月（或形象进度或控制界面等）完成的工程数量计算各项费用，向建设单位（业主）办理工程进度款的支付。我国现行工程进度款的支付根据不同情况，主要采取以下几种方式：

（1）按月核定已完工作量的支付方式。具体办法是，施工企业在月末向工程师提出工程款付款申请和已完工程月报表和相关资料，工程师核定当月已完工作量，签发支付签证，建设单位按合同规定向施工企业予以支付。采用这种方式时，工程师和建设单位要对现场已施工完毕的工程进行核对，并审查价款计算是否准确。我国现行建筑安装工程进度款的支付中，相当一部分采用这种方式。

（2）分段支付方式。即当年开工，当年不能竣工的单项工程或单位工程按照工程形象进度，划分不同阶段进行工程进度款的核算，并按合同规定进行实际支付的方式。如划分为桩基础完成、地下室完成、裙房结构完成、主体结构完成、管线安装完成、设备安装完成等不同阶段进行核算和支付。

（3）目标结算方式。也可称为分段结算方式，即在工程合同中，将承包工程的内容分解成不同的控制界面，以业主验收控制界面作为支付工程价款的前提条件。也就是说，将合同中的工程内容分解成不同的验收单元，当承包商完成单元工程内容并经业主（或其委托人）验收后，业主按合同规定支付构成单元工程内容的工程价款。

目标结算方式下，承包商要想获得工程价款，必须按照合同约定的质量标准完成界面内的工程内容；要想尽早获得工程价款，承包商必须充分发挥自己的组织实施，在保证质量前提下，加快施工进度。这意味着承包商拖延工期时，则业主推迟付款，增加承包商的财务费用、运营成本，降低承包商的收益，客观上使承包商延迟工期而遭受损失。同样，当承包商积极组织施工，提前完成控制界面内的工程内容，则承包商可提前获得工程价款，增加承包收益，客观上承包商因提前工期而增加了有效利润。同时，因承包商在界面内质量达不到合同约定的标准而业主不予验收，承包商也会因此而遭受损失。因此目标结款方式实质上是运用合同手段、财务手段对工程的完成进行主动控制的一种措施。

（4）合同双方约定的其他支付方式。工程承发包人有时会根据项目和各自的情况，约定的其他的支付方式。如在满足合同约定的条件下，每月或季的约定时间按合同约定的比例进行工程进度款支付的方式。也有的合同采用将按月核定已完工作量支付和分段结算相结合的方式。

对于总价包干合同，当不采用按月核定已完工作量的支付方式时可按照支付分解表进行支付。支付分解表形成一般有以下三种方式：

1）对于工期较短的项目，将总价包干子目的价格按合同约定的计量周期平均；

2）对于合同价值不大的项目，按照总价包干子目的价格占签约合同价的百分比，以及各个支付周期内所完成的总价值，以固定百分比方式均摊支付；

3）根据有合同约束力的进度计划、预先确定的里程碑形象进度节点（或者支付周期）、组成总价子目的价格要素的性质（与时间、方法和（或）当期完成合同价值等的关联性）。将组成总价包干子目的价格分解到各个形象进度节点（或者支付周期中），汇总形成支付分解表。实际支付时，经检查核实其实际形象进度，达到支付分解表的要求后，即可支付经批准的每阶段总价包干子目的支付金额。

《建设工程施工合同（示范文本）》对总价合同支付分解表的编制与审批的规定是：

1）除专用合同条款另有约定外，承包人应根据约定的施工进度计划、签约合同价和工程量等因素对总价合同按月进行分解，编制支付分解表。承包人应当在收到监理人和发包人批准的施工进度计划后 7 天内，将支付分解表及编制支付分解表的支持性资料报送监理人。

2）监理人应在收到支付分解表后 7 天内完成审核并报送发包人。发包人应在收到经监理人审核的支付分解表后 7 天内完成审批，经发包人批准的支付分解表为有约束力的支付分解表。

3）发包人逾期未完成支付分解表审批的，也未及时要求承包人进行修正和提供补充资料的，则承包人提交的支付分解表视为已经获得发包人批准。

4）除专用合同条款另有约定外，单价合同的总价项目支付分解表的编制与审批参照总价合同支付分解表的编制与审批执行。

另外对于建设项目或单位工程全部建筑安装工程建设期在 12 个月以内，工程承包合同金额较小的，也有实行工程价款竣工后一次结算的，这样就没有工程进度款的核算与支付。

3. 竣工验收后的支付

工程竣工后，工程款的支付根据合同约定还会发生，一般会有以下几种支付：

（1）工程竣工验收合格支付。一般在合同中会约定支付到合同价或核定完成工作量的某个百分比（如支付到90%），对于这种支付也可视为按工程形象进度付款。

（2）工程竣工结算支付。竣工结算支付是指工程竣工后承包人根据施工过程实际发生的工程变更情况，提出最终工程造价结算报告，在发包人最终审核确定最终工程结算造价后，发包人根据合同的约定进行的支付。一般会在合同中约定支付到审定结算金额的某个百分比（如支付到95%）。

（3）保修期结束后的支付。保修期结束后的支付是针对合同约定的保修金的余额。

4.4.2 施工过程工程价款的核算与支付

4.4.2.1 工程预付款的确定

1. 工程预付款的限额

工程预付款主要用于工程备料，确定其限额由下列主要因素决定：主要材料（包括外购件）占工程造价的比重；材料储备期；施工工期。在理论上就备料款限额可按下式计算。

$$备料款限额=\frac{年度承包工程总值×主要材料所占比重}{年度施工日历天数}×材料储备天数$$

预付款的数额还要根据各工程类型、合同工期、承包方式和供应体制等不同条件而定。例如，工业项目中钢结构和管道安装占比重较大的工程，其主要材料所占比重比一般安装工程要高，因而预付款数额也要相应提高；工期短的工程比工期长的要高；材料由施工单位自购的比由建设单位供应主要材料的要高。

一般建筑工程不应超过当年建筑工作量（包括水、电、暖）的30%；安装工程按年安装工作量的10%；材料所占比重较多的安装工程按年计划产值的15%左右拨付。在实际工作中，一般采用合同价扣除暂列金额后为基数约定按某个百分比确定工程预付款数额。

2. 预付款的扣回

发包单位拨付给承包单位的预付款属于预支性质，到工程实施后，随着工程所需主要材料储备的逐步减少，应以抵充工程价款的方式陆续扣回。在理论上就预付款的扣回可以从尚未施工工程需要的主要材料及构件的价值相当于预付款数额时起扣，从每次结算工程价款中，按材料比重扣抵工程价款，竣工前全部扣清。理论上的预付款起扣点可按下式计算。

$$T=P-\frac{M}{N}$$

式中　T——起扣点，即预付备料款开始扣回时的累计完成工作量金额；

　　　M——预付备料款的限额；

　　　N——主要材料所占比重；

　　　P——承包工程价款总额。

如工程工期较长，如跨年度施工，预付备料款可以不扣或少扣，并于次年按应预付备料款调整，多退少补。具体来说，如预计跨年度工程次年承包工程价值大于或相当于当年承包工程价值时，可以不扣回当年的预付备料款；如预计小于当年承包工程价值时，应按实际承包工程价值进行调整，在当年扣回部分预付备料款，并将未扣回部分，转入次年，直到竣工年度，再按上述办法扣回。

在实际经济活动中，通常会对预付款扣回进行简化处理，如在合同中约定从何时开始、分几次、按什么比例进行预付款扣回。

4.4.2.2 工程进度款核算

《建设工程施工合同（示范文本）》通用合同条款就工程进度款核算相关的工程量计量、进度付款申请单的编制、进度付款申请单的提交均有相关约定，具体要求如下：

1. 工程量计量

工程量计量按照合同约定的工程量计算规则、图纸及变更指示等进行计量。工程量计算规则应以相关的国家标准、行业标准等为依据，由合同当事人在专用合同条款中约定。除专用合同条款另有约定外，工程量的计量按月进行。

（1）单价合同的计量

除专用合同条款另有约定外，单价合同的计量按照下列约定执行：

1）承包人应于每月 25 日向监理人报送上月 20 日至当月 19 日已完成的工程量报告，并附具进度付款申请单、已完成工程量报表和有关资料。

2）监理人应在收到承包人提交的工程量报告后 7 天内完成对承包人提交的工程量报表的审核并报送发包人，以确定当月实际完成的工程量。监理人对工程量有异议的，有权要求承包人进行共同复核或抽样复测。承包人应协助监理人进行复核或抽样复测，并按监理人要求提供补充计量资料。承包人未按监理人要求参加复核或抽样复测的，监理人复核或修正的工程量视为承包人实际完成的工程量。

3）监理人未在收到承包人提交的工程量报表后的 7 天内完成审核的，承包人报送的工程量报告中的工程量视为承包人实际完成的工程量，据此计算工程价款。

（2）总价合同的计量

除专用合同条款另有约定外，按月计量支付的总价合同按下列约定执行：

1）承包人应于每月 25 日向监理人报送上月 20 日至当月 19 日已完成的工程量报告，并附具进度付款申请单、已完成工程量报表和有关资料。

2）监理人应在收到承包人提交的工程量报告后 7 天内完成对承包人提交的工程量报表的审核并报送发包人，以确定当月实际完成的工程量。监理人对工程量有异议的，有权要求承包人进行共同复核或抽样复测。承包人应协助监理人进行复核或抽样复测并按监理人要求提供补充计量资料。承包人未按监理人要求参加复核或抽样复测的，监理人审核或修正的工程量视为承包人实际完成的工程量。

3）监理人未在收到承包人提交的工程量报表后的 7 天内完成复核的，承包人提交的工程量报告中的工程量视为承包人实际完成的工程量。

总价合同采用支付分解表计量支付的，可以按照上述总价合同的计量约定进行计量，但合同价款按照支付分解表进行支付。

（3）其他价格形式合同的计量

合同当事人可在专用合同条款中约定其他价格形式合同的计量方式和程序。

2. 进度付款申请单的编制

按照《建设工程施工合同（示范文本）》通用条款的规定，除专用合同条款另有约定外，进度付款申请单应包括下列内容：

1）截至本次付款周期已完成工作对应的金额；

2）应增加和扣减的变更金额；

3）应支付的预付款和扣减的返还预付款；

4）应扣减的质量保证金；

5）应增加和扣减的索赔金额；

6）对已签发的进度款支付证书中出现错误的修正，应在本次进度付款中支付或扣除的金额；

7）根据合同约定应增加和扣减的其他金额。

3. 进度付款申请单的提交

（1）单价合同进度付款申请单的提交

单价合同的进度付款申请单，按照有关单价合同的计量所约定的时间按月向监理人提交，并附上已完成工程量报表和有关资料。单价合同中的总价项目按月进行支付分解，并汇总列入当期进度付款申请单。

（2）总价合同进度付款申请单的提交

总价合同按月计量支付的，承包人按照有关总价合同的计量所约定的时间按月向监理人提交进度付款申请单，并附上已完成工程量报表和有关资料。

总价合同按支付分解表支付的，承包人应按照有关支付分解表及进度付款申请单的编制的约定向监理人提交进度付款申请单。

（3）其他价格形式合同的进度付款申请单的提交

合同当事人可在专用合同条款中约定其他价格形式合同的进度付款申请单的编制和提交程序。

4.4.2.3 进度款审核和支付

《建设工程施工合同（示范文本）》通用合同条款中对工程进度款审核和支付作了如下规定：

1）除专用合同条款另有约定外，监理人应在收到承包人进度付款申请单以及相关资料后7天内完成审查并报送发包人，发包人应在收到后7天内完成审批并签发进度款支付证书。发包人逾期未完成审批且未提出异议的，视为已签发进度款支付证书。

发包人和监理人对承包人的进度付款申请单有异议的，有权要求承包人修正和提供补充资料，承包人应提交修正后的进度付款申请单。监理人应在收到承包人修正后的进度付款申请单及相关资料后7天内完成审查并报送发包人，发包人应在收到监理人报送的进度付款申请单及相关资料后7天内，向承包人签发无异议部分的临时进度款支付证书。存在争议的部分，按照争议解决条款的约定处理。

2）除专用合同条款另有约定外，发包人应在进度款支付证书或临时进度款支付证书签发后14天内完成支付，发包人逾期支付进度款的，应按照中国人民银行发布的同期同类贷款基准利率支付违约金。

3）发包人签发进度款支付证书或临时进度款支付证书，不表明发包人已同意、批准或接受了承包人完成的相应部分的工作。

除专用合同条款另有约定外，付款周期应按照计量周期的约定与计量周期保持一致。

在对已签发的进度款支付证书进行阶段汇总和复核中发现错误、遗漏或重复的，发包人和承包人均有权提出修正申请。经发包人和承包人同意的修正，应在下期进度付款中支付或扣除。

《建设工程工程量清单计价规范》（GB 50500—2013）对工程进度款审核和支付也作

了相似的规定，主要有如下几点：

1）发承包双方应按照合同约定的时间、程序和方法，根据工程计量结果，办理期中价款结算，支付进度款。进度款的支付比例按照合同约定，按期中结算价款总额计，不低于60%，不高于90%。

2）承包人现场签证和得到发包人确认的索赔金额应列入本周期应增加的金额中。发包人提供的甲供材料金额，应按照发包人签约提供的单价和数量从进度款支付中扣除，列入本周期应扣减的金额中。承包人现场签证和得到发包人确认的索赔金额应列入本周期应增加的金额中。

3）承包人应在每个计量周期到期后的7天内向发包人提交已完工程进度款支付申请一式四份，详细说明此周期认为有权得到的数额，包括分包人已完工程的价款。

4）发包人应在收到承包人进度款支付申请后的14天内，根据计量结果和合同约定对申请内容予以核实，确认后向承包人出具进度款支付证书。若发承包双方对部分清单项目的计量结果出现争议，发包人应对无争议部分的工程计量结果向承包人出具进度款支付证书。

5）发包人应在签发进度款支付证书后的14天内，按照支付证书列明的金额向承包人支付进度款。若发包人逾期未签发进度款支付证书，则视为承包人提交的进度款支付申请已被发包人认可，承包人可向发包人发出催告付款的通知。发包人应在收到通知后的14天内，按照承包人支付申请的金额向承包人支付进度款。

6）发包人未按规定支付进度款的，承包人可催告发包人支付，并有权获得延迟支付的利息；发包人在付款期满后的7天内仍未支付的，承包人可在付款期满后的第8天起暂停施工。发包人应承担由此增加的费用和延误的工期，向承包人支付合理利润，并应承担违约责任。

【例4-6】 某施工单位承包某内资工程项目，甲、乙双方签订关于工程价款的合同内容有：①建筑安装工程造价660万元，合同工期5个月，开工日期为当年2月1日；②预付备料款为建筑安装工程造价的20%，从第三个月起各月平均扣回；③工程进度款逐月计算；④工程质量保证金为建筑安装工程造价的5%，从第一个月开始按各月实际完成产值的10%扣留，扣完为止。工程各月实际完成产值如表4-4所示。

某工程某月实际完成产值（单位：万元） 表4-4

月份	2	3	4	5	6
实际完成产值	55	110	165	220	110

问题：（1）该工程预付备料款为多少？

（2）从第三个月起各月平均扣回金额为多少？

（3）该工程质量保证金为多少？

（4）每月实际应结算工程款为多少？

【解】 （1）预付备料款＝660×20%＝132（万元）

（2）从第三个月起各月平均扣回金额＝132÷3＝44（万元）

（3）质量保证金＝660×5%＝33（万元）

（4）2月实际应结算工程款＝55×（1−10%）＝49.5（万元）

3 月实际应结算工程款＝110×（1－10％）＝99（万元）

4 月实际应结算工程款＝165×（1－10％）－44＝104.5（万元）

2～4 月累计扣留质量保证金＝55×10％＋110×10％＋165×10％＝33（万元）

5 月实际应结算工程款＝220－44＝176（万元）

6 月实际应结算工程款＝110－44＝66（万元）

【例 4-7】　某工程业主与承包商签订了施工合同，合同中含有两个子项工程，估算工程量 A 项为 2500m³，B 项为 3500m³，经协商合同价 A 项为 200 元/m³，B 项为 170 元/m³。合同还规定：开工前业主应向承包商支付合同价 20％的预付款；业主自第一个月起，从承包商的工程款中，按 5％的比例扣留质量保证金；当子项工程实际工程量超过估算工程量 10％时，可进行调价，调整系数为 0.9；根据市场情况规定价格调整系数平均按照 1.2 计算；工程师签发月度付款最低金额为 30 万元；预付款在最后两个月扣除，每月扣 50％。承包商每月实际完成并经工程师签证确认的工程量如表 4-5 所示。

某工程每月实际完成并经工程师签证确认的工程量（单位：m³）　　表 4-5

月份	1 月	2 月	3 月	4 月
A 项	550	850	850	650
B 项	800	950	900	650

问题：（1）工程预付款为多少？

（2）从第一个月起每月工程量价款、工程师应签证的工程款、实际签发的付款凭证金额各是多少？

【解】　（1）预付金额为：（2500×200＋3500×170）×20％＝21.90（万元）

（2）①第一个月工程量价款为 550×200＋800×170＝24.60（万元）

应签的工程款为：24.6×1.2×（1－5％）＝28.04（万元）

由于合同规定工程师签发的最低金额为 30 万元，故本月工程师不予签发付款凭证。②第二个月工程量价款为：850×200＋950×170＝33.15（万元）

应签证的工程款为：33.15×1.2×0.95＝37.79（万元）

本月工程师实际签发的付款凭证金额为：28.04＋37.79＝65.83（万元）③第三个月工程量价款为：850×200＋900×170＝32.30（万元）

应签证的工程款为：32.30×1.2×0.95＝36.82（万元）

应扣预付款为：21.90×50％＝10.95（万元）

应付款为：36.82－10.95＝25.87（万元）

因本月应付款金额小于 30 万元，故工程师不予签发付款凭证。④第四个月 A 项工程累计完成工程量为 2900m³，比原估算工程量 2500m³ 超出 400m³，已超过估算工程量的 10％，超出部分其单价应进行调整，超过估算工程量 10％的工程量为：2900－2500×（1＋10％）＝150（m³）

该部分工程量单价应调整为：200×0.9＝180（元/m³）

A 项工程工程量价款为：（650－150）×200＋150×180＝12.70（万元）

B 项工程累计完成工程量为 3300m³，比原估算工程量 3500m³ 减少 200m³，不超过估算工程量，其单价不予调整。

B项工程工程量价款为：650×170＝11.05（万元）

本月完成 A、B 两项工程量价款合计为：12.70＋11.05＝23.75（万元）

应签证的工程款为：23.75×1.2×0.95＝27.08（万元）

本月工程师实际签发的付款凭证金额为：25.87＋27.08－21.90×50％＝42（万元）

4.5　施工阶段造价使用计划的编制和应用

4.5.1　造价使用计划的编制

造价控制的目的是为了确保造价目标的实现。施工阶段的造价控制目标是通过编制造价使用计划来确定的。因此，必须编制造价使用计划，合理地确定建设项目造价控制目标值，包括建设项目的总目标值、分目标值、各细部目标值。如果没有明确的造价控制目标，就无法进行项目造价实际支出值与目标值的比较，不能进行比较也就不能找出偏差，不知道偏差程度，就会使控制措施缺乏针对性。

在确定造价控制目标时，应有科学的依据。如果造价目标值与工程规模、内容、人工单价、材料价格、设备价格、各项有关费用和各种取费不相匹配，那么造价控制目标便没有实现的可能，也无法起到目标管理的作用。

造价控制目标在很大桯度上是基于我们所拥有的经验和知识对未来的预测，所有的预测都具有不确定性，同时还会受我们所拥有的经验和知识的局限，以及对各种干扰因素的把握上的偏误，造成造价控制目标偏离实际工程实施的情况，因此对工程项目的造价控制目标应辩证地对待，既要维护造价控制目标的严肃性，也要允许对脱离实际的既定造价控制目标进行必要的调整。调整并不意味着可以随意改变项目造价控制的目标值，而必须按照有关的规定和程序进行。

4.5.1.1　造价目标的分解

造价使用计划编制过程中最重要的步骤，就是项目造价目标的分解。根据造价控制目标和要求的不同，造价目标的分解可以分为按子项目、按合同构成、按时间分解三种类型。

1. 按子项目分解的造价使用计划

大中型的工程项目通常是由若干个单项工程构成的，而每个单项工程包括了多个单位工程，每个单位工程又是由若干个分部分项工程所组成，一般来说，由于造价概算和预算大都是按单项工程和单位工程来编制的，所以将项目总造价分解到各单项工程或单位工程是比较容易办到的。按子项目分解的造价使用计划如表 4-6 所示。

某工程造价控制计划表（建安工程部分）　　　表 4-6

建筑面积：27888.19m²　　　　　　　　　　　　　　　　单位：万元

项目名称	概算造价		造价控制目标值		控制目标比概算增减	备　注
	工程费	设备费	工程费	设备费		
一、土建工程	3919.59		3650		−269.59	
1. 打桩	703.23		650		−53.23	
2. 建筑	979.59		900		−79.59	

续表

项目名称	概算造价		造价控制目标值		控制目标比概算增减	备　注
	工程费	设备费	工程费	设备费		
3. 结构	1631.98		1500		−131.98	
4. 钢结构	604.79		600		−4.79	
小　计	3919.59		3650		−269.59	
二、外立面装饰	2454.89		2400		−54.89	
三、室内装修	2657.5		2800		142.5	
四、设备及安装工程	5585.3		5405.1		−180.2	
1. 给排水	350.72	74.73	350	70	−5.45	
2. 消防喷淋	201.45	39.91	200	38	−3.36	
3. 电气	258.12	139.39	250	130	−17.51	
4. 变配电	21.67	130.5	22	130	−0.17	
5. 箱式燃气调压站	2.1	15.32	2.1	15	−0.32	
6. 空调通风	304.53	440.54	300	420	−25.07	
7. 冷却循环水系统	25.16	128.14	25	125	−3.3	
8. 冷冻设备	138.2	467.02	130	460	−15.22	
9. 锅炉设备	104.56	302.47	100	300	−7.03	
10. 电梯	44.98	221.45	44	220	−2.43	
11. 火灾报警	33.41	90.09	30	90	−3.5	
12. 安保系统	4.33	34.26	4	30	−4.59	
13. 通信与信息系统	166.96	1738.18	170	1650	−85.14	
14. 弱电系统配管	107.11		100		−7.11	
小　计	1763.3	3822	1727.1	3678	−180.2	
五、总体及环境工程	2840.53		2805		−35.53	
1. 道路、绿化、景观、小品	1420		1450		30	
2. 给排水	296		250		−46	
3. 电气	600		600		0	
4. 弱电系统配管	84.47		80		−4.47	
5. 护岸土方及围堰工程	73.49		75		1.51	
6. 浆砌石护岸	138.32		130		−8.32	
7. 一号桥	147.26		140		−7.26	
8. 二号桥	80.99		80		−0.99	
小　计	2840.53		2805		−35.53	
合　计	17457.81		17060.1		−397.71	

　　需要注意的是，按这种方法分解项目总造价，用于设计阶段的造价控制是比较合适的，但在施工阶段时用这种方式进行分解目标会发生目标口径与实际发生情况不能对应，造成目标与实际比对的困难。因为实际工程费用的支付是按工程承发包合同关系进行的，

这就需要我们按合同构成分解造价控制目标。

2. 按合同构成分解的造价使用计划

按合同构成分解的造价使用计划可以让我们在过程中针对各个合同的签约价格，以及发生的变更与调整费用进行比对，动态掌握实际工程费用与造价控制目标的偏离情况。

为了按合同构成分解造价使用计划，需要我们在编制计划时基本确定工程项目的合同构成。在实际工作中一般根据项目建设内容和标准结合建筑市场中的承包商、供应商相关能力特点来规划项目合同构成以及合同工作范围，有关合同规划与造价分解如表 4-7 所示。

某工程造价控制计划表（建安工程部分）　　　　表 4-7

建筑面积：22412m²　　　　　　　　　　　　　　　　　　　　　　单位：万元

序号	合同/费用名称	设计概算造价	造价控制目标值	控制目标比概算增减	备注
A	总承包工程	7048.00	6900.00	−148.00	
A1	土建工程	3943.00	3800.00	−143.00	
A2	机电设备安装工程	3105.00	3100.00	−5.00	
B	指定项目	6394.14	5934.89	−459.24	
B1	打桩工程	255.71	250.00	−5.71	
B2	外立面幕墙工程	895.00	830.00	−65.00	
B3	室外景观绿化工程	168.20	140.00	−28.20	
B4	室内精装修工程	379.23	340.00	−39.23	
B5	消防报警系统	95.00	80.00	−15.00	
B6	变配电设备及外线系统	1010.00	1000.00	−10.00	
B7	安保门禁监控	475.00	460.00	−15.00	
B8	BMS弱电自动控制系统	281.00	265.00	−16.00	
B9	厨房设备供应及安装工程	75.00	75.00	0.00	
B10	冷冻机设备供应	580.00	560.00	−20.00	
B11	锅炉设备供应	105.00	100.00	−5.00	
B12	冷却塔设备供应	107.00	100.00	−7.00	
B13	UPS设备供应	440.00	430.00	−10.00	
B14	柴油发电机组供应	450.00	440.00	−10.00	
B15	配电箱柜及非标设备	250.00	240.00	−10.00	
B16	压缩空气设备供应	100.00	90.00	−10.00	
B17	水泵设备供应	180.00	170.00	−10.00	
B18	空调箱设备供应工程	366.00	360.00	−6.00	
B19	电梯供应及安装工程	80.00	75.00	−5.00	
B20	溴化锂机组供应	102.00	100.00	−2.00	
C	不可预见费	361.05	350.00	−11.05	
	总计	13803.19	13355.00	−448.19	

3. 按时间进度分解的造价使用计划

工程项目的造价总是分阶段、分期支出的，资金应用是否合理与资金的时间安排有密切关系。为了编制项目造价使用计划，并据此筹措资金，尽可能减少资金占用和利息支出，有必要将项目总造价按其使用时间进行分解。

编制按时间进度的造价使用计划，通常可利用控制项目进度的网络图进一步扩充而得。即在建立网络图时，一方面确定完成各项工作所需花费的时间，另一方面同时确定完成这一活动的合适的造价支出预算。

以上三种编制造价使用计划的方法并不是相互独立的。在实践中，往往是将这几种方法结合起来使用，从而达到扬长避短的效果。例如，将按子项目分解项目总造价与按合同构成分解项目总造价两种方法相结合，横向按子项目分解，纵向按合同构成分解，或相反，这种分解方法有助于检查各单项工程和单位工程造价构成是否完整，有无重复计算或缺项；同时还有助于检查各项具体的造价支出的对象是否明确或落实，并且可以从数字上校核分解的结果有无错误。还可将按合同构成分解项目造价目标与按时间分解项目造价目标结合起来，一般是纵向按合同分解，横向按时间分解。

4.5.1.2 时间——造价累计曲线

通过对项目造价目标按时间进行分解，在网络计划基础上，可获得项目进度计划的横道图。并在此基础上编制造价使用计划。其表示方式有两种：一种是在总体控制时标网络图上表示，如图 4-6 所示；另一种是利用时间——造价曲线（S 形曲线）表示，如图 4-7 所示。

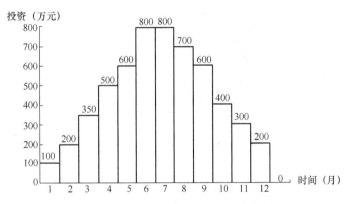

图 4-6　时标网络图上按月编制的投资使用计划

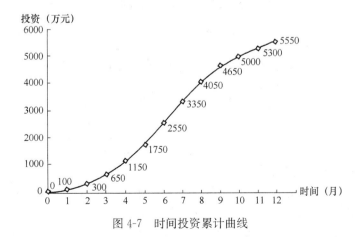

图 4-7　时间投资累计曲线

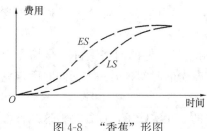

图 4-8 "香蕉"形图

每一条 S 形曲线都是对应某一特定的工程进度计划。因为在进度计划的非关键线路中存在许多有时差的工序或工作，因而 S 形曲线（投资计划值曲线）必然在由全部活动都按最早开始时间开始和全部活动都按最迟必须开始时间开始的曲线所组成的"香蕉图"内，如图 4-8 所示。

图 4-8 所示的"香蕉"形曲线，右边一条是所有活动按最迟必须开始时间开始的曲线；左边一条是所有活动按最早开始时间开始的曲线。建设单位可根据编制的造价支出预算来合理安排资金，同时建设单位也可以根据筹措的建设资金来调整 S 形曲线，即通过调整非关键路线上的工序项目的最早或最迟开工时间，力争将实际的造价支出控制在预算的范围内。一般而言，所有活动都按最迟开始时间开始，对节约建设单位的建设资金贷款利息是有利的，但同时，也降低了项目按期竣工的保证率，因此必须合理地确定造价支出预算，达到既节约造价支出，又能控制项目工期的目的。

4.5.2 施工阶段造价偏差分析

偏差分析可采用不同的方法。常用的有挣值法（曲线法）、横道图法、表格法。

4.5.2.1 挣值法

挣值法是度量项目执行效果的一种方法。它实际上是一种分析目标实施与目标期望之间差异的方法。故它又常被称为偏差分析法。它的评价指标常通过曲线来表示，所以在一些书中又称之为曲线法。

挣值法通过测量和计算已完成工作的预算（计划）费用、已完成工作的实际费用和计划工作的预算（计划）费用，得到相应的进度偏差和费用偏差。

挣值法取名正是因为这种分析方法中用到的一个关键数值——挣值（即是已完成工作预算），而以其来命名的。

1. 挣值法的三个基本参数〖这里描述的概念系采用中国项目管理知识体系与国际项目管理专业资质认证标准（C-PMBK&C-NCB)〗

（1）计划执行预算成本（计划工作量的预算费用）（BCWS），即（Budgeted Cost of Work Scheduled）。也称之为拟完工程计划造价。

BCWS 是指项目实施过程中某阶段计划要求完成的工作量所需的预算（计划）费用。计算公式为：

$$BCWS = 计划工作量 \times 预算（计划）单价$$

BCWS 主要是反映进度计划应当完成的工作量时的预算（计划）费用。

（2）已执行工作实际成本（已完成工作量的实际费用）（ACWP），即（Actual Cost of Work Performed）。也称之为已完工程实际造价。

ACWP 是指项目实施过程中某阶段实际完成的工作量所消耗的费用。计算公式为：

$$ACWP = 已完工程量 \times 实际单价$$

ACWP 主要反映项目执行的实际消耗指标。

（3）已执行工作预算成本（已完工作的预算成本）（BCWP），即（Budgeted Cost of Work Performed）。也称之为已完工程计划造价。

BCWP 是指项目实施过程中某阶段实际完成工作量按预算（计划）单价计算出来的

费用。计算公式为：

$$\text{BCWP} = \text{已完成工作量} \times \text{预算（计划）单价}$$

2. 挣值法的四个评价指标

（1）费用偏差 CV（Cost Variance）。CV 是指检查期间 BCWP 与 ACWP 之间的差异，计算公式为：

$$\text{CV} = \text{BCWP} - \text{ACWP}$$

当 CV 为负值时，表示执行效果不佳，即实际消耗费用超过预算（计划）值，即超支。

当 CV 为负值时，如图 4-9（a）所示。

当 CV 为正值时，表示实际消耗费用低于预算（计划）值，即有节余或效率高，如图 4-9（b）所示。

当 CV 等于零时，表示实际消耗费用等于预算（计划）值。

（2）进度偏差 SV（Schedule Variance）。SV 是指检查日期 BCWP 与 BCWS 之间的差异。计算公式为：

$$\text{SV} = \text{BCWP} - \text{BCWS}$$

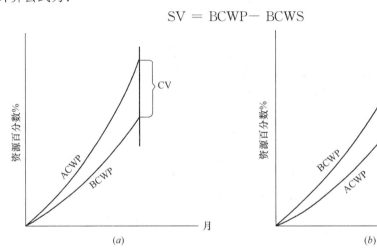

图 4-9 费用偏差示意图

（a）超支；（b）有结余

当 SV 为正值时，表示进度提前，如图 4-10（a）；

当 SV 为负值时，表示进度延误，如图 4-10（b）；

当 SV 为零时，表示实际进度与计划进度一致。

（3）费用执行指标 CPI（Cost Performed Index）。CPI 是指预算（计划）费用与实际费用值之比（或工时值之比）。计算公式为：

$$\text{CPI} = \text{BCWP} / \text{ACWP}$$

当 CPI>1 时，表示低于预算，即实际费用低于预算费用；

当 CPI<1 时，表示超出预算，即实际费用高于预算费用；

当 CPI=1 时，表示实际费用与预算费用吻合。

（4）进度执行指标 SPI（Schedul Performed Index）。SPI 是指项目挣得值与计划之比。计算公式为：

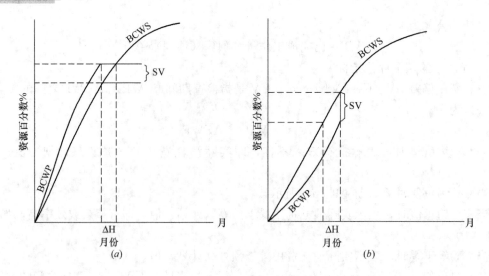

图 4-10　进度偏差示意图

(a) 进度提前；(b) 进度延误

$$SPI = BCWP / BCWS$$

当 SPI>1 时，表示进度提前，即实际进度比计划进度快；

当 SPI<1 时，表示进度延误，即实际进度比计划进度慢；

当 SPI = 1 时，表示实际进度等于计划进度。

3. 挣值法评价曲线

挣值法评价曲线如图 4-11 所示。图的横坐标表示时间，纵坐标则表示费用（以实物工程量、工时或金额表示）。图中 BCWS 按 S 型曲线路径不断增加，直至项目结束达到它的最大值。可见 BCWS 是一种 S 曲线。ACWP 同样是进度的时间参数，随项目推进而不断增加的，也是 S 型曲线。利用挣值法评价曲线可进行费用进度评价。

CV<0，SV<0，表示项目执行效果不佳，即费用超支，进度延误，应采取相应的补救措施。

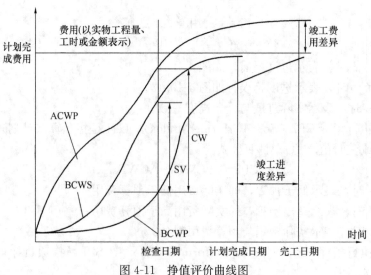

图 4-11　挣值评价曲线图

【例 4-8】 某项目进展到 21 周后，对前 20 周的工作进行了统计检查，有关情况如表 4-8 所示。

某项目前 20 周各项工作计划和实际费用表　　　　　　　　　　　　　表 4-8

工作代号	计划完成工作预算费用 BCWS（万元）	已完工程量 （%）	实际发生费用 ACWP（万元）
A	200	100	210
B	220	100	220
C	400	100	430
D	250	100	250
E	300	100	310
F	540	50	400
G	840	100	800
H	600	100	600
I	240	0	0
J	150	0	0
K	1600	40	800
L	2000	0	0
M	100	100	90
N	60	0	0

问题： （1）求出前 20 周每项工作的 BCWP 及 20 周末总的 BCWP；

（2）计算 20 周末总的 ACWP 和 BCWS；

（3）计算 20 周末的 CV 与 SV；

（4）计算 20 周末的 CPI、SPI 并分析费用和进度。

【解】 （1）

某项目各项工作已执行工作预算成本（BCWP）　　　　　　　　　　表 4-9

工作代号	计划完成工作预算费用 BCWS（万元）	已完工程量 （%）	实际发生费用 ACWP（万元）	挣值 BCWP （万元）
A	200	100	210	200
B	220	100	220	220
C	400	100	430	400
D	250	100	250	250
E	300	100	310	300
F	540	50	400	270
G	840	100	800	840
H	600	100	600	600
I	240	0	0	0
J	150	0	0	0
K	1600	40	800	640
L	2000	0	0	0
M	100	100	90	100
N	60	0	0	0
合　计	7500	—	4110	3820

（2）20 周末总的 ACWP ＝ 4110 万元，BCWS ＝ 7500（万元）

（3）CV ＝ BCWP－ACWP ＝ 3820－4110 ＝ －290（万元）

由于 CV 为负，说明费用超支。

SV ＝ BCWP－BCWS ＝ 3820－7500 ＝ －3680（万元）

由于 SV 为负，说明进度延误。

（4）CPI ＝ BCWP/ACWP ＝ 3820/4110 ＝ 0.93

由于 CPI ＜ 1，故费用超支。

SPI＝ BCWP/BCWS＝ 3820/7500 ＝ 0.51

由于 SPI ＜ 1，故进度延误。

4.5.2.2　横道图法

用横道图法进行造价偏差分析，是用不同的横道标识已执行工作预算成本（BCWP，已完工程计划造价）、计划执行预算成本（BCWS，拟完工程计划造价）和已执行工作实际成本（ACWP，已完工程实际造价）。横道的长度与金额成正比例，如图 4-12 所示。横道图法的优点是形象、直观、一目了然。但是，这种方法反映的信息量少，一般用于项目管理的较高层次。

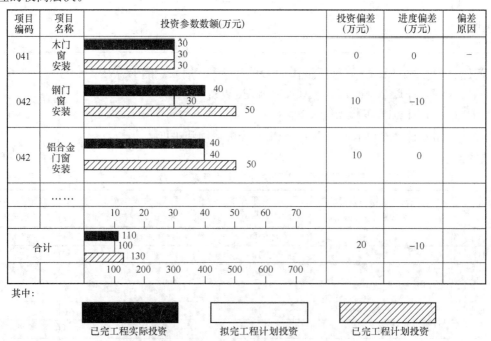

图 4-12　投资偏差分析表（横道图法）

4.5.2.3　表格法

表格法是进行偏差分析最常用的一种方法，它具有灵活、适用性强、信息量大、便于计算机辅助造价控制等特点。如表 4-10 所示。

投资偏差分析表

表 4-10

项目编码	（1）	041	042	043
项目名称	（2）	木门窗安装	钢门窗安装	铝合金门窗安装
单位	（3）			

续表

项目编码	(1)	041	042	043
计划单价	(4)			
拟完工程量	(5)			
拟完工程计划造价	(6) = (4) × (5)	30	30	40
已完工程量	(7)			
已完工程计划造价	(8) = (4) × (7)	30	40	40
实际单价	(9)			
其他款项	(10)			
已完工程实际造价	(11) = (7) × (9) + (10)	30	50	50
造价局部偏差	(12) = (11) − (8)	0	10	10
造价局部偏差程度	(13) = (11) ÷ (8)	1	1.25	1.25
造价累计偏差	(14) = ∑ (12)			
造价累计偏差程度	(15) = ∑ (11) ÷ ∑ (8)			
进度局部偏差	(16) = (6) − (8)	0	−10	0
进度局部偏差程度	(17) = (6) ÷ (8)	1	0.75	1
进度累计偏差	(18) = ∑ (16)			
进度累计偏差程度	(19) = ∑ (6) ÷ ∑ (8)			

上述内容综合举例如下。

【例 4-9】 某大厦工程通过公开招标方式择优选定施工总承包单位。其桩基与维护工程、专项设备与安装工程、弱电系统工程、装修工程等另行招标确定分包单位。

施工单位根据施工图纸并按有关规定计算出施工图预算。投标报价后甲乙双方确认的施工段合同价为：

土建工程（主体部分）	6044.80 万元
安装工程	64.83 万元
装饰工程（粗装修部分）	13.90 万元

该工程的开工日期为 2011 年 1 月 1 日。其土建工程主体部分施工进度横道计划如图 4-13 所示。

1. 根据各单位工程造价，经分解计算后得出各分部分项工程造价为：

(1) 土建工程在所取施工段内为 6044.80 万元。其中：

井点降水	31.77 万元
基坑支撑与土方	352.77 万元
桩顶剔凿与垫层混凝土	6.97 万元
底板混凝土	415.74 万元
换撑	0.44 万元
立塔吊	0.95 万元
地下 1～2 层	558.38 万元
基坑抽水	0.69 万元
外墙防水	23.72 万元
回填土	44.44 万元
地上 1～5 层	1341.43 万元
设备层	104.27 万元

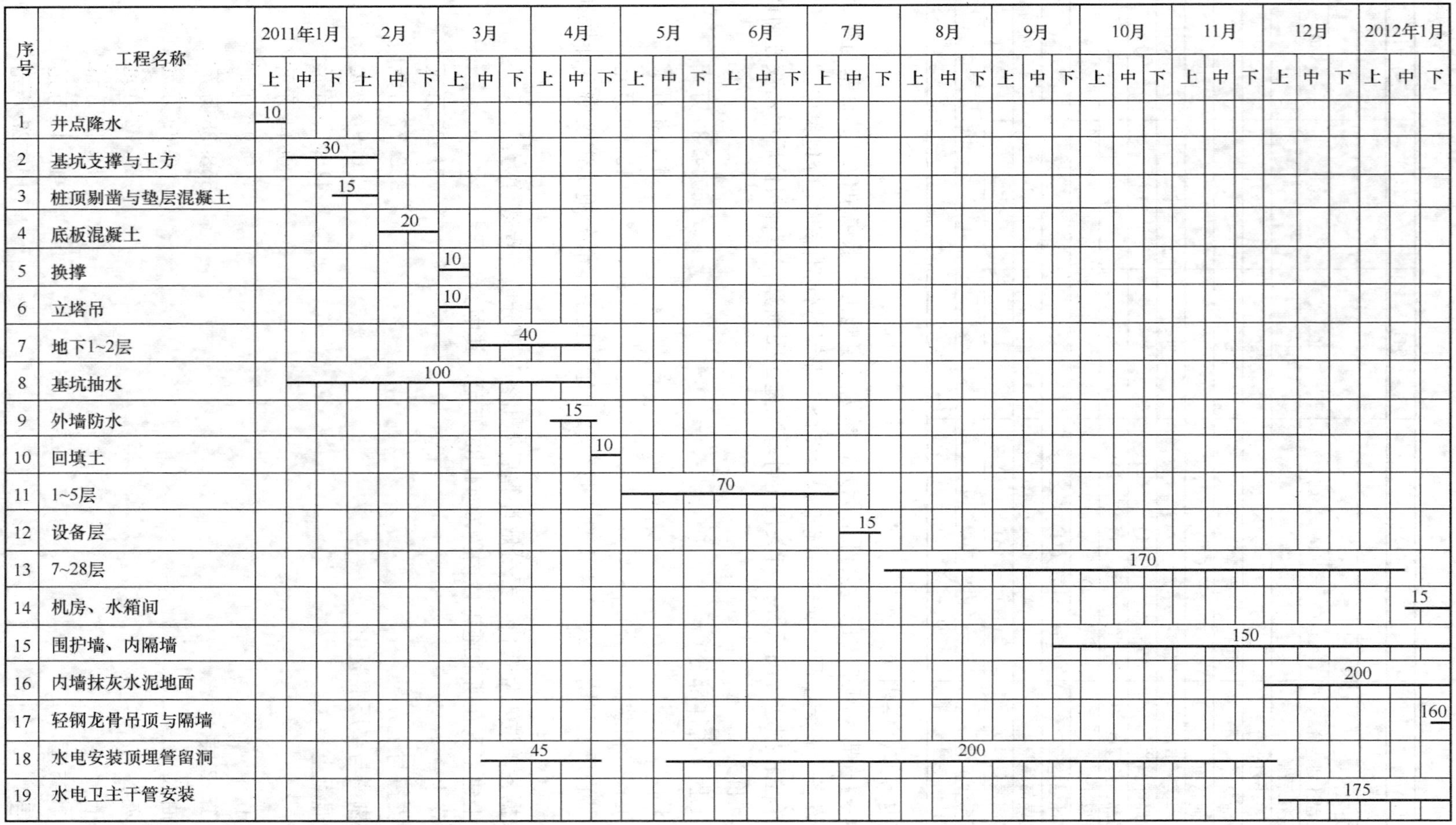
序号
工程名称
2011年1月
2月
3月
4月
5月
6月
7月
8月
9月
10月
11月
12月
2012年1月
上 中 下
1 井点降水 10
2 基坑支撑与土方 30
3 桩顶剔凿与垫层混凝土 15
4 底板混凝土 20
5 换撑 10
6 立塔吊 10
7 地下1~2层 40
8 基坑抽水 100
9 外墙防水 15
10 回填土 10
11 1~5层 70
12 设备层 15
13 7~28层 170
14 机房、水箱间 15
15 围护墙、内隔墙 150
16 内墙抹灰水泥地面 200
17 轻钢龙骨吊顶与隔墙 160
18 水电安装顶埋管留洞 45 200
19 水电卫主干管安装 175

图 4-13 主体建筑土建施工阶段横道图

地上 7～28 层	2780.20 万元
机房及水箱间	39.50 万元
维护墙与内隔墙（施工段内）	203.97 万元
墙地面抹灰（施工段内）	139.56 万元

（2）安装工程在所取施工段内为 64.83 万元。其中：

地下部分预埋管与留洞	0.60 万元
地上部分预埋管与留洞	2.30 万元
水电卫主干管安装	61.93 万元

（3）装饰工程在所取施工段内（轻钢龙骨吊顶与隔墙）13.90 万元

2．根据所给背景材料计算土建、安装、装饰工程在所取施工阶段各分部分项工程每旬资金需要量。（为简化计算，采用按工期平均分摊，以每 10 天为一个时间段）计算结果为：

井点降水	31.77 万元
基坑支撑与土方	$352.77 \div 3 = 117.59$ 万元
桩顶剔凿与垫层混凝土	$6.97 \div 1.5 = 4.65$ 万元
底板混凝土	$415.74 \div 2 = 207.89$ 万元
换撑	0.44 万元
立塔吊	0.95 万元
地下 1～2 层	$558.38 \div 4 = 139.6$ 万元
基坑抽水	$0.69 \div 10 = 0.07$ 万元
外墙防水	$23.72 \div 1.5 = 15.81$ 万元
回填土	44.44 万元
地上 1～5 层	$1341.43 \div 7 = 191.63$ 万元
设备层	$104.27 \div 1.5 = 69.51$ 万元
地上 7～28 层	
第一阶段为	$510.44 \div 3.5 = 145.84$ 万元
第二阶段为	$638.05 \div 4.5 = 141.79$ 万元
第三阶段为	$1631.71 \div 9 = 181.30$ 万元
机房及水箱间	$39.50 \div 1.5 = 26.30$ 万元
维护墙与内隔墙（施工段内）	$203.97 \div 13 = 15.69$ 万元
墙地面抹灰（施工段内）	$139.56 \div 6 = 23.26$ 万元
水电安装预埋管与留洞	$2.90 \div 24.5 = 0.12$ 万元
水电卫主干管安装	$61.93 \div 5.5 = 11.26$ 万元
轻钢龙骨吊顶与隔墙	$13.90 \div 0.5 = 27.81$ 万元

3．根据上述计算结果编制该工程按工程划分的造价使用计划，如图 4-14 所示。

4．根据土建主体施工阶段横道图计算每 10 天（一旬）的资金需要量，计算如下：

2011 年 1 月上旬：	31.77 万元
中旬：	$117.59 + 0.07 = 117.66$ 万元
下旬：	$117.59 + 4.65 \div 2 + 0.07 = 119.99$ 万元
合计：	$31.77 + 117.66 + 119.99 = 269.42$ 万元

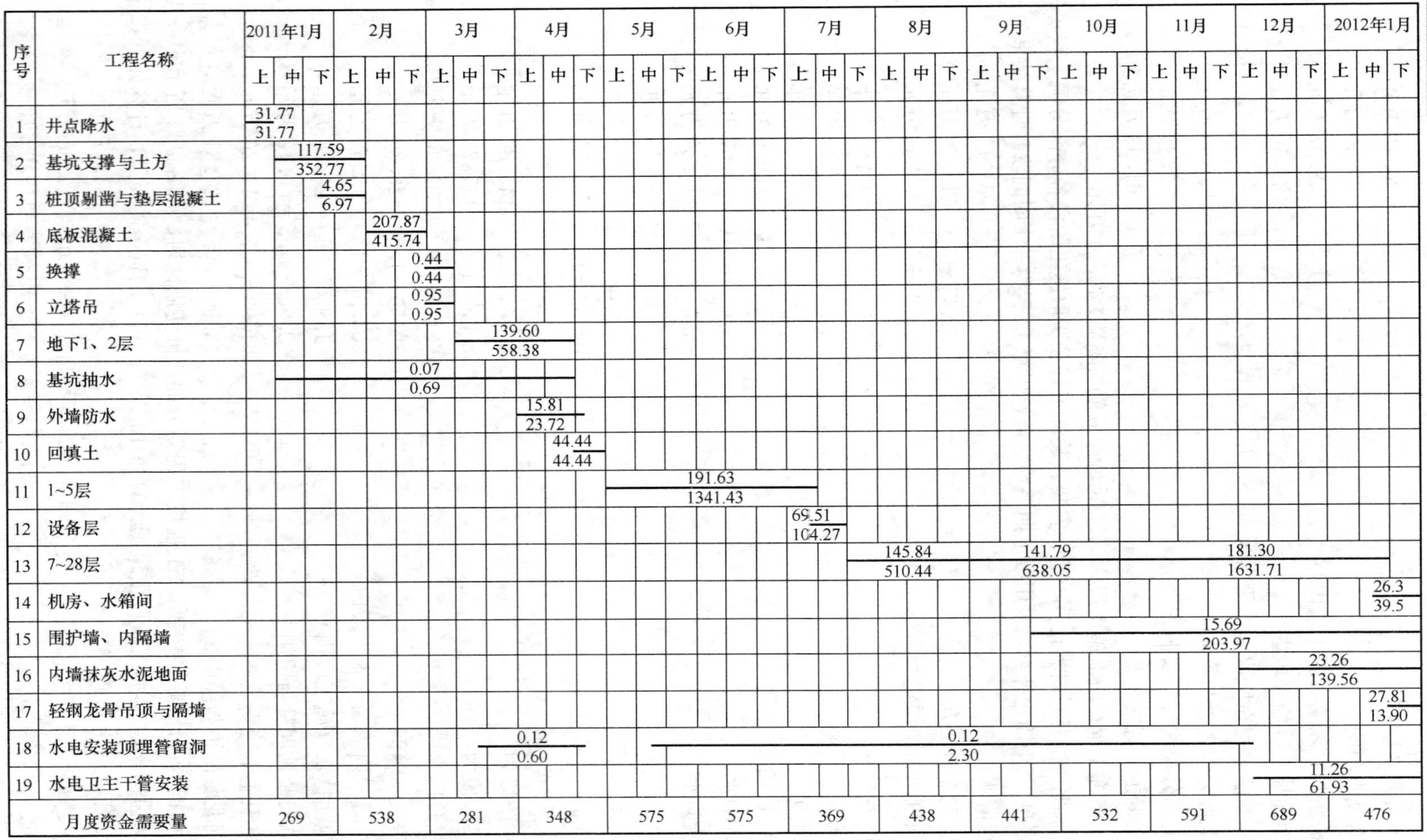

图 4-14 按工程划分资金使用计划（单位：万元）

序号	工程名称	2011年1月	2月	3月	4月	5月	6月	7月	8月	9月	10月	11月	12月	2012年1月
1	井点降水	31.77 / 31.77												
2	基坑支撑与土方	117.59 / 352.77												
3	桩顶剔凿与垫层混凝土	4.65 / 6.97												
4	底板混凝土		207.87 / 415.74											
5	换撑		0.44 / 0.44											
6	立塔吊		0.95 / 0.95											
7	地下1、2层			139.60 / 558.38										
8	基坑抽水		0.07 / 0.69											
9	外墙防水				15.81 / 23.72									
10	回填土				44.44 / 44.44									
11	1~5层						191.63 / 1341.43							
12	设备层							65.51 / 104.27						
13	7~28层								145.84 / 510.44	141.79 / 638.05			181.30 / 1631.71	
14	机房、水箱间											15.69 / 203.97		
15	围护墙、内隔墙												23.26 / 139.56	
16	内墙抹灰水泥地面													27.81 / 13.90
17	轻钢龙骨吊顶顶棚留管留洞												11.26 / 61.93	
18	水电安装顶埋管留洞			0.12 / 0.60						0.12 / 2.30				
19	水电卫主干管安装													476
	月度资金需要量	269	538	281	348	575	575	369	438	441	532	591	689	476

2011 年 2 月上旬：	$117.59+4.65+0.07=122.31$ 万元
中旬：	$207.87+0.07=207.94$ 万元
下旬：	$207.87+0.07=207.94$ 万元
合计：	$122.31+207.94+207.94=538.19$ 万元

其他各月资金需要量同上计算方法。

5. 根据各月合计数，编制该工程按时间划分的造价使用计划：

（1）采用表格形式，如表 4-11 所示。

造价使用计划表（单位：万元）　　　　　　　　　　　　　　表 4-11

时间	2011 年 1 月	2 月	3 月	4 月	5 月	6 月	7 月	8 月	9 月	10 月	11 月	12 月	2012 年 12 月
金额	269	538	281	348	575	575	369	438	441	532	591	689	476

（2）采用直方图形式，如图 4-15 所示。

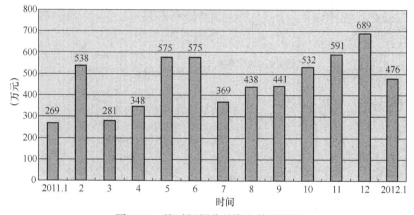

图 4-15 按时间划分的资金使用计划

（3）根据直方图可编制该工程的时间—造价使用计划累计曲线，如图 4-16 所示。

这是一条计划进度下的计划造价累计曲线（BCWS），当我们在工程进展过程中收集了有关数据，绘制了已完工作的预算成本累计曲线（BCWP）以及实际进度下的实际造价累计曲线（ACWP），即可进行偏差分析。

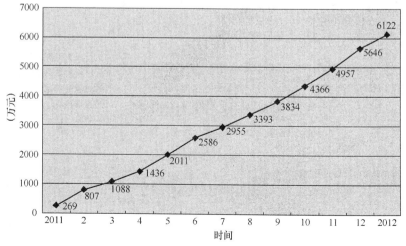

图 4-16 时间—造价使用计划累计曲线

本 章 小 结

施工阶段与工程造价的关系
- 建设项目施工阶段与工程造价的关系
- 施工阶段投资控制的工作流程
- 影响投资要素的集成控制
  - 施工阶段影响投资的要素
  - 影响投资要素的集成控制理念
  - 影响投资要素的控制要点
- 施工阶段过程控制的基本方法
  - 制定投资控制目标计划
  - 建立健全投资控制组织、分解落实目标责任
  - 建立过程控制程序和管理制度
  - 实行过程动态控制
  - 强化投资控制资料管理

工程变更与合同价款调整
- 工程变更概述
  - 工程变更的分类
  - 工程变更控制的要求
- 工程变更的处理程序
  - 《建设工程施工合同（示范文本）》条件下的工程变更处理
  - FIDIC 合同条件下的工程变更
- 合同价款调整
  - 工程变更的价款、综合单价的调整
  - 现场签证、物价变化的调整
  - 措施费用、暂估价、暂列金额的调整
  - 法律法规变化、不可抗力引起的调整

工程索赔
- 工程索赔的概念和分类
  - 工程索赔的概念
  - 工程索赔产生的原因
  - 工程索赔的分类
- 工程索赔的处理
  - 工程索赔的处理原则
  - 工程索赔程序
  - 索赔证据
  - 索赔文件
- 工程索赔的计算
  - 可索赔的费用
  - 费用索赔的计算
  - 工期索赔的计算

施工过程工程价款支付与核算
- 施工过程工程价款支付与核算概述
  - 施工过程工程价款支付的作用
  - 工程价款的主要支付方式
- 施工过程工程价款的核算与支付
  - 工程预付款的确定
  - 工程进度款核算
  - 工程进度款支付

施工阶段投资使用计划的编制和应用
- 投资使用计划的编制
- 施工阶段投资偏差分析
  - 挣值法
  - 横道图法
  - 表格法

习　题

一、判断题

1. 施工阶段进行造价控制的基本原理是把计划造价额作为造价控制的目标值，在工程施工过程中定期地进行造价实际值同目标值的比较，通过比较发现并找出实际支出额与造价控制目标值之间的偏差，然后分析产生偏差的原因，并采取有效措施加以控制，以保证造价控制目标的实现。（　　）

2. 在工程建设的全过程中，工期、质量和造价这三个方面的要素可以相互影响和相互转化。工期与质量的变化在一定条件下可以影响和转化为造价的变化，但造价的变动，不会影响质量与工期。（　　）

3. 偏差控制法就是在编制出计划造价的基础上，通过采用造价分析方法找出实际造价与计划造价之间的偏差和分析产生偏差的原因及偏差的变化趋势，进而采取措施以减少或消除不利偏差而实现目标造价的一种管理方法。（　　）

4. 施工阶段中造价控制的主要工作内容包括：付款控制、变更控制、价格审核、索赔与反索赔、竣工结算审核。（　　）

5. 工程预付款的性质是定金。随着工程进度的推进，拨付的工程进度款数额不断增加，原已支付的预付款应以抵扣的方式陆续扣回。确定工程预付款扣回点是工程预付款扣回的关键。（　　）

6. 工程进度款的确定和计算，主要涉及两个方面，一是工程量的核实确认，二是计价方法。具体支付时间、方式都应在合同中作出具体规定。（　　）

7. 工程变更是指设计变更而发生的变更。（　　）

8. 工程变更会增加或减少工程量，引起工程价格的变化，影响工期，甚至质量，造成不必要的损失。（　　）

9. 索赔是在工程承包合同履行中，当事人一方由于另一方未履行合同所规定的义务而遭受损失时，向另一方提出赔偿要求的行为。（　　）

10. 按索赔要求分类，索赔可以分为：建设单位违约索赔；合同错误索赔；合同变更索赔；工程环境变化索赔；不可抗力因素索赔等。（　　）

11. 在工程实施过程中的造价控制措施主要依靠控制工程款的支付。（　　）

12. 进度计划变更、施工条件变更等也会引起工程的变更。（　　）

二、单选题

1. 在基础施工中发现地下障碍物，需对原工程设计进行变更，变更导致合同价款的增减及造成的承包商损失应由（　　）承担。

A. 建设单位　　　　　　　　　　B. 建设单位、承包商

C. 承包商　　　　　　　　　　　D. 工程设计单位

2. 在下列索赔事件中，承包商不能提出费用索赔的是（　　）。

A. 业主要求加速施工导致工程成本增加

B. 由于业主和工程师原因造成施工中断

C. 恶劣天气导致施工中断，工期延误

D. 设计中某些工程内容错误导致工期延误

3. 某钢门窗安装工程，5月份拟完工程计划造价 10 万元，已完工程计划造价 8 万元，已完工程实际造价 12 万元，则造价偏差为(　　)万元。

   A. -2　　　　　　　B. 4　　　　　　　C. 2　　　　　　　D. -4

4. 下列方法中，不属于造价偏差分析的方法是(　　)。

   A. 横道图法　　　　　　　　　　B. 网络图法

   C. 表格法　　　　　　　　　　　D. 曲线法

5. 下列事项中，费用索赔不成立的是(　　)。

   A. 设计单位未及时供应施工图纸　　　B. 施工单位施工机械损坏

   C. 业主原因要求暂停全部项目施工　　D. 因设计变更而导致工程内容增加

6. 将承包工程的内容分解成不同的控制界面，以业主验收控制界面作为支付工程价款的前提条件。此结算方法是 (　　)。

   A. 分段结算　　　　　　　　　　B. 竣工后一次结算

   C. 目标结款方式　　　　　　　　D. 其他方式结算

7. 用表格法进行造价偏差分析时，已完工程量乘以计划单价得到的是(　　)。

   A. 拟完工程计划造价　　　　　　B. 已完工程计划造价

   C. 拟完工程实际造价　　　　　　D. 已完工程实际造价

8. 下列各项费用中，承包商可以向业主提出索赔的是(　　)。

   A. 承包商进行索赔工作的准备费用

   B. 索赔款在索赔处理期间的利息

   C. 分包商的索赔款额

   D. 工程有关的保险费用

9. 造价偏差分析中，造价偏差是指 (　　)。

   A. 已完工程实际时间-已完工程计划时间

   B. 拟定工程计划造价-已完工程计划造价

   C. 已完工程实际造价-已完工程计划造价

   D. 已完工程实际造价-拟完工程计划造价

10. 下列原因中，不允许索赔窝工费用的是 (　　)。

   A. 异常恶劣的气候造成的停工　　　B. 施工图纸未及时供应

   C. 工程变更　　　　　　　　　　D. 业主方原因要求暂停工

三、多选题

1. 索赔成立的条件有(　　)。

   A. 并非自己的过错　　　　　　　B. 已经造成实际损失

   C. 该事件属于合同以外的风险　　　D. 该事件属于第三方的风险

   E. 在规定的期限内，提出索赔书面要求

2. 在施工阶段工程造价控制中，偏差分析方法有(　　)。

   A. 比例分析法　　　　　　　　　B. 横道图法

   C. 实际修正法　　　　　　　　　D. 表格法

   E. 挣值法

3. 按照索赔事件性质分类，工程索赔分为(　　)。

A. 费用索赔　　　　　　　　　　　　B. 合同被迫终止索赔

C. 不可预见因素索赔　　　　　　　　D. 工程变更索赔

E. 工程延误索赔

4. 编制竣工结算过程中，需要调整工程量的情况有（　　）。

A. 工程师指令加速施工　　　　　　　B. 施工图预算错误

C. 设计漏项　　　　　　　　　　　　D. 设计变更

E. 现场工程变更

5. 按照变更起因划分，变更种类包括（　　）。

A. 业主要求改变　　　　　　　　　　B. 法律法规对建设项目有了新的要求

C. 工程环境变化引起变更　　　　　　D. 设计错误引起变更

E. 发包人引起的变更

6. 根据《建设工程工程量清单计价规范》（GB 50500—2013）规定，因工程变更引起已标价工程量清单项目或其工程数量发生变化时，下列内容表述正确的是（　　）。

A. 已标价工程量清单中有适用于变更工程项目的，应采用该项目的单价

B. 当工程变更导致该清单项目的工程数量发生变化，当工程量增加15％以上时，综合单价应予调低

C. 当工程变更导致该清单项目的工程数量发生变化，当工程量减少15％以上时，综合单价应予调低

D. 已标价工程量清单中没有适用但有类似于变更工程项目的，可在合理范围内参照类似项目的单价

E. 已标价工程量清单中没有适用也没有类似于变更工程项目的，应由承包人根据市场价格提出变更单价，由发包人确认

7. 工程索赔的处理原则是（　　）。

A. 加强控制，减少工程索赔数额　　　B. 索赔以效率为原则

C. 最小索赔额原则　　　　　　　　　D. 及时合理地处理索赔

E. 索赔以合同为依据

8. 费用索赔的计算方法有（　　）。

A. 实际损失百分比法　　　　　　　　B. 实际费用法

C. 分项计算法　　　　　　　　　　　D. 总费用法

E. 修正的总费用法

9. 通常的纠偏措施有（　　）。

A. 组织措施　　　　　　　　　　　　B. 经济措施

C. 技术措施　　　　　　　　　　　　D. 结构措施

E. 合同措施

10. 造价偏差的分析方法有（　　）。

A. 表格法　　　　　　　　　　　　　B. 曲线法

C. 指数分析法　　　　　　　　　　　D. 实际价格调整法

E. 调价文件计算法

四、简答题

1. 施工阶段造价控制的工作流程？

2. 工程变更的内涵？

3. 变更后合同价款应如何确定？

4. 索赔的含义？

5. 索赔成立的条件有哪些？

6. 索赔的种类和计算？

7. 工程价款的主要支付方式

8. 造价偏差分析的方法？

9. 工程价款结算有哪几种方式？

10. 工程进度款的支付步骤？

五、分析计算题

1. 某商住办综合楼工程合同价款 1500 万元，工程价款按季度动态结算。合同在 2012 年第一季度签订，开工日期为 4 月 1 日，2012 年末完工。各季度的人工、材料价格指数如表 4-12 所示。

各季度的人工、材料价格指数资料   表 4-12

项目	人工	钢材	水泥	集料	砖	砂	木材	固定费用
比例（%）	28	18	13	7	9	4	6	15
第一季度	100	100	102	95	100	95	94	—
第二季度	105	102	104	98	102	106	101	—
第三季度	106	102	105	99	103	104	104	—
第四季度	106	103	105	101	103	106	101	—

计算该商住办综合楼工程实际价格调整差额。

2. 某工程项目施工采用了包工包料的固定价格合同。在一个关键工作面上发生了几种原因造成的临时停工：5 月 20 日至 5 月 26 日承包商的施工设备出现了从未出现过的故障；应于 5 月 27 日交给承包商的后续图纸直到 6 月 10 日才交给承包商；6 月 7 日至 6 月 12 日施工现场下了罕见的特大暴雨，造成 6 月 13 日至 6 月 14 日的该地区的供电全面中断。经造价工程师核准，成本损失费 2 万元/天，利润损失费 2 千元/天。

问题：（1）承包商可向业主索赔的工期为多少？

（2）承包商可向业主索赔的费用为多少？

3. 建设单位将一热电厂工程建设项目的土建工程和设备安装工程施工任务分别由某土建施工单位和某设备安装单位承包。经业主方审核批准，土建施工单位又将桩基础施工分包给一专业基础工程公司。建设单位与土建施工单位和设备安装单位分别签订了施工合同和设备安装合同。在工程延期方面，合同中约定，因业主原因总工期延误一天应补偿承包方 5000 元人民币，承包方施工总工期延误一天应罚款 5000 元人民币。该工程所用的预制桩由建设单位供应。按施工总进度计划的安排，规定桩基础施工应从 8 月 10 日开工至 8 月 20 日完工。但在施工过程中，由于建设单位供应预制桩不及时，使桩基础施工推迟在 8 月 13 日才开工；8 月 13 日至 8 月 18 日基础工程公司的打桩设备出现故障不能施工；8 月 19 日至 8 月 22 日又出现了属于不可抗力的恶劣天气无法施工。

问题：（1）土建施工单位应获得的工期补偿和费用补偿各为多少？

（2）设备安装单位的损失应由谁承担责任，应补偿的工期和费用是多少？

4. 某建筑安装工程施工合同，合同总价 6000 万元，合同工期 6 个月，开工日期为当年 2 月 1 日。合同规定：（1）预付款按合同价 20% 支付，当进度款达到合同价的 40% 时，开始抵扣预付工程款，在下月起各月平均扣回。（2）质量保证金按合同价款的 5% 扣留，从第一个月开始按各月结算工程款的 10% 扣留，扣完为止。该工程实际完成产值如表 4-13 所示。

该工程实际完成产值资料 表 4-13

月份	2	3	4	5	6	7
实际产值（万元）	1000	1200	1200	1200	800	600

问题：（1）该工程预付款为多少？起扣点为多少？质量保证金为多少？

（2）每月实际应结算工程款为多少？

5. 某项工程项目业主与承包商签订了工程施工承包合同。合同中估算工程量为 5300m³，单价为 180 元/m³。合同工期为 6 个月。有关付款条款如下：（1）开工前业主应向承包商支付估算合同总价 20% 的工程预付款；（2）业主自第一个月起，从承包商的工程款中，按 5% 的比例扣留质量保证金；（3）当累计实际完成工程量超过（或低于）估算工程量的 10% 时，可进行调价，调价系数为 0.9（1.1）；（4）每月签发付款最低金额为 15 万元；（5）工程预付款从乙方获得累计工程款超过估算合同价的 30% 以后的下一个月起，至第 5 个月均匀扣除。承包商每月实际完成并经签证确认的工程量如表 4-14 所示。

承包商每月实际完成并经签证确认的工程量数据 表 4-14

月份	1	2	3	4	5	6
完成工程量（m³）	800	1000	1200	1200	1200	500
累计完成工程量（m³）	800	1800	3000	4200	5400	5900

问题：（1）估算合同总价为多少？

（2）工程预付款为多少？工程预付款从哪个月起扣留？每月应扣工程预付款为多少？

（3）每月工程量价款为多少？应签证的工程款为多少？应签发的付款凭证金额为多少？

6. 某施工项目进行到 17 周时，对前 16 周的工作进行了统计检查，有关情况如表 4-15 所示。

某施工项目前 16 周的统计数据 表 4-15

工作代号	计划完成工作预算费用（万元）	已完成工作量（%）	实际发生费用（万元）
A	300	100	310
B	280	100	290
C	260	100	250
D	560	100	560
E	720	50	320

工作代号	计划完成工作预算费用（万元）	已完成工作量（%）	实际发生费用（万元）
F	450	100	430
G	600	40	270
H	360	0	0
I	350	80	300
J	290	100	260
K	150	0	0
L	180	100	180

问题:

（1）简述挣值法中三个参数（费用值）的代号及含义；

（2）求出前 16 周的挣得值及 16 周末的挣得值；

（3）计算 16 周末的 CV 与 SV；

（4）计算 16 周末的 CPI、SPI 并分析费用和进度。

5　建设项目竣工阶段工程造价控制

教学目标

- 了解建设项目竣工阶段的工作内容。
- 了解建设项目竣工阶段与工程造价的关系。
- 熟悉竣工结算编制的内容和方法。
- 熟悉竣工结算审查的内容。
- 熟悉竣工决算的内容。
- 熟悉竣工决算书的编制步骤和方法。
- 熟悉新增资产的确定。
- 了解竣工资料的移交和保修费用的处理。

教学要求

能力要求	知识要点	权　重
竣工阶段与工程造价的关系	竣工阶段的工作内容、竣工阶段与工程造价的关系	0.10
编制竣工结算	竣工结算的编制依据、内容	0.20
审查竣工结算书	竣工结算审查的内容、方法	0.20
编制竣工决算书	竣工决算的内容、竣工决算书的编制步骤与方法、新增资产的确定	0.35
保修费用的处理	竣工资料的移交、保修费用的处理	0.15

建设项目竣工阶段是项目建设的最终阶段，做好建设项目竣工阶段的工作可以确定建设项目投资的实际费用，及时了解工程造价控制的成果，并对建设项目建成后发挥经济效益和社会效益起着重要的作用。竣工阶段与工程造价有关的工作主要是做好建设项目竣工结算和审查工作，编制竣工决算书。

5.1　建设项目竣工阶段与工程造价的关系

5.1.1　竣工阶段的工作内容

竣工阶段工程造价控制是建设项目全过程工程造价控制的最后一个环节，是全面考核建设工作，审查投资使用合理性，检查工程造价控制情况，是投资成果转入生产或使用的标志性阶段。竣工阶段的主要工作内容有竣工结算和竣工决算。

竣工结算是承包人按照合同规定的内容全部完成所承包的工程，经验收质量合格，并符合合同要求之后，向发包人进行的最终工程款结算。经审查的竣工结算是核定建设工程造价的依据，也是建设项目竣工验收后编制竣工决算和核定新增固定资产价值的依据。

竣工决算是所有建设项目竣工后，发包人按照国家有关规定在新建、改建和扩建工程建设项目竣工验收阶段编制的竣工决算报告。竣工决算是反映竣工项目建设成果的文件，是考核其投资效果的依据，是办理交付、动用、验收的依据，是竣工验收报告的重要部分。

5.1.2 竣工阶段与工程造价的关系

建设工程造价全过程控制是工程造价管理的主要表现形式和核心内容，也是提高项目投资效益的关键所在。它贯穿于决策阶段、设计阶段、工程招投标阶段、施工实施阶段和竣工阶段的项目全过程中，围绕工程项目建设投资控制目标，以达到所建的工程项目以最少的投入获得最佳的经济效益和社会效益。竣工阶段的竣工验收、竣工结决算不仅直接关系到发包人与承包人之间的利益关系，也关系到项目工程造价的实际结果。

竣工结算是反映工程项目的实际价格，最终体现了工程造价系统控制的效果。要有效控制工程项目竣工结算价，必须严把审核关，首先要核对合同条款：一查竣工工程内容是否符合合同条件要求、竣工验收是否合格，二查结算价款是否符合合同的结算方式。其次要检查隐蔽验收记录：所有隐蔽工程是否经监理工程师的签证确认。第三要落实设计变更签证：按合同的规定，检查设计变更签证是否有效。第四要核实工程数量：依据竣工图、设计变更单及现场签证等进行核算。第五要防止各种计算误差。实践经验证明，通过对工程项目结算的审查，一般情况下，经审查的工程结算较编制的工程结算工程造价资金相差率在 10% 左右，有的高达 20%，对控制投入节约资金起到很重要的作用。

竣工决算是基本建设成果和财务的综合反映，它包括项目从筹建到建成投产或使用的全部费用。除了采用货币形式表示基本建设的实际成本和有关指标外，同时包括建设工期、工程量和资产的实物量以及技术经济指标，并综合了工程的年度财务决算，全面反映了基本建设的主要情况。根据国家基本建设投资的规定，在批准基本建设项目计划任务书时，可依据投资估算来估计基本建设计划投资额。在确定基本建设项目设计方案时，可依据设计概算决定建设项目计划总投资最高数额。在施工图设计时，可编制施工图预算，用以确定单项工程或单位工程的计划价格，同时规定其不得超过相应的设计概算。因此，竣工决算可反映出固定资产计划完成情况以及节约或超支原因，从而控制工程造价。

5.2　竣　工　结　算

竣工结算时，承包人需要根据合同价款、工程价款结算签证单以及施工过程中变更价款等资料进行最终结算。所以，我们必须先确定工程价款结算签证。

工程价款结算是指项目竣工后，承包方按照合同约定的条款和结算方式，向业主结清双方往来款项。工程结算在项目施工中通常需要发生多次，一直到整个项目全部竣工验收，还需要进行最终建筑产品的工程竣工结算，从而完成最终建筑产品的工程造价的确定和控制。

5.2.1 竣工结算的含义

工程完工后，双方应按照约定的合同价款及合同价款调整内容以及索赔事项，进行工程竣工结算。工程竣工结算指承包人按照合同规定的内容全部完成所承包的工程，经验收质量合格，并符合合同要求之后，对照原设计施工图，根据增减变化内容，编制调整预算，作为向发包人进行的最终工程价款结算。

工程竣工结算分为单位工程竣工结算、单项工程竣工结算和建设项目竣工总结算。

5.2.2 竣工结算编审

5.2.2.1 竣工结算编审的意义

1. 单位工程竣工结算由承包人编制，发包人审查；实行总承包的工程，由具体承包人编制，在总包人审查的基础上，发包人审查。

2. 单项工程竣工结算或建设项目竣工总结算由总（承）包人编制，发包人可直接进行审查，也可以委托具有相应资质的工程造价咨询机构进行审查。政府投资项目，由同级财政部门审查。单项工程竣工结算或建设项目竣工总结算经发、承包人签字盖章后有效。

合同工程完工后，承包人应在经发承包双方确认的合同工程期中价款结算的基础上汇总编制完成竣工结算文件，并在提交竣工验收申请的同时向发包人提交竣工结算文件。

承包人未在合同约定的时间内提交竣工结算文件，经发包人催告后 14 天内仍未提交或没有明确答复，发包人有权根据已有资料编制竣工结算文件，作为办理竣工结算和支付结算款的依据，承包人应予以认可。

5.2.2.2 竣工结算的编制依据

1. 国家有关法律、法规、规章制度和相关的司法解释。

2. 国务院建设主管部门以及各省、自治区、直辖市和有关部门发布的工程造价计价标准、计价方法、有关规定及相关解释。

3.《建设工程工程量清单计价规范（GB 50500—2013）》。

4. 工程承包合同、有关材料、设备采购合同。

5. 招投标文件，包括招标答疑文件、投标承诺、中标通知书等。

6. 工程竣工图或施工图、图纸会审纪要、施工记录，经批准的施工组织设计，经设计单位签证后的设计变更通知书。

7. 经批准的开、竣工报告或停、复工报告。

8. 发承包双方实施过程中已确认的工程量及其结算的合同价款。

9. 发承包双方实施过程中已确认调整后追加（减）的合同价款。

10. 其他有关技术、经济文件。

5.2.2.3 竣工结算的计价原则

在工程量清单计价方式下，竣工结算的计价原则有：

1. 分部分项工程和措施项目中的单价项目，按照发承包双方确认的工程量和以标价工程量清单的综合单价计算；如有调整，按照发承包双方确认调整的综合单价计算。

2. 措施项目中的总价项目，按照合同约定的项目和金额计算；如有调整，按照发承包双方确认调整的金额计算，其中安全文明施工费必须按照国家或省级、行业建设主管部门的规定计算。

3. 其他项目的计价规定如下：

（1）暂列金额应减去工程价款调整金额计算，如有余额归发包人；

（2）暂估价应按照《建设工程工程量清单计价规范（GB 50500—2013）》有关规定计算；

（3）计日工应按照发包人实际签证计算；

（4）承包服务费应按照合同约定金额计算；如有调整，按照发承包双方确认调整的金额计算。

4. 在工程实施过程中，如有现场签证，按照承发包双方在签证材料上确认的金额计算；如有索赔项目，按照发承包双方确认的索赔事项和金额计算。

5. 规费和税金应按照国家或省级、行业建设主管部门的规定计算。规费中的工程排污费应按照工程所在地环境保护部门规定标准缴纳后按实计入。

5.2.2.4 竣工结算的审核

竣工结算审核是竣工结算阶段的一项重要工作。审核工作通常由发包人、造价咨询公司或审计部门把关进行。

1. 竣工结算审核程序

（1）发包人应在收到承包人提交的竣工结算文件后的 28 天内核对。发包人经核实，认为承包人还应进一步补充资料和修改结算文件，应在 28 天内向承包人提出核实意见，承包人在收到核实意见后的 28 天内按照发包人提出的合理要求补充资料，修改竣工结算文件，并再次提交给发包人复核后批准。

（2）发包人应在收到承包人再次提交的竣工结算文件后的 28 天内予以复核，并将复核结果通知承包人。发包人、承包人对复核结果无异议的，应在 7 天内在竣工结算文件上签字确认，竣工结算办理完毕；发包人或承包人对复核结果认为有误的，无异议部分办理不完全竣工结算，有异议部分由发承包双方协商解决，协商不成的，按照合同约定的争议解决方式处理。

（3）发包人在收到承包人竣工结算文件后的 28 天内，不核对竣工结算或未提出核对意见的，视为承包人提交的竣工结算文件已被发包人认可，竣工结算办理完毕。

（4）承包人在收到发包人提出的核实意见后的 28 天内，不确认也未提出异议的，视为发包人提出的核实意见已被承包人认可，竣工结算办理完毕。

发包人也可委托工程造价咨询机构核对竣工结算文件，审核程序按上述条款执行。

2. 竣工结算审核内容

（1）核对合同条款

主要针对工程竣工是否验收合格，竣工内容是否符合合同要求，结算方式是否按合同规定进行；套用定额、计费标准、主要材料调差等是否按约定实施。

（2）审核隐蔽资料和有关签证等是否符合规定要求。

（3）审核设计变更通知是否符合手续程序，加盖公章否。

（4）根据施工图核实工程量。

（5）审核各项费用计算是否准确

5.2.3 竣工结算款的支付

5.2.3.1 承包人提交竣工结算款支付申请

承包人应根据办理的竣工结算文件，向发包人提交竣工结算款支付申请。该申请应包括下列内容：

1. 竣工结算合同价款总额。

2. 累计已实际支付的合同价款。

3. 应扣留的质量保证金。

4. 实际应支付的竣工结算款金额。

实际应支付的竣工结算金额＝竣工结算合同款总额－累计已实际支付的合同价款－应扣留的质量保证金

5.2.3.2　发包人签发竣工结算支付证书

发包人应在收到承包人提交竣工结算款支付申请后 7 天内予以核实，向承包人签发竣工结算支付证书。

5.2.3.3　支付竣工结算款

发包人签发竣工结算支付证书后的 14 天内，按照竣工结算支付证书列明的金额向承包人支付结算款。

发包人在收到承包人提交的竣工结算款支付申请后 7 天内不予核实，不向承包人签发竣工结算支付证书的，视为承包人的竣工结算款支付申请已被发包人认可；发包人应在收到承包人提交的竣工结算款支付申请 7 天后的 14 天内，按照承包人提交的竣工结算款支付申请列明的金额向承包人支付结算款。

发包人未按照规定的程序支付竣工结算款的，承包人可催告发包人支付，并有权获得延迟支付的利息。发包人在竣工结算支付证书签发后或者在收到承包人提交的竣工结算款支付申请 7 天后的 56 天内仍未支付的，除法律另有规定外，承包人可与发包人协商将该工程折价，也可直接向人民法院申请将该工程依法拍卖。承包人就该工程折价或拍卖的价款优先受偿。

5.3　竣　工　决　算

5.3.1　竣工决算的含义和分类

建设项目竣工决算指在竣工验收交付使用阶段，由发包人编制的建设项目从筹建到竣工投产或使用全过程的全部实际支出费用的经济文件。该文件是竣工验收报告的重要组成部分。

国家规定，所有新建、扩建、改建和恢复项目竣工后均要编制竣工决算。根据建设项目规模的大小，可分大、中型建设项目竣工决算和小型建设项目竣工决算两大类。

承包人在竣工后，也要编制单位工程（或单项工程）竣工成本决算，用作预算和实际成本的核算比较，以便总结经验，提高管理水平。但两者在概念和内容上存在着不同。

5.3.2　竣工决算的编制依据

竣工决算的编制依据主要有：

1. 建设项目计划任务书和有关文件；

2. 建设项目总概算书以及单项工程综合概算书；

3. 建设项目设计图纸以及说明，其中包括总平面图、建筑工程施工图、安装工程施工图以及相关资料；

4. 设计交底或者图纸会审纪要；

5. 招标控制价、工程承包合同以及工程结算资料；

6. 施工记录或者施工签证以及其他工程中发生的费用记录，如工程索赔报告和记录、停（交）工报告等；

7. 竣工图以及各种竣工验收资料；

8. 设备、材料调价文件和相关记录；

9. 历年基本建设资料和历年财务决算及其批复文件；

10. 国家和地方主管部门颁布的有关建设工程竣工决算的文件。

5.3.3 竣工决算的内容

竣工决算的内容包括竣工决算报表、竣工决算报告说明书、工程竣工图和工程造价比较分析四部分。大中型建设项目竣工决算报表通常包括建设项目竣工财务决算审批表、竣工工程概况表、竣工财务决算表、建设项目交付使用资产总表以及明细表、建设项目建成交付使用后的投资效益表等；对于小型建设项目竣工决算报表是由建设项目竣工财务决算审批表、竣工财务决算总表和交付使用资产明细表组成。

5.3.3.1 竣工决算报告说明书

竣工决算报告说明书概括了竣工工程建设成果和经验，是全面考核分析工程投资与造价的书面总结，也是竣工决算报告的重要组成部分，主要内容如下：

1. 建设项目概况及评价；

2. 会计财务的处理、财产物资情况及债权债务的清偿情况；

3. 资金结余、基建结余资金等的上交分配情况；

4. 主要技术经济指标的分析、计算情况；

5. 基本建设项目管理以及决算中存在的问题以及建议；

6. 需要说明的其他事项。

5.3.3.2 竣工决算报表

根据国家财政部财基字〔1998〕4号关于《基本建设财务管理若干规定》的通知以及财基字〔1998〕498号文《基本建设项目竣工财务决算报表》和《基本建设项目竣工财务决算报表填表说明》的通知，建设项目竣工财务决算报表格式有建设项目竣工财务决算审批表；大、中型建设项目概况表；大、中型建设项目竣工财务决算表（表5-2）；大、中型建设项目交付使用资产总表；建设项目交付使用资产明细表等（略）。小型建设项目竣工财务决算报表有建设项目竣工财务决算审批表；小型建设项目竣工财务决算总表；建设项目交付使用资产明细表等。

5.3.3.3 工程竣工图

工程竣工图是真实的记录和反映各种建筑物、构筑物等情况的技术文件，它是工程交工验收、改建和扩建的依据，是国家的重要技术档案。对竣工图的要求是：

1. 根据原施工图未变动的，由施工单位在原施工图上加盖"竣工图"图章标志后，即可作为竣工图。

2. 施工过程中尽管发生了一些设计变更，但可以将原施工图加以修改补充作为竣工图的，可以不重新绘制，由施工单位负责在原施工图（必须是新蓝图）上注明修改的部分，并附以设计变更通知单和施工说明，加盖"竣工图"图章标志后作为竣工图。

3. 凡结构形式改变、工艺变化、平面布置改变、项目改变以及有其他重大改变时，不宜再在原施工图上修改、补充者，应重新绘制改变后的竣工图。属设计原因造成的，由设计单位负责重新绘制；属施工原因造成的，由施工单位负责重新绘制；属其他原因造成的，由建设单位自行绘制或委托设计单位绘图，施工单位负责在新图上加盖"竣工图"图章标志，并附以记录和说明，作为竣工图。

4. 为满足竣工验收和竣工决算需要，应绘制能反映竣工工程全部内容的工程设计平面示意图。

5.3.3.4　工程造价比较分析

工程造价比较分析是以批准的概算作为考核依据。首先，对比整个项目的总概算，然后，将建筑安装工程费、设备工器具费和其他工程费的实际数据逐一与批准的概算中的各项费用进行对比分析，以确定竣工项目总造价是节约还是超支，找出节约或超支的内容和原因，提出改进措施。

5.3.4　竣工决算书的编制步骤和方法

5.3.4.1　收集、整理和分析有关资料

收集和整理出一套较为完整的相关资料，是编制竣工决算的必要条件。在工程进行的过程中应注意保存和收集资料，在竣工验收阶段则要系统的整理出所有技术资料、工程结算经济文件、施工图纸和各种变更与签证资料，分析其准确性。

5.3.4.2　清理各项账务、债务和结余物资

在收集、整理和分析资料过程中，应注意建设工程从筹建到竣工投产（或使用）的全部费用的各项账务、债权和债务的清理，既要核对账目，又要查点库存实物的数量，做到账物相等、相符；对结余的各种材料、工器具和设备要逐项清点核实，妥善管理，且按照规定及时处理、收回资金；对各种往来款项要及时进行全面清理，为编制竣工决算提供准确的数据依据。

5.3.4.3　填写竣工决算报表

依照建设项目竣工决算报表的内容，根据编制依据中有关资料进行统计或计算各个项目的数量，并将其结果填入相应表格栏目中，完成所有报表的填写。这是编制工程竣工决算的主要工作。

5.3.4.4　编写建设工程竣工决算说明书

根据建设项目竣工决算说明的内容、要求以及编制依据材料和填写在报表中的结果编写说明。

5.3.4.5　上报主管部门审查

以上编写的文字说明和填写的表格经核对无误，可装订成册，即可作为建设项目竣工文件，并报主管部门审查，同时把其中财务成本部分送交开户银行签证。竣工决算在上报主管部门的同时，抄送设计单位，大、中型建设项目的竣工决算还需抄送财政部、建设银行总行和省、市、自治区财政局和建设银行分行各一份。

建设项目竣工决算编制的一般程序如图5-1所示。

建设项目竣工决算的文件，由发包人负责组织人员编制，在竣工建设项目办理验收使用一个月之内完成。

5.3.5　新增资产的确定

竣工决算作为办理交付使用财产价值的依据，正确核定新增资产的价值，不但有利于建设项目交付使用后的财务管理，而且还可作为建设项目经济后评估的依据。

图 5-1　建设项目竣工决算编制程序

5.3.5.1 新增资产的分类

根据财务制度和企业会计准则的新规定，新增资产可以按照资产的性质分为固定资产、流动资产、无形资产和其他资产四大类。

1. 固定资产

固定资产指使用期限超过 1 年，单位价值在规定标准以上，并且在使用过程中保持原有物质形态的资产，包括房屋及构筑物、机电设备、运输设备、工具器具等，不同时具备以上两个条件的资产为低值易耗品，应列入流动资产范围内，如企业自身使用的工具、器具、家具等。

2. 流动资产

流动资产指可以在一年内或超过一年的一个营业周期内变现或者运用的资产，包括现金以及各种存货、应收及预付款项等。

3. 无形资产

无形资产指企业长期使用但没有实物形态的资产，包括专利权、著作权、非专利技术、商誉等。

4. 其他资产

其他资产是指除上述资产以外的其他资产，包括开办费、固定资产大修理支出、租入固定资产的改良支出以及具有专门用途，但不参加生产经营的经国家批准的特种物资、银行冻结存款和冻结物资、涉及诉讼的财产等。

5.3.5.2 新增固定资产价值的确定

1. 新增固定资产价值的涵义

新增固定资产亦称交付使用的固定资产，是投资项目竣工投产后所增加的固定资产价值，是以价值形态表示的固定资产投资最终成果的综合性指标。其内容包括：

（1）已经投入生产或交付使用的建筑安装工程造价；

（2）达到固定资产标准的设备工器具的购置费用；

（3）增加固定资产价值的其他费用，包括土地征用以及迁移补偿费、联合试运转费、勘察设计费、项目可行性研究费、建设单位管理费等。

2. 新增固定资产的核算

新增固定资产是工程建设项目最终成果的体现，核定其价值和完成情况，是加强工程造价全过程管理工作的重要方面。单项工程建成后，经过有关部门验收鉴定合格，正式移交生产或使用，即应计算其新增固定资产价值。一次性交付生产或使用的工程一次计算新增固定资产价值，分期分批交付生产或使用的工程，应分期分批计算新增固定资产价值。计算时应注意以下几种情况：

（1）新增固定资产价值的计算应以单项工程为对象；

（2）对于为提高产品质量，改善劳动条件，节约材料消耗、保护环境而建设的附属辅助工程，只要全部建成，正式验收或交付使用后就要计入新增固定资产价值；

（3）对于单项工程中不构成生产系统，但能独立发挥效益的非生产性工程，如住宅、食堂、医务所、托儿所、生活服务网点等，在建成并交付使用后，也要计算新增固定资产价值；

（4）凡购置达到固定资产标准不需要安装的设备、工器具，应在交付使用后计入新增固定资产价值；

（5）属于新增固定资产的其他投资，应随同受益工程交付使用时一并计入。

3. 交付使用财产成本计算

交付使用财产的成本应按照如下内容计算：

（1）建筑物、构筑物、管道、线路等固定资产的成本包括：建筑工程成本；应分摊的待摊投资。

（2）动力设备和生产设备等固定资产的成本包括：需要安装设备的采购成本；安装工程成本；设备基础支柱等建筑工程成本或砌筑锅炉以及各种特殊炉的建设工程成本；应分摊的待摊投资。

（3）运输设备及其他不需要安装的设备、工具、器具、家具等固定资产一般仅计算采购成本，不分摊"待摊投资"。

4. 待摊投资的分摊方法

增加固定资产的其他费用，如果是属于整个建设项目或两个以上单项工程的，在计算新增固定资产价值时，应在各单项工程中按照比例分摊。在分摊时，什么费用应由什么工程负担，又有具体的规定。一般情况下，建设单位管理费按建筑工程、安装工程、需要安装设备价值总额按比例分摊；土地征用费、勘察设计费则按照建筑工程造价分摊。

【例 5-1】 某建设项目及其第一车间的建筑工程费、安装工程费、需安装设备费以及应摊入费用如表 5-1 所示。

第一车间的建筑工程费、安装工程费、需安装设备费以及应摊入费用（单位：万元）　表 5-1

决算项目 决算内容	建筑 工程	安装 工程	需安装 设备	建设单位 管理费	土地 征用费	勘察 设计费
建设项目竣工决算	2000	800	1200	60	120	40
第一车间竣工决算	400	200	400	—	—	—

计算：第一车间新增固定资产价值。

【解】 应分摊建设单位管理费 $=\dfrac{400+200+400}{2000+800+1200}\times60=15$（万元）

应分摊土地征用费 $=\dfrac{400}{2000}\times120=24$（万元）

应分摊勘察设计费 $=\dfrac{400}{2000}\times40=8$（万元）

则第一车间新增固定资产价值＝（400＋200＋400）＋（15＋24＋8）＝1047（万元）

5.3.5.3 流动资产价值的确定

1. 货币资金

货币资金就是现金、银行存款和其他货币资金（包括在外埠存款、还未收到的在途资金、银行汇票和本票等资金），一律按照实际入账价值核定计入流动资产。

2. 应收及预付款项

应收及预付款项包括应收票据、应收账款、其他应收款、预付货款和待摊费用。通常情况下，应收以及预付款项按企业销售商品、产品或提供劳务时的实际成交金额入账核算。

3. 各种存货应当按照取得时的实际成本计价

存货的形成，主要有外购和自制两个途径。外购的，可按照买价加运输费、装卸费、保险费、途中合理损耗、入库前加工、整理及挑选费用以及缴纳的税金等计价；自制的，可按制造过程中的各项实际支出计价。

5.3.5.4 无形资产价值的确定

无形资产指企业长期使用但没有实物形态的资产，包括专利权、商标权、著作权、土地使用权、非专利技术、商誉等。无形资产的计价，原则上应按照取得时的实际成本计价。企业取得无形资产的途径不同，所发生的支出不一样，无形资产的计价也不相同。新财务制度按照如下原则来确定无形资产的价值。

1. 无形资产的计价原则

（1）投资者将无形资产作为资本金或者合作条件投入的，按照评估确认或合同协议约定的金额计价；

（2）购入的无形资产，按照实际支付的价款计价；

（3）企业自创并依法申请取得的，可按照开发过程中的实际支出计价；

（4）企业接受捐赠的无形资产按照发票账单所持金额或者同类无形资产市场价作价。

2. 无形资产的计价

（1）专利权的计价。专利权分自创和外购两类。自创专利权，其价值为开发过程中的实际支出，主要包括专利的研究开发费用、专利登记费用、专利年费和法律诉讼费等各项费用。专利转让时（包括购入和卖出），其费用主要包括转让价格和手续费。由于专利是具有专有性并能带来超额利润的生产要素，因而其转让价格不按照其成本估价，而是根据其所能带来的超额收益估价。

（2）非专利技术的计价。如果非专利技术是自创的，通常不得作为无形资产入账，自创过程中发生的费用，新财务制度允许作当期费用处理，这是因为非专利技术自创时难以确定是否成功，这样处理符合稳定性原则。购入非专利技术时，应由法定评估机构确认后再进一步估价，一般通过其生产的收益估价，其思路同专利权的计价方法。

（3）商标权的计价。如果是自创的，尽管商标设计、制作注册和保护、广告宣传都花费一定的费用，但其一般不作为无形资产入账，而是直接作为销售费用计入当期损益。只有当企业购入和转让商标时，才需要对商标权计价。商标权的计价一般根据被许可方新增的收益来确定。

（4）土地使用权的计价。根据取得土地使用权的方式，计价有两种情况：一是建设单位向土地管理部门申请土地使用权并为之支付一笔出让金，在这种情况下，应作为无形资产进行核算；二是建设单位获得土地使用权是原先通过行政划拨的，这时就不能作为无形资产核算，只有在将土地使用权有偿转让、出租、抵押、作价入股和投资、按规定补交土地出让价款时，才能作为无形资产核算。

无形资产计价入账后，应在其有限使用期内分期摊销。

5.3.5.5　其他资产计价

1. 开办费的计价

是指在筹建期间发生的费用，包括筹建期间人员工资、办公费、培训费、差旅费、印刷费、注册登记费以及不计入固定资产和无形资产构建成本的汇兑损益、利息等支出。根据企业会计制度规定，所有筹建期间所发生的费用，先在长期待摊费用中归集，待企业开始生产经营当月起一次计入开始生产经营当月的损益。

2. 固定资产大修理支出的计价

是指企业已经支出，但摊销期限在1年以上（不含1年）的固定资产大修理支出，应当将发生的大修理费用在下一次大修理前平均摊销。

3. 以经营租赁方式租入的固定资产改良支出的计价

是指企业已经支出，但摊销期限在1年以上（不含1年）的以经营租赁方式租入的固定资产改良支出，应当在租赁期限与租赁资产尚可使用年限两者较短的期限内平均摊销。

4. 特种物资、银行冻结存款和冻结物资、涉及诉讼的财产等计价主要以实际入账价值核算。

【例5-2】　某大型工业项目2006年5月开工建设，2007年底该大型工业项目的财务核算资料如下：

1. 甲、乙两车间竣工验收合格，并交付使用，交付使用的资产包括：

（1）固定资产价值21670万元。

（2）为生产准备的使用期限在1年内的工具、器具、备品备件等流动资产价值8780万元。

（3）建造期内购置非专利技术、产品商标等无形资产3250万元。

（4）筹建期间发生的开办费60万元。

2. 基本建设支出的项目包括：

（1）建筑安装工程支出5780万元。

（2）设备工器具投资8450万元。

（3）工程建设其他投资1980万元。

3. 非经营项目发生的待核销基建支出40万元。

4. 应收生产单位投资借款820万元。

5. 货币资金230万元。

6. 预付工程款20万元。

7. 有价证券180万元。

8. 固定资产原值23890万元。累计折旧10860万元。

9. 国家资本19730万元。

10. 法人资本12850万元。

11. 个人资本 12790 万元。

12. 项目资本公积金 8420 万元。

13. 建设单位向商业银行借入的借款 10350 万元。

14. 建设单位当年完成交付生产单位使用的资金价值中，120 万元属于利用投资借款形成的待冲基建支出。

15. 未交基建收入 30 万元。

根据上述工业项目财务核算资料，编制该工业项目竣工财务决算表（表 5-2）。

大、中型建设项目竣工财务决算表　　　　　　　　表 5-2

建设项目名称：××工业项目　　　　　　　　　　　　　　　　单位：万元

资金来源	金额	资金占用	金额	补充资料
一、基建拨款		一、基本建设支出	50010	1. 基建投资
1. 预算拨款		1. 交付使用资产	33760	借款期末余额
2. 基建基金拨款		2. 在建工程	16210	
3. 进口设备转账拨款		3. 待核销基建支出	40	2. 应收生产
4. 器材转账拨款		4. 非经营项目转出投资		单位投资借款
5. 煤代油专用基金拨款		二、应收生产单位投资借款	820	期末余额
6. 自筹资金拨款		三、拨款所属投资借款		3. 基建结余
7. 其他拨款		四、器材		资金
二、项目资本金	45370	其中：待处理器材损失		
1. 国家资本	19730	五、货币资金	230	
2. 法人资本	12850	六、预付及应收款	20	
3. 个人资本	12790	七、有价证券	180	
三、项目资本公积金	8420	八、固定资产	13030	
四、基建借款	10350	固定资产原值	23890	
五、上级拨入投资借款		减：累计折旧	10860	
六、企业债券资金		固定资产净值	13030	
七、待冲基建支出	120	固定资产清理		
八、应付款		待处理固定资产损失		
九、未交款	30			
1. 未交税金				
2. 未交基建收入	30			
3. 未交基建包干节余				
4. 其他未交款				
十、上级拨入资金				
十一、留成收入				
合　计	64290		64290	

5.4 竣工资料移交和保修费用处理

5.4.1 竣工资料移交的内容

每项工程建设前，建设单位、设计单位、监理单位和施工单位都应建立健全工程技术档案，汇总整理工程竣工需要移交的资料，这项工作从项目筹划直到工程竣工验收为止。工程竣工资料必须完整齐全、准确美观，要求做到竣工图纸与施工现场相一致、安装工程量与图纸相一致、材料消耗与工程量及规定损耗量相一致，资料的名称、份数、页数登记造册，由建设单位在竣工验收时移交给使用单位，移交时填写移交表，一式两份，双方签字，由使用单位统一保管。移交竣工资料的主要内容有：

5.4.1.1 工程前期及竣工文件材料

1. 可行性研究报告及批准文件。
2. 计划任务书及批复。
3. 工程项目申请、批准文件。
4. 征地审批文件（包括拆迁、补偿等文件）。
5. 初步设计（技术设计、施工图设计）及审批文件。
6. 建筑设计的环保、消防、防疫等审批文件。
7. 建筑工程规划许可证。
8. 开工报告表及其准予开工通知书。
9. 委托监督、工程质量监督员通知书。
10. 与工程有关的各种合同（贯穿全过程）。
11. 与工程有关的会议纪要（贯穿全过程）。
12. 工程地质和水文地质勘察报告。
13. 预决算书及审计文件。
14. 竣工报告及工程竣工验收证明书、质量评审材料、验收决议文件等。

5.4.1.2 各种建筑材料合格证、施工试验报告

5.4.1.3 工程技术要求、技术交流、设计变更、图纸会审纪要、施工组织设计、施工方案、施工计划、施工技术、安全措施、施工工艺、定位放线、基础、结构验收、施工记录、隐蔽工程验收记录

5.4.1.4 单位工程分部、分项工程质量评定表

5.4.1.5 竣工图

1. 建筑竣工图。
2. 结构竣工图。
3. 给排水竣工图。
4. 采暖竣工图。
5. 电气竣工图。
6. 通风与空调竣工图。

5.4.2 工程保修

工程项目在竣工验收交付使用后，建立工程质量保修制度，是施工单位对工程负责的

具体体现，通过工程保修可以听取和了解使用单位对工程施工质量的评价和改进意见，便于施工单位提高管理水平。

根据国务院令第 279 号《建设工程质量管理条例》的规定，施工单位在向建设单位提交工程竣工验收报告时，应当向建设单位出具质量保修书。质量保修书中应当明确建设工程的保修范围、保修期限和保修责任等。建设工程在保修范围和保修期限内发生质量问题的，施工单位应当履行保修义务，并对造成的损失承担赔偿责任。一般工程项目竣工后，各施工单位的工程款保留 5% 左右，作为保修金。在正常使用条件下，建设工程的最低保修期限为：

1. 基础设施工程、房屋建筑的地基基础工程和主体结构工程，为设计文件规定的该工程的合理使用年限。

2. 屋面防水工程、有防水要求的卫生间、房间和外墙面的防渗漏，为 5 年。

3. 供热与供冷系统，为 2 个采暖期、供冷期。

4. 电气管线、给水排水管道、设备安装和装修工程，为 2 年。

5. 其他项目的保修期限由建设单位与施工单位约定。

建设工程的保修期，自竣工验收合格之日起计算。

5.4.3 保修费用处理

保修费用是指在规定的保修期内和保修范围内所发生的维修、返工等各项费用支出。建筑工程在规定的保修期内，对发生的质量问题，必须根据修理项目的性质、内容和检查修理等多种因素的实际情况，由责任方承担相应的质量责任，并负担保修费用。保修费用的处理，一般有以下几种情况。

1. 属设计失误原因

因设计失误原因造成的质量缺陷，由设计单位承担经济责任，设计单位提出修改方案，可由施工单位负责维修，维修发生的费用由设计单位承担。

2. 属施工单位质量原因

因施工单位未按国家有关规范、标准和实际要求施工而造成的质量缺陷，由施工单位负责维修并承担其经济责任。

3. 属建筑材料、构配件和设备质量原因

因建筑材料、构配件和设备质量不合格而造成的质量缺陷，属于工程质量检测单位提供虚假或错误检测报告的，由工程质量检测单位承担质量责任并负担维修费用；属于施工单位采购的，由施工单位承担质量责任并负担维修费用；属于建设单位采购的，由建设单位承担质量责任并负担维修费用；采购方可再依法向产品责任方追偿。

4. 属使用单位使用不当的原因

因使用单位使用不当而造成的质量缺陷，由使用单位承担经济责任，可由施工单位负责维修，维修发生的费用由使用单位承担。

5. 属自然灾害的原因

因地震、洪水、台风等自然灾害而造成的质量缺陷，由建设单位负责处理并承担维修费用。

本 章 小 结

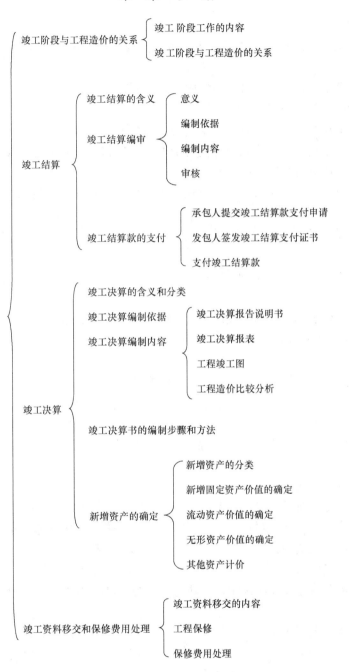

习 题

一、判断题

1. 竣工结算是反映工程项目的实际价格，最终体现了工程造价系统控制的效果。（　　）

2. 竣工结算是承包人按照合同规定的内容全部完成所承包的工程，经验收质量合格，并符合合同要求之后，向发包人进行的最终工程款结算。（　　）

3. 实行总承包的工程，由总包人编制竣工结算书，发包人审查。（　　）

4. 竣工决算是指在竣工验收交付使用阶段，由发包人编制的建设项目从筹建到竣工投产或使用全过程的全部实际支出费用的经济文件。（　　）

5. 当工程结构形式改变时，可在原施工图上修改、补充后，由施工单位在原施工图上加盖"竣工图"图章标志后作为竣工图。（　　）

6. 单位工程建成后，经过有关部门验收鉴定合格后，就可计算其新增固定资产价值。（　　）

7. 企业自创并依法申请取得的，可按照开发过程中的实际支出计算无形资产。（　　）

8. 因使用单位使用不当而造成的质量缺陷，由使用单位承担经济责任，可由施工单位负责维修，维修发生的费用由维修基金支出。

二、单选题

1. 建设工程竣工决算应包括（　　）全过程的全部实际支出费用。

A. 从开工到竣工　　　　　　　　　B. 从筹建到竣工投产

C. 从筹建到竣工　　　　　　　　　D. 从开工到竣工验收

2. 竣工决算的内容包括竣工决算报告说明书、竣工决算报表、工程造价比较分析和（　　）。

A. 建设项目概况表　　　　　　　　B. 建设项目交付使用资产总表

C. 建设项目交付使用资产明细表　　D. 建设项目竣工图

3. 竣工决算是反映建设项目（　　）的文件，是竣工验收报告的重要组成部分。

A. 实际造价和投资效果　　　　　　B. 全部施工成本

C. 新增生产能力　　　　　　　　　D. 新增固定资产

4. 在建设项目竣工决算报表中，反映建设项目全部资金来源情况和资金占用情况的是（　　）。

A. 竣工财务决算审批表　　　　　　B. 建设项目概况表

C. 竣工财务决算表　　　　　　　　D. 交付使用财产总表

5. 竣工验收后，因地震、洪水等原因造成了工程质量问题，应由（　　）承担经济责任。

A. 建设单位　　　　　　　　　　　B. 设计单位

C. 施工单位　　　　　　　　　　　D. 监理单位

6. 某工程在保修期内发生多起费用处理事件，其中应在工程承包保修金中扣除的处理费用是（　　）。

A. 设计缺陷导致机械故障   B. 业主采购的空调不制冷

C. 地震导致填充墙局部开裂   D. 消防水管接口严重渗漏

7. 按国家有关规定，核定新增固定资产价值时，勘察设计费用的分摊是按（ ）。

A. 建筑工程造价分摊

B. 建筑工程和安装工程造价分摊

C. 建筑工程、安装工程和需安装设备价值和总额分摊。

D. 建筑工程、安装工程、需安装设备价值和土地征用费之和分摊

8. 在竣工决算中能作为无形资产入账的是（ ）。

A. 广告宣传费   B. 非专利技术开发费

C. 专利技术开发费   D. 通过行政划拨方式取得的土地使用权

9. 勘察设计费在竣工决算中按（ ）造价进行分摊。

A. 建筑工程   B. 安装工程

C. 需安装设备   D. 建安工程和需安装设备的合计

10. 某项目的建筑工程费、需安装的设备费、安装工程费分别为 1000 万元、800 万元和 300 万元，建设单位管理费是 30 万元。某车间的建筑工程费、需安装的设备费以及安装工程费分别为 800 万元、600 万元和 100 万元，则其建设单位管理费是（ ）万元。

A. 21.4   B. 30.2

C. 15.9   D. 19.8

三、多选题

1. 控制竣工结算价的条件有（ ）。

A. 核对合同条款   B. 检查隐蔽工程质量

C. 落实设计变更签证   D. 落实工程数量

E. 检查施工图预算编制质量

2. 建设项目竣工结算编制的依据有（ ）。

A. 工程承包合同   B. 施工图纸会审纪要

C. 施工技术规范   D. 工程量清单计价规范

E. 招标答疑文件

3. 建设项目竣工决算的内容包括（ ）。

A. 竣工财务决算表   B. 竣工决算报告情况说明书

C. 投标报价书   D. 新增资产价值的确定

E. 工程造价比较分析

4. 关于竣工决算正确的是（ ）。

A. 竣工决算是竣工验收的重要组成部分

B. 竣工决算是核定新增固定资产价值的依据

C. 竣工决算是反映建设项目实际造价和投资效果的文件

D. 竣工决算在竣工验收之前进行

E. 竣工决算是考核分析投资效果的依据

5. 竣工决算的内容包括（ ）。

A. 竣工决算报表　　　　　　　　　　B. 竣工情况说明书

C. 竣工工程概况表　　　　　　　　　　D. 竣工财务决算表

E. 交付使用的财产总表

6. 关于新增固定资产价值计算的正确说法有(　　)。

A. 新增固定资产的计算对象是单项工程

B. 对于全部建成,交付使用的附属辅助工程,不应计算新增固定资产价值

C. 凡购置达到固定资产标准不需要安装的设备工器具,在交付使用后不计算新增固定资产价值

D. 独立发挥效益的非生产性工程,建成交付使用后,应计算新增固定资产的价值

E. 属于固定资产范畴的其他投资,应随同受益工程交付使用的同时一并计入新增固定资产价值

7. 新增固定资产价值包括的内容有(　　)。

A. 已竣工交付使用的建筑工程费用　　　B. 各种存货

C. 报废工程损失费　　　　　　　　　　D. 土地使用权出让金

E. 施工机构迁移费

8. 建设项目竣工决算中,计入新增固定资产价值的有 (　　)。

A. 已经投入生产或交付使用的建筑安装工程造价

B. 达到固定资产标准的设备工器具的购置费用

C. 可行性研究费用

D. 其他相关建筑安装工程造价

E. 联合试运转费用

四、简答题

1. 简述竣工结算的编制依据。

2. 简述竣工结算计价原则。

3. 简述竣工结算审核的内容。

4. 简述竣工决算的编制依据。

5. 简述竣工决算的内容。

6. 简述竣工决算编制程序。

7. 竣工资料移交的主要内容有哪些?

8. 保修费用处理的方式有哪几种?

五、计算题

1. 某建设项目及其主要生产车间的有关费用如表 5-3 所示。

某建设项目及其主要生产车间的有关费用(单位:万元)　　　表 5-3

	建筑工程费	设备安装费	需安装设备价值	不需安装设备价值	勘察设计费	建设单位管理费
建设项目竣工决算	1000	450	600	200	50	60
生产车间竣工决算	250	100	280	80	—	—

计算该车间新增固定资产价值。

2. 某建设项目从 2010 年开始实施，到 2011 年底财务核算资料如下：

(1) 已经完成部分单项工程，经验收合格后，交付使用的资产包括固定产 74739 万元；使用年限在 1 年以内的备品备件、工具、器具 29361 万元；使用期限在 1 年以上，单件价值 10000 元以上的工具 61 万元；建造期内购置的专利权、非专利技术 1700 万元；筹建期间发生的开办费 79 万元。

(2) 基建支出的项目包括建筑安装工程支出 15800 万元；设备工器具投资 43800 万元；建设单位管理费、勘察设计费等待摊投资 2392 万元；通过出让方式购置的土地使用权形成的其他投资 108 万元。

(3) 非经营项目发生待核销基建支出 40 万元。

(4) 应收生产单位投资借款 1500 万元。

(5) 购置需要安装的器材 49 万元，其中待处理器材损失 15 万元。

(6) 货币资金 480 万元。

(7) 工程预付款及应收有偿调出器材款 20 万元。

(8) 建设单位自用的固定资产原价 60220 万元，累计折旧 10066 万元。

反映在《资金平衡表》上的各类资金来源的期末余额是：

(1) 预算拨款 48000 万元。

(2) 自筹资金拨款 60508 万元。

(3) 其他拨款 300 万元。

(4) 建设单位向商业银行借入的借款 109287 万元。

(5) 建设单位当年完成交付生产单位使用的资产价值中，有 160 万元属利用投资借款形成的待冲基建支出。

(6) 应付器材销售商 37 万元贷款和应付工程款 1963 万元尚未支付。

(7) 未交税金 28 万元。

问题：编制大、中型基本建设项目竣工财务决算表。

附表一　复利终值系数表

i(%)\n	1	2	3	4	5	6	7	8	9	10	11
1	1.010	1.020	1.030	1.040	1.050	1.060	1.070	1.080	1.090	1.100	1.110
2	1.020	1.040	1.061	1.082	1.103	1.124	1.145	1.166	1.188	1.210	1.232
3	1.030	1.061	1.093	1.125	1.158	1.191	1.225	1.260	1.295	1.331	1.368
4	1.041	1.082	1.126	1.170	1.216	1.262	1.311	1.360	1.412	1.464	1.518
5	1.051	1.104	1.159	1.217	1.276	1.338	1.403	1.469	1.539	1.611	1.685
6	1.062	1.126	1.194	1.265	1.340	1.419	1.501	1.587	1.677	1.772	1.870
7	1.072	1.149	1.230	1.316	1.407	1.504	1.606	1.714	1.828	1.949	2.076
8	1.083	1.172	1.267	1.369	1.477	1.594	1.718	1.851	1.993	2.144	2.305
9	1.094	1.195	1.305	1.423	1.551	1.689	1.838	1.999	2.172	2.358	2.558
10	1.105	1.219	1.344	1.480	1.629	1.791	1.967	2.159	2.367	2.594	2.839
11	1.116	1.243	1.384	1.539	1.710	1.898	2.105	2.332	2.580	2.853	3.152
12	1.127	1.268	1.426	1.601	1.796	2.012	2.252	2.518	2.813	3.138	3.498
13	1.138	1.294	1.469	1.665	1.886	2.133	2.410	2.720	3.066	3.452	3.883
14	1.149	1.319	1.513	1.732	1.980	2.261	2.579	2.937	3.342	3.797	4.310
15	1.161	1.346	1.558	1.801	2.079	2.397	2.759	3.172	3.642	4.177	4.785
16	1.173	1.373	1.605	1.873	2.183	2.540	2.952	3.426	3.970	4.595	5.311
17	1.184	1.400	1.653	1.948	2.292	2.693	3.159	3.700	4.328	5.054	5.895
18	1.196	1.428	1.702	2.206	2.407	2.854	3.380	3.996	4.717	5.560	6.544
19	1.208	1.457	1.754	2.107	2.527	3.026	3.617	4.316	5.142	6.116	7.263
20	1.220	1.486	1.806	2.191	2.653	3.207	3.870	4.661	5.604	6.727	8.062
25	1.282	1.641	2.094	2.666	3.386	4.292	5.427	6.848	8.623	10.835	13.585
30	1.348	1.811	2.427	3.243	4.322	5.743	7.612	10.063	13.268	17.449	22.892
40	1.489	2.208	3.262	4.801	7.040	10.286	14.974	21.725	31.409	45.259	65.001
50	1.645	2.692	4.384	7.107	11.467	18.420	29.457	46.902	74.358	117.39	184.57

i（%） n	12	13	14	15	16	17	18	19	20	25	30
1	1.120	1.130	1.140	1.150	1.160	1.170	1.180	1.190	1.200	1.250	1.300
2	1.254	1.277	1.300	1.323	1.346	1.369	1.392	1.416	1.440	1.563	1.690
3	1.405	1.443	1.482	1.521	1.561	1.602	1.643	1.685	1.728	1.953	2.197
4	1.574	1.630	1.689	1.749	1.811	1.874	1.939	2.005	2.074	2.441	2.856
5	1.762	1.842	1.925	2.011	2.100	2.192	2.288	2.386	2.488	3.052	3.713
6	1.974	2.082	2.195	2.313	2.436	2.565	2.700	2.840	2.986	3.815	4.827
7	2.211	2.353	2.502	2.660	2.826	3.001	3.185	3.379	3.583	4.768	6.276
8	2.476	2.658	2.853	3.059	3.278	3.511	3.759	4.021	4.300	5.960	8.157
9	2.773	3.004	3.252	3.518	3.803	4.108	4.435	4.785	5.160	7.451	10.604
10	3.106	3.395	3.707	4.046	4.411	4.807	5.234	5.696	6.192	9.313	13.786
11	3.479	3.836	4.226	4.652	5.117	5.624	6.176	6.777	7.430	11.642	17.922
12	3.896	4.335	4.818	5.350	5.936	6.580	7.288	8.064	8.916	14.552	23.298
13	4.363	4.898	5.492	6.153	6.886	7.699	8.599	9.596	10.699	18.190	30.288
14	4.887	5.535	6.261	7.076	7.988	9.007	10.147	11.420	12.839	22.737	39.374
15	5.474	6.254	7.138	8.137	9.266	10.539	11.974	13.590	15.407	28.422	51.186
16	6.130	7.067	8.137	9.358	10.748	12.330	14.129	16.172	18.488	35.527	66.542
17	6.866	7.986	9.276	10.761	12.468	14.426	16.672	19.244	22.186	44.409	86.504
18	7.690	9.024	10.575	12.375	14.463	16.879	19.673	22.091	26.623	55.511	112.46
19	8.613	10.197	12.056	14.232	16.777	19.748	23.214	27.252	31.948	69.389	146.19
20	9.646	11.523	13.743	16.367	19.461	23.106	27.393	32.429	38.338	86.736	190.05
25	17.000	21.231	26.462	32.919	40.874	50.658	62.669	77.388	95.396	264.70	705.64
30	29.960	39.116	50.950	66.212	85.850	111.07	143.37	184.68	237.38	807.79	2620.00
40	93.051	132.78	188.88	267.86	378.72	533.87	750.38	1051.7	1469.8	7523.2	36 119
50	289.00	450.74	700.23	1083.7	1670.7	2566.2	3927.4	5988.9	9100.4	70065	497 929

附表二　复利现值系数表

$i(\%)$ \ n	1	2	3	4	5	6	7	8	9	10	11	12	13
1	0.990	0.980	0.971	0.962	0.952	0.943	0.935	0.926	0.917	0.909	0.901	0.893	0.885
2	0.980	0.961	0.943	0.925	0.907	0.890	0.873	0.857	0.842	0.826	0.812	0.797	0.783
3	0.971	0.942	0.915	0.889	0.864	0.840	0.816	0.794	0.772	0.751	0.731	0.712	0.693
4	0.961	0.924	0.888	0.855	0.823	0.792	0.763	0.735	0.708	0.683	0.659	0.636	0.613
5	0.951	0.906	0.863	0.822	0.784	0.747	0.713	0.681	0.650	0.621	0.593	0.567	0.543
6	0.942	0.888	0.837	0.790	0.746	0.705	0.666	0.630	0.596	0.564	0.535	0.507	0.480
7	0.933	0.871	0.813	0.760	0.711	0.665	0.623	0.583	0.547	0.513	0.482	0.452	0.425
8	0.923	0.853	0.789	0.731	0.677	0.627	0.582	0.540	0.502	0.467	0.434	0.404	0.376
9	0.914	0.837	0.766	0.703	0.645	0.592	0.544	0.500	0.460	0.424	0.391	0.361	0.333
10	0.905	0.820	0.744	0.676	0.614	0.558	0.508	0.463	0.422	0.386	0.352	0.322	0.295
11	0.896	0.804	0.722	0.650	0.585	0.527	0.475	0.429	0.388	0.350	0.317	0.287	0.261
12	0.887	0.788	0.701	0.625	0.557	0.497	0.444	0.397	0.356	0.319	0.286	0.257	0.231
13	0.879	0.773	0.681	0.601	0.530	0.469	0.415	0.368	0.326	0.290	0.258	0.229	0.204
14	0.870	0.758	0.661	0.577	0.505	0.442	0.388	0.340	0.299	0.263	0.232	0.205	0.181
15	0.861	0.743	0.642	0.555	0.481	0.417	0.362	0.315	0.275	0.239	0.209	0.183	0.160
16	0.853	0.728	0.623	0.534	0.458	0.394	0.339	0.292	0.252	0.218	0.188	0.163	0.141
17	0.844	0.714	0.605	0.513	0.436	0.371	0.317	0.270	0.231	0.198	0.170	0.146	0.125
18	0.836	0.700	0.587	0.494	0.416	0.350	0.296	0.250	0.212	0.180	0.153	0.130	0.111
19	0.828	0.686	0.570	0.475	0.396	0.331	0.277	0.232	0.194	0.164	0.138	0.116	0.098
20	0.820	0.673	0.554	0.456	0.377	0.312	0.258	0.215	0.178	0.149	0.124	0.104	0.087
25	0.780	0.610	0.478	0.375	0.295	0.233	0.184	0.146	0.116	0.092	0.074	0.059	0.047
30	0.742	0.552	0.412	0.308	0.231	0.174	0.131	0.099	0.075	0.057	0.044	0.033	0.026
40	0.672	0.453	0.307	0.208	0.142	0.097	0.067	0.046	0.032	0.022	0.015	0.011	0.008
50	0.608	0.372	0.228	0.141	0.087	0.054	0.034	0.021	0.013	0.009	0.005	0.003	0.002

n \ i（%）	14	15	16	17	18	19	20	25	30	35	40	50
1	0.877	0.870	0.862	0.855	0.847	0.840	0.833	0.800	0.769	0.741	0.714	0.667
2	0.769	0.756	0.743	0.731	0.718	0.706	0.694	0.640	0.592	0.549	0.510	0.444
3	0.675	0.658	0.641	0.624	0.609	0.593	0.579	0.512	0.455	0.406	0.364	0.296
4	0.592	0.572	0.552	0.534	0.516	0.499	0.482	0.410	0.350	0.301	0.260	0.198
5	0.519	0.497	0.476	0.456	0.437	0.419	0.402	0.320	0.269	0.223	0.186	0.132
6	0.456	0.432	0.410	0.390	0.370	0.352	0.335	0.262	0.207	0.165	0.133	0.088
7	0.400	0.376	0.354	0.333	0.314	0.296	0.279	0.210	0.159	0.122	0.095	0.059
8	0.351	0.327	0.305	0.285	0.266	0.249	0.233	0.168	0.123	0.091	0.068	0.039
9	0.300	0.284	0.263	0.243	0.225	0.209	0.194	0.134	0.094	0.067	0.048	0.026
10	0.270	0.247	0.227	0.208	0.191	0.176	0.162	0.107	0.073	0.050	0.035	0.017
11	0.237	0.215	0.195	0.178	0.162	0.148	0.135	0.086	0.056	0.037	0.025	0.012
12	0.208	0.187	0.168	0.152	0.137	0.124	0.112	0.069	0.043	0.027	0.018	0.008
13	0.182	0.163	0.145	0.130	0.116	0.104	0.093	0.055	0.033	0.020	0.013	0.005
14	0.160	0.141	0.125	0.111	0.099	0.088	0.078	0.044	0.025	0.015	0.009	0.003
15	0.140	0.123	0.108	0.095	0.084	0.074	0.065	0.035	0.020	0.011	0.005	0.002
16	0.123	0.107	0.093	0.081	0.071	0.062	0.054	0.028	0.015	0.008	0.005	0.002
17	0.108	0.093	0.080	0.069	0.060	0.052	0.045	0.023	0.012	0.006	0.003	0.001
18	0.095	0.081	0.069	0.059	0.051	0.044	0.038	0.018	0.009	0.005	0.002	0.001
19	0.083	0.070	0.060	0.051	0.043	0.037	0.031	0.014	0.007	0.003	0.002	0
20	0.073	0.061	0.051	0.043	0.037	0.031	0.026	0.012	0.005	0.002	0.001	0
25	0.038	0.030	0.024	0.020	0.016	0.013	0.010	0.004	0.001	0.001	0	0
30	0.020	0.015	0.012	0.009	0.007	0.005	0.004	0.001	0	0	0	0
40	0.005	0.004	0.003	0.002	0.001	0.001	0.001	0	0	0	0	0
50	0.001	0.001	0.001	0	0	0	0	0	0	0	0	0

附表三　年金终值系数表

i（%） n	1	2	3	4	5	6	7	8	9	10	11
1	1.000	1.000	1.000	1.000	1.000	1.000	1.000	1.000	1.000	1.000	1.000
2	2.010	2.020	2.030	2.040	2.050	2.060	2.070	2.080	2.090	2.100	2.110
3	3.030	3.060	3.091	3.122	3.153	3.184	3.215	3.246	3.278	3.310	3.342
4	4.060	4.122	4.184	4.246	4.310	4.375	4.440	4.506	4.573	4.641	4.710
5	5.101	5.204	5.309	5.416	5.526	5.637	5.751	5.867	5.985	6.105	6.228
6	6.152	6.308	6.468	6.633	6.802	6.975	7.153	7.336	7.523	7.716	7.913
7	7.214	7.434	7.662	7.898	8.142	8.394	8.654	8.923	9.200	9.487	9.783
8	8.286	8.583	8.892	9.214	9.549	9.897	10.260	10.637	11.028	11.436	11.859
9	9.369	9.755	10.159	10.583	11.027	11.491	11.978	12.488	13.021	13.579	14.164
10	10.462	10.950	11.464	12.006	12.578	13.181	13.816	14.487	15.193	15.937	16.722
11	11.567	12.169	12.808	13.486	14.207	14.972	15.784	16.645	17.560	18.531	19.561
12	12.683	13.412	14.192	15.026	15.917	16.870	17.888	18.977	20.141	21.384	22.713
13	13.809	14.680	15.618	16.627	17.713	18.882	20.141	21.495	22.953	24.523	26.212
14	14.947	15.974	17.086	18.292	19.599	21.015	22.550	24.215	26.019	27.975	30.095
15	16.097	17.293	18.599	20.024	21.579	23.276	25.129	27.152	29.361	31.772	34.405
16	17.258	18.639	20.157	21.825	23.657	25.673	27.888	30.324	33.003	35.950	39.190
17	18.430	20.012	21.762	23.698	25.840	28.213	30.840	33.750	36.974	40.545	44.501
18	19.615	21.412	23.414	25.645	28.132	30.906	33.999	37.450	41.301	45.599	50.396
19	20.811	22.841	25.117	27.671	30.539	33.760	37.379	41.446	46.018	51.159	56.939
20	22.019	24.297	26.870	29.778	33.066	36.786	40.995	45.762	51.160	57.275	64.203
25	28.243	32.030	36.459	41.646	47.727	54.865	63.249	73.106	84.701	98.347	114.41
30	34.785	40.588	47.575	56.085	66.439	79.058	94.461	113.28	136.31	164.49	199.02
40	48.886	60.402	75.401	95.026	120.80	154.76	199.64	259.06	337.89	442.59	581.83
50	64.463	84.579	112.80	152.67	209.35	290.34	406.53	573.77	815.08	1163.9	1668.8

续附表三

n \ i (%)	12	13	14	15	16	17	18	19	20	25	30
1	1.000	1.000	1.000	1.000	1.000	1.000	1.000	1.000	1.000	1.000	1.000
2	2.120	2.130	2.140	2.150	2.160	2.170	2.180	2.190	2.200	2.250	2.300
3	3.374	3.407	3.440	3.473	3.506	3.539	3.572	3.606	3.640	3.813	3.990
4	4.779	4.850	4.921	4.993	5.066	5.141	5.215	5.291	5.368	5.766	6.187
5	6.353	6.480	6.610	6.742	6.877	7.014	7.154	7.297	7.442	8.207	9.043
6	8.115	8.323	8.536	8.754	8.977	9.207	9.442	9.683	9.930	11.259	12.756
7	10.089	10.405	10.730	11.067	11.414	11.772	12.142	12.523	12.916	15.073	17.583
8	12.300	12.757	13.233	13.727	14.240	14.773	15.327	15.902	16.499	19.842	23.858
9	14.776	15.416	16.085	16.786	17.519	18.285	19.086	19.923	20.799	25.802	32.015
10	17.549	18.420	19.337	20.304	21.321	22.393	23.521	24.701	25.959	33.253	42.619
11	20.655	21.814	23.045	24.349	25.733	27.200	28.755	30.404	32.150	42.566	56.405
12	24.133	25.650	27.271	29.002	30.850	32.824	34.931	37.180	39.581	54.208	74.327
13	28.029	29.985	32.089	34.352	36.786	39.404	42.219	45.244	48.497	68.760	97.625
14	32.393	34.883	37.581	40.505	43.672	47.103	50.818	54.841	59.196	86.949	127.91
15	37.280	40.417	43.842	47.580	51.660	56.110	60.965	66.261	72.035	109.69	167.29
16	42.753	46.672	50.980	55.717	60.925	66.649	72.939	79.850	87.442	138.11	218.47
17	48.884	53.739	59.118	65.075	71.673	78.879	87.068	96.022	105.93	173.64	285.01
18	55.750	61.725	68.394	75.836	84.141	93.406	103.74	115.27	128.12	218.05	371.52
19	63.440	70.749	78.969	88.212	98.603	110.29	123.41	138.17	154.74	273.56	483.97
20	72.052	80.947	91.025	102.44	115.38	130.03	146.63	165.42	186.69	342.95	630.17
25	133.33	155.62	181.87	212.79	249.21	292.11	342.60	402.04	471.98	1054.8	2348.8
30	241.33	293.20	356.79	434.75	530.31	647.44	790.95	966.7	1181.9	3227.2	8730.0
40	767.09	1013.7	1342.0	1779.1	2360.8	3134.5	4163.21	5519.8	7343.9	30 089	120 393
50	2400.0	3459.5	4994.5	7217.7	10 436	15 090	21 813	31 515	45 497	280 256	165 976

附表四　年金现值系数表

n \ i(%)	1	2	3	4	5	6	7	8	9	10	11	12	13
1	0.990	0.980	0.971	0.962	0.952	0.943	0.935	0.926	0.917	0.909	0.901	0.893	0.885
2	1.970	1.1942	1.913	1.886	1.859	1.833	1.808	1.783	1.759	1.736	1.713	1.690	1.668
3	2.941	2.884	2.829	2.775	2.723	2.673	2.624	2.577	2.531	2.487	2.444	2.402	2.361
4	3.902	3.808	3.717	3.630	3.546	3.465	3.387	3.312	3.240	3.170	3.102	3.037	2.974
5	4.853	4.713	4.580	4.452	4.329	4.212	4.100	3.993	3.890	3.791	3.696	3.605	3.517
6	5.795	5.601	5.417	5.242	5.076	4.917	4.767	4.623	4.486	4.355	4.231	4.111	3.998
7	6.728	6.472	6.230	6.002	5.786	5.582	5.389	5.206	5.033	4.868	4.712	4.564	4.423
8	7.625	7.325	7.020	6.733	6.463	6.210	5.971	5.747	5.535	5.335	5.146	4.968	4.799
9	8.566	8.162	7.786	7.435	7.108	6.802	6.515	6.247	5.995	5.759	5.537	5.328	5.132
10	9.471	8.983	8.530	8.111	7.722	7.360	7.024	6.710	6.418	6.145	5.889	5.650	5.426
11	10.368	9.787	9.253	8.760	8.306	7.887	7.449	7.139	6.805	6.495	6.207	5.938	5.687
12	11.255	10.575	9.954	9.385	8.863	8.384	7.943	7.536	7.161	6.814	6.492	6.194	5.918
13	12.134	11.348	10.635	9.986	9.394	8.853	8.358	7.904	7.487	7.103	6.750	6.424	6.122
14	13.004	12.106	11.296	10.563	9.899	9.295	8.745	8.244	7.786	7.367	6.982	6.628	6.302
15	13.865	12.849	11.938	11.118	10.380	9.712	9.108	8.559	8.061	7.606	7.191	6.811	6.462
16	14.718	13.578	12.561	11.652	10.838	10.106	9.447	8.851	8.313	7.824	7.379	6.974	6.604
17	15.562	14.292	13.166	12.166	11.274	10.477	9.763	9.122	8.544	8.022	7.549	7.102	6.729
18	16.398	14.992	13.754	12.659	11.690	10.828	10.059	9.372	8.756	8.201	7.702	7.250	6.840
19	17.226	15.678	14.324	13.134	12.085	11.158	10.336	9.604	8.950	8.365	7.839	7.366	6.938
20	18.046	16.351	14.877	13.590	12.462	11.470	10.594	9.818	9.129	8.514	7.963	7.469	7.025
25	22.023	19.523	17.413	15.622	14.094	12.783	11.654	10.675	9.823	9.077	8.422	7.843	7.330
30	25.808	22.396	19.600	17.292	15.372	13.765	12.409	11.258	10.274	9.427	8.694	8.055	7.496
40	32.835	27.355	23.115	19.793	17.159	15.046	13.332	11.925	10.757	9.779	8.951	8.244	7.634
50	39.196	31.424	25.730	21.482	18.256	15.762	13.801	12.233	10.962	9.915	9.042	8.304	7.675

i (%) n	14	15	16	17	18	19	20	25	30	35	40	50
1	0.877	0.870	0.862	0.855	0.847	0.840	0.833	0.800	0.769	0.741	0.714	0.667
2	1.647	1.623	1.605	1.585	1.566	1.547	1.528	1.440	1.361	1.289	1.224	1.111
3	2.322	2.283	2.246	2.210	2.174	2.140	2.106	1.952	1.816	1.696	1.589	1.407
4	2.914	2.855	2.798	2.743	2.690	2.639	2.589	2.362	2.166	1.997	1.849	1.605
5	3.433	3.352	3.274	3.199	3.127	3.058	2.991	2.689	2.436	2.220	2.035	1.737
6	3.889	3.784	3.685	3.589	3.498	3.410	3.326	2.951	2.643	2.385	2.168	1.824
7	4.288	4.160	4.039	3.922	3.812	3.706	3.605	3.161	2.802	2.508	2.263	1.883
8	4.639	4.487	4.344	4.207	4.078	3.954	3.837	3.329	2.925	2.598	2.331	1.922
9	4.946	4.472	4.607	4.451	4.303	4.163	4.031	3.463	3.019	2.665	2.379	1.948
10	5.216	5.019	4.833	4.659	4.494	4.339	4.192	3.571	3.092	2.715	2.414	1.965
11	5.453	5.234	5.029	4.836	4.656	4.486	4.327	3.656	3.147	2.752	2.438	1.977
12	5.660	5.421	5.197	4.988	4.793	4.611	4.439	3.725	3.190	2.779	2.456	1.985
13	5.842	5.583	5.342	5.118	4.910	4.715	4.533	3.780	3.223	2.799	2.469	1.990
14	6.002	5.724	5.468	5.229	5.008	4.802	4.611	3.824	3.249	2.814	2.478	1.993
15	6.142	5.847	5.575	5.324	5.092	4.876	4.675	3.859	3.268	2.825	2.484	1.995
16	6.265	5.954	5.668	5.405	5.162	4.938	4.730	3.887	3.283	2.834	2.489	1.997
17	6.373	6.047	5.749	5.475	5.222	4.988	4.775	3.910	3.295	2.840	2.492	1.998
18	6.467	6.128	5.818	5.534	5.273	5.033	4.812	3.928	3.304	2.844	2.494	1.999
19	6.550	6.198	5.877	5.584	5.316	5.070	4.843	3.942	3.311	2.848	2.496	1.999
20	6.623	6.259	5.929	5.628	5.353	5.101	4.870	3.954	3.316	2.850	2.497	1.999
25	6.873	6.464	6.097	5.766	5.467	5.195	4.948	3.985	3.329	2.856	2.499	2.000
30	7.003	6.566	6.177	5.829	5.517	5.235	4.979	3.995	3.332	2.857	2.500	2.000
40	7.105	6.642	6.233	5.871	5.548	5.258	4.997	3.999	3.333	2.857	2.500	2.000
50	7.133	6.661	6.246	5.880	5.554	5.262	4.999	4.000	3.333	2.857	2.500	2.000

参 考 文 献

[1] 张凌云. 工程造价控制. 上海：东华大学出版社，2008.

[2] 袁建新. 工程造价管理. 北京：中国建筑工业出版社，2003.

[3] 尹贻林. 工程造价计价与控制. 北京：中国计划出版社，2003.

[4] 刘伊生. 建设工程造价管理. 北京：中国计划出版社，2013.

[5] 柯洪. 建设工程计价. 北京：中国计划出版社，2013.

[6] 中国建设工程造价管理协会. 建设工程造价管理基础知识. 北京：中国计划出版社，2010.

[7] 编写组. 投资项目可行性研究指南. 北京：中国电力出版社，2002.

[8] 中国国际工程咨询公司投资项目可行性研究与评价中心. 投资项目可行性研究教程. 北京：地震出版社，2002.

[9] 王立国等. 工程项目可行性研究. 北京：人民邮电出版社，2002.

[10] 陈光建. 中国建设项目管理实用大全. 北京：经济管理出版社，1993.

[11] 张毅. 建设工程造价实用手册. 北京：中国建筑工业出版社，2000.

[12] 罗鼎林. 国内外建设工程造价的确定与控制. 北京：化学工业出版社，1997.

[13] 唐连珏. 工程造价的确定与控制. 北京：中国建材工业出版社，2000.

[14] 齐宝库，黄如宝. 工程造价案例分析(第二版). 北京：中国城市出版社，2001.

[15] 白思俊. 现代项目管理. 北京：机械工业出版社，2002.

[16] 中国建设监理协会. 建设工程投资控制. 北京：知识产权出版社，2003.

[17] 上海市建设工程招投标管理办公室. 工程项目造价概述. 上海：上海科普出版社，2002.

[18] 上海市建设工程标准定额管理总站. 上海市建设工程预算. 上海：上海科普出版社，2002.

[19] 国家发改委，住房城乡建设部. 建设项目经济评价方法与参数(第三版). 北京：中国计划出版社，2006，7.

[20] 《建设工程工程量清单计价规范》编制组. 建设工程工程量清单计价规范(GB 50500—2013)宣贯辅导教材. 北京：中国计划出版社，2013.

[21] 中价协(2009)008号建设项目全过程造价咨询规程(CECA/GC 4—2009)实施手册.

[22] 中价协. 建设项目设计概算编审规程(CECA/GC 2—2007). 北京：中国计划出版社，2007.

[23] 中价协. 建设项目施工图预算编审规程(CECA/GC 5—2010). 北京：中国计划出版社，2010.

[24] 住房城乡建设部，国家工商行政管理总局. 建设工程施工合同(示范文本 GF—2013—0201).

[25] 建标[2013]44号住房城乡建设部、财政部关于印发《建筑安装工程费用项目组成》的通知.